DAS **KAIROS**-PRINZIP

W0053989

Dr. Ursula M. Wagner, Dipl.-Psych., ist Geschäftsführerin des Coaching Centers Berlin. Zusammen mit Guido Fiolka begründete sie dort den Integralen Coachingansatz und bildet darin Coachs nach internationalem Standard aus. Das KAIROS-Biografie-Coaching entwickelte Ursula M. Wagner auf Basis ihrer langjährigen Coachingpraxis in der Karriereberatung.

Ursula M. Wagner

DAS KAIROS-PRINZIP

**So finden Sie
den richtigen Zeitpunkt
für den beruflichen
Wechsel**

Campus Verlag
Frankfurt/New York

ISBN 978-3-593-39653-8

Das Werk einschließlich aller seiner Teile ist urheberrechtlich geschützt.
Jede Verwertung ist ohne Zustimmung des Verlags unzulässig. Das gilt
insbesondere für Vervielfältigungen, Übersetzungen, Mikroverfilmungen
und die Einspeicherung und Verarbeitung in elektronischen Systemen.
Copyright © 2013. Alle deutschsprachigen Rechte bei
Campus Verlag GmbH, Frankfurt am Main.
Redaktion: Marion Appelt, Wiesbaden
Umschlaggestaltung: total italic, Thierry Wijnberg, Amsterdam/Berlin
Umschlagmotiv © Thinkstock/iStockphoto
Satz: Campus Verlag GmbH, Frankfurt am Main
Gesetzt aus der Chaparral Pro und der Myriad Pro.
Druck und Bindung: Beltz Druckpartner GmbH
Gedruckt auf Papier aus zertifizierten Rohstoffen (FSC/PEFC).
Printed in Germany.

Dieses Buch ist auch als E-Book erschienen.
www.campus.de

Inhalt

Teil 2
Von der Zielvision zur Handlung

Einleitung

Sind Sie reif für den Wechsel? Möchten Sie weg aus dem Job, den Sie gerade machen? Weg aus dieser Firma und weg von dem neuen Chef? Oder ist es einfach Zeit für etwas Neues? Haben Sie ein Plateau erreicht, von dem aus Sie den Blick auf die nächsten beruflichen Gipfel oder Rastplätze genießen und nun dorthin aufbrechen wollen? Möchten Sie einen lang gehegten beruflichen oder privaten Traum verwirklichen?

Dann ist es Zeit. Zeit für Sie, herauszufinden, ob Sie diesen Wechsel jetzt wirklich umsetzen sollten. Oder ob es sich um eine Stimmung handelt, die bei näherer Prüfung ergibt, dass Sie sich in Summe doch ganz wohl fühlen und ein Wechsel keine Verbesserung bringen würde. Egal wie Ihre Entscheidung ausfällt: Es ist Zeit für Sie, eine Bestandsaufnahme zu wagen, um den richtigen Zeitpunkt für eine Veränderung zu erkennen. Oder sich klar und ruhig für Ihre jetzige berufliche Situation zu entscheiden und vielleicht nur kleinere Änderungen vorzunehmen. In jedem dieser beiden Fälle handeln Sie in Einklang mit dem KAIROS-Prinzip.

Kennen Sie solche Momente? Sie rufen eine Freundin an, und ihre ersten Worte sind: »Wie gut, dass du anrufst, ich muss dir noch wichtige Änderungen zu unseren Reiseplänen mitteilen!« Oder Sie haben das Gefühl, dass Sie gerade jetzt noch einmal in das kleine Geschäft gehen sollten, wo Sie neulich noch diese hübsche Uhr gesehen haben. Kaum betreten Sie den Laden, sagt der Verkäufer: »Gut, dass Sie gerade heute kommen, wir haben nur noch ein Exemplar da und werden keine neue Ware mehr in diesem Design erhalten.« Solche Momente nennt man »Kairos« – den günstigen Augenblick abpassen, das Richtige zur richtigen Zeit tun. Das Wort »Kairos« stammt aus dem Altgriechischen und bezeichnet den günstigen Augenblick, den rechten Moment. Nach diesem Begriff ist meine Coachingmethode zur beruflichen Orientierung benannt. In der chronologisch verlaufenden Zeit, die für uns immer schneller dahinzurasen scheint, sind solche Kairos-Momente eine glückliche Fügung. Die Zeit steht still. Gemeint ist mit Kairos ein Zeit- und Lebensgefühl großer Übereinstimmung zwischen unserem inneren Wollen und Wünschen auf der einen und der Summe unserer äußeren Lebensumstände auf der anderen Seite. Plötzlich ergeben sich die Dinge »wie von selbst«, alles scheint einer inneren Logik zu folgen. Unser Bedürfnis nach Orientierung und Sinn ist dann erfüllt. Viele Menschen wünschen sich das zunehmend auch in beruflicher Hinsicht. Und genau da setzt das KAIROS-Biografie-Coaching an, das ich über viele Jahre entwickelt habe. Zu Ihrer Orientierung: Ich schreibe das Wort »Kairos« jeweils in kleinen Buchstaben, wenn ich den aus der griechischen Mythologie stammenden Begriff für den günstigen Augenblick meine; bei »KAIROS« in Großbuchstaben handelt es sich um die von mir entwickelte Coachingmethode.

Und Sie selbst können lernen, solche Fügungen für Ihre beruflichen Entscheidungen in Ihrer aktuellen Lebensphase wahrzunehmen und willkommen zu heißen. Denn neben dem Zeitaspekt hat Kairos vor allem damit zu tun, das Wesentliche, das wirklich Wichtige zu erkennen und dann umzusetzen. Und den nächsten richtigen Schritt in der aktuellen Lebensphase zu erkennen, ist gerade in der Berufsorientierung ein zentraler Punkt. Unabhängig davon, ob Sie mit Mitte 30 einen Aufstieg planen, mit Mitte 40 neue Motivation suchen oder zur 50-plus-Generation gehören und noch einmal neue Ufer erreichen und mehr Sinn im Beruf finden möchten.

Ist Ihnen auch schon in einschneidenden Momenten Ihres Lebens blitzartig bewusst geworden, was Ihnen wirklich wichtig ist, wer Sie sind und in welche Richtung es weitergehen soll? Und haben Sie sich dann auf die Suche gemacht, wie Sie die Veränderung angehen könnten, wie Sie an ihr Ziel kommen? Solche Situationen haben etwas Einschneidendes und gehen meist mit einer grundlegenden Veränderung unserer Identität einher.

Ebenso verhält es sich bei Ihrer beruflichen Neuorientierung – ob Sie sich auf eine höhere Position bewerben, den Arbeitgeber oder die

Branche wechseln möchten, Ihnen gekündigt wurde, Sie Ihr Abitur oder ein Studium nachholen oder Teilzeit arbeiten wollen, weil Sie mehr Zeit mit Ihren Kindern verbringen möchten. Ganz unabhängig davon, ob Sie den Umbruch selbst herbeiführen oder nicht: Letztlich beantworten Sie sich in der beruflichen Orientierung genau drei Fragen: Wer bin ich? Was ist mein Ziel? – Und welcher Weg führt mich dorthin? Viele Menschen, die in einer beruflichen Orientierungsphase zu mir kommen, sind sich dieser Fragen nicht wirklich bewusst, reagieren aber erleichtert, wenn sie endlich einmal in Worte gefasst werden. Als Coach habe ich die Erfahrung gemacht, dass sich jede Berufsorientierung oder Karriereplanung letztlich auf diese drei Kernfragen zurückführen lässt. Die individuellen Ausgangsfragen für eine anstehende Veränderung im Job können dabei noch vage sein oder auch ganz akut durch ein äußeres Ereignis hervorgerufen werden.

Welche Fragen stellten Sie sich gerade für Ihr berufliches Leben, als Sie zu diesem Buch gegriffen haben? Obwohl jeder Fall ganz eigene Voraussetzungen aufweist, gibt es doch typische Ausgangssituationen:

- Mein Arbeitsplatz ist bedroht von Umstrukturierungen oder Arbeitsplatzabbau – was soll ich jetzt tun? Mich aktiv wegbewerben, mich selbstständig machen?
- Ich habe seit Jahren schon das Gefühl: *Das* ist es nicht … Jetzt werde ich zunehmend lustlos und bin öfter als früher krank.
- Ich bin völlig überlastet, so geht es nicht weiter. Ich muss dringend etwas an meiner beruflichen und privaten Situation ändern.
- Mir bietet sich plötzlich die Gelegenheit, eine Führungsposition zu übernehmen. Hilfe! Kann ich das denn überhaupt?
- Ich wurde gerade bei einer längst überfälligen Beförderung übergangen. Das frustriert mich, denn damit hatte ich nicht gerechnet.
- Mein neuer Chef passt mir nicht. Eigentlich will ich weg – wenn da nicht das »Aber« wäre …
- Ich habe da schon immer so eine Idee, mich selbstständig zu machen. Soll ich es wagen?

Was Menschen in diesem Prozess brauchen, ist eine ganzheitliche Antwort. Zu der Frage der Identität, dem »Wer-bin-ich?«, gehört dabei auch ganz wesentlich der bisherige Lebensweg. »Zukunft braucht Herkunft«, sagt der Philosoph Odo Marquardt. Die Antwort auf die Frage nach der eigenen Identität, nach dem, was zu mir gehört und mir wichtig ist, lässt sich zum großen Teil in der eigenen Biografie finden. Hier liegen auch alle Ressourcen, um den Weg in eine sinnvolle und erstrebenswerte Zukunft zu gehen. Doch für die Freilegung dieser Ressourcen braucht es ein wenig Zeit. Viele meiner Klienten stecken schon seit längerer Zeit in einer Phase beruflicher Unzufriedenheit, und das kann lähmend wirken. Aber auch äußere Auslöser wie eine Umstrukturierung oder ein Konflikt mit dem Vorgesetzten können zu plötzlicher Überaktivität führen. Öfter schon ist es mir passiert, dass ein Klient zur ersten Coachingstunde mit bereits geschriebenen Initiativbewerbungen erscheint und von zahlreichen, eher hektischen Aktionen in diversen sozialen Netzwerken berichtet. »Können Sie meine Bewerbung einmal durchchecken?«, werde ich dann gefragt. Doch häufig kehrt bereits am Ende dieser ersten Stunde Ruhe ein, und die Bewerbungsmappe wird erst einmal wieder zugeklappt. Es ist im Gespräch klar geworden, dass zunächst in Ruhe die zentralen Fragen für den nächsten Schritt in der eigenen Karriere beantwortet werden müssen: »Wer bin ich – jetzt?«, »Woher komme ich – und was davon kann ich mitnehmen?«, »Wohin will ich – jetzt – wirklich gehen?«

Wenn Klienten sofort sehr viele Bewerbungsaktivitäten starten wollen, dann erinnert mich das an einen Cartoon, den ich einmal in einer Zeitschrift gesehen habe: Ein Strichmännchen mit Pfeil und Bogen steht vor einer Zielscheibe, die über und über mit Pfeilen übersät ist – alle weit entfernt vom innersten Ring. Unter der Zeichnung steht, was das Männlein denkt: »Mehr Pfeile, das ist die Lösung!« Wenn ich dieses Bild mit meinen Klienten teile, müssen auch diese schmunzeln. Denn es liegt ja auf der Hand, dass mehr Pfeile *nicht* die Lösung sind. Oder um es mit dem Diktum des römischen Philosophen Seneca zu sagen: »Wer den Hafen nicht kennt, in den er segeln will, für den ist kein Wind der richtige.« Genau bei dieser Suche nach dem »richtigen Hafen«, kann das KAIROS-Biografie-Coaching (oder kurz KBC) Sie wirkungsvoll unterstützen. Es fasst als strukturierte Methode das zusammen, was ich über mehrere Jahre im Coaching mit vielen Klientinnen und Klienten sowie in unserer Coachausbildung erprobt und entwickelt habe. Damit Sie Ihr berufliches Ziel erfolgreich ansteuern, beantworten Sie sich mit der KBC-Methode konkret Schritt für Schritt die drei grundsätzlichen Fragen der Berufsorientierung »Wer bin ich?«, »Wohin will ich gehen?« und »Wie komme ich dahin?«.

Sie erschließen sich über Ihr biografisches Datenchart die Fragen nach Ihrer Identität, Ihrer aktuellen Lebensphase, Ihren Werten und vor allem Ihren Kompetenzen und Stärken. Daran schließt sich die Frage nach dem richtigen Zeitpunkt zum Losgehen an – die Frage nach dem Kairos. Konkret untersuchen Sie dafür Ihre ganz individuellen Lebensrhythmen. Im zweiten Teil des Buches finden Sie dann die motivierende, individuelle Formulierung für Ihr berufliches Ziel, Sie erfahren, wie Sie mit mentalen Hindernissen umgehen, und Sie legen die ersten konkreten Aktionen für Ihren Weg fest.

Basis der KBC-Methode ist immer Ihre eigene Biografie. Den Erkenntnisgewinn, den die Beschäftigung mit der eigenen Biografie ermöglicht, beschreibt ein Satz des dänischen Philosophen Sören Kierkegaard: »Das Leben leben kann man nur vorwärts, das Leben verstehen kann man nur rückwärts.« Das Wort »Biografie« setzt sich übrigens aus den griechischen Wortstämmen *bios*, das Leben, und *graphein*, schreiben bzw. beschreiben, zusammen. Im biografischen Karrierecoaching, wie es die KBC-Methode darstellt, betrachten Sie zuerst Ihr Leben im Rückblick. Und schreiben es dann weiter in die Zukunft fort.

Aus vielen Jahren Erfahrung mit Berufsbiografien weiß ich, dass Patentrezepte Sie dabei nicht weiterbringen und dass Sie zum Glück auch nicht nach einer exotischen »Berufung« suchen müssen, um einfach zufrieden zu sein. Ich selbst steckte einmal mit Anfang 20 in einer »Berufungsfalle«, wie ich dies nenne, als ich mein Hobby, Tanzen, zum Beruf machen wollte. Natürlich gibt es tatsächlich Berufungen, die spät entdeckt werden oder nur wieder aufgespürt werden müssen. Spät erfolgreiche Schriftstellerinnen wie die Krimiautorin Ingrid Noll oder Joanne K. Rowling, die Schöpferin von *Harry Potter*, sind gute Beispiele dafür. Ja, auch ich habe schon erstaunliche Veränderungen in den Berufswegen von Klienten erlebt und unterstütze sie auch sehr gerne. Außerdem bin ich selbst das beste Beispiel dafür, wie einige Umwege in der Laufbahn immer weiter ins Zentrum führen können. Heute bin ich genau da, wo ich immer zu sein träumte. Und meine Vision steht mit beiden Beinen auf dem Boden der Realität.

Fakt ist: Man nimmt sich als Person immer selbst mit auf den Lebensweg, egal wohin man geht. Und so spielen auch in einem neuen beruflichen Umfeld die eigene Lebensgeschichte und zentrale Lebensthemen eine große Rolle, die nicht zu vernachlässigen ist.

Und dabei können Sie viel Wertvolles entdecken. Denn nicht immer braucht es radikale Umbrüche in der Berufsbiografie. Viele bereits vorhandene Kompetenzen, Erfahrungen und Talente lassen sich mitnehmen auf den neuen Lebensabschnitt. Die Arbeitsmarktforscherin Lynda Gratton nennt dieses Prinzip »Meisterschaft in Serie«.[1] Das ist die gute Nachricht, wenn man mit Anfang oder Mitte 30, 40 oder sogar erst 50 dem beruflichen Weg noch einmal eine neue Richtung geben will. Manchmal allerdings sind auch größere Umbrüche notwendig, damit man sich selbst treu bleiben kann oder nicht auf eingefahrenen Gleisen stecken bleibt und womöglich krank wird.

Sie können die KBC-Methode mit diesem Buch eigenständig, ohne Unterstützung, durchführen, denn ich erkläre Ihnen Schritt für Schritt, wie Sie am besten vorgehen. Zur Illustration werde ich immer wieder auf Beispiele aus meiner Coachingpraxis zurückgreifen und die Biografien von drei Protagonisten exemplarisch vorstellen. Bei Bedarf können Sie für Ihre eigene Arbeit zur Vertiefung natürlich einen Coach oder eine andere Person Ihres Vertrauens heranziehen. Kontaktadressen professioneller Coachs, die nach meiner Methode arbeiten, finden Sie im Anhang.

Die KAIROS-Methode möchte Sie darin unterstützen, Ihren eigenen Weg zu finden, den neuen Hafen zu erkennen, in den Sie segeln möchten. Wenn Sie Ihren Weg erkannt und die mentalen Barrieren gegen Ihr Ziel überwunden haben, dann ist es Zeit. Zeit, um loszugehen!

Teil 1
Das KAIROS-Biografie-Coaching –
die KBC-Methode

In den folgenden Kapiteln finden Sie eine Einführung in die KBC-Methode. Bevor Sie starten, sind mir zwei Hinweise wichtig. Dieses Buch ist als Anleitung für einen Coachingprozess konzipiert, den Sie mit sich selbst durchführen können. Meine KBC-Methode ist ein biografischer Coachingansatz, keine Therapie und kein Therapieersatz. Die Methode verspricht andererseits auch keine schnellen Tipps oder Patentrezepte für den »Traumjob«. Sie werden von der KAIROS-Methode am meisten profitieren, wenn Sie auf der Suche nach einer fundierten, ganzheitlichen Antwort auf Ihre beruflichen Fragen in Ihrer spezifischen Lebensphase sind. Das erläutere ich Ihnen im gleich folgenden Abschnitt.

Welche besondere Bedeutung der Kairos in der Berufsbiografie hat, lesen Sie im darauf folgenden kurzen Kapitel. In *Die fünf Phasen der Karriereorientierung* finden Sie einen Überblick über die Phasen der Karriereorientierung. Dort können Sie sich orientieren, in welcher Phase Sie gerade den größten Klärungsbedarf haben und von welchen Auswertungsschritten der KBC-Methode Sie am meisten profitieren können. Außerdem stelle ich Ihnen im Anschluss die drei Protagonisten vor, an deren Biografien ich die Coachingmethoden exemplarisch vorstelle.

Danach starten Sie dann mit der KBC-Methode für Ihre eigene Arbeit. Sie finden im Kapitel *Die Umsetzung der KBC-Methode* die Elemente der Methode und die Anleitung zum Ausfüllen des KAIROS-Datencharts beschrieben. Wenn Sie ganz schnell anfangen möchten, blättern Sie gleich dahin vor!

Die KBC-Methode:
Selbstcoaching auf der Basis von Wissenschaft und Weisheit

Als ich die KAIROS-Methode entwickelt habe, war mir besonders wichtig, dass sie ganzheitlich orientiert ist, um den Bedürfnissen meiner Klienten in den unterschiedlichen Lebensphasen gerecht zu werden. Daneben habe ich den Anspruch, Menschen Werkzeuge an die Hand zu geben, die effektiv und wissenschaftlich fundiert sind. Hier wird also eine strukturierte Basis – die Arbeit mit dem biografischen Chart – mit intuitiven Zugängen zur eigenen Geschichte wie dem Einsatz von Bildern, Metaphern und Erzählungen der Biografie kombiniert. Bereits etablierte Aspekte der Biografiearbeit habe ich dafür neu aufgearbeitet und mit Methodiken des Integralen Coachings zu einem eigenen biografischen Coachingansatz für die Karriereorientierung verbunden. Darin integriert sind wissenschaftliche und ganzheitliche Verfahren aus den Weisheitstraditionen wie das Stärken-Inventar VIA-IS aus der Positiven Psychologie. Ebenso fließen Erkenntnisse zur Ziel- und Motivationsforschung aus den Neurowissenschaften ein. Aus dem Bereich des Business-Coachings greife ich auf meine Kenntnisse von Kompetenzmodellen und der Karriereberatung zurück, wie beispielsweise die Karriereanker.

Ein zentraler Bestandteil meines Coachingansatzes ist jedoch die Sinn- und Wertedimension. Nur wenn wir umsetzen, was uns wichtig ist, erleben wir Sinn. Unsere Werte sind ein elementarer Teil von uns, sie sind untrennbar mit uns verbunden und prägen unser Handeln. Möchte man sich beruflich neu orientieren, sind Werte für die Entscheidungsfindung und den weiteren Prozess unerlässlich. Zusammen mit unseren Kompetenzen stellen sie einen Schatz dar, den jeder bereits in sich trägt. Ihn gilt es zu bergen, damit Sie den Job finden, der jetzt zu Ihnen passt.

Dass Sie sich dabei Ihrer Vergangenheit zuwenden, heißt übrigens keinesfalls, dass Sie therapeutisch arbeiten. Die Arbeit mit Ihrer Biografie ist in der KBC-Methode rein auf Ihre Ressourcen hin orientiert. Sie schauen immer, was Sie können, was Sie wollen, was gelungen ist. Und Sie ändern, was Ihnen im Weg stehen könnte. Sie erhalten einen Überblick über Ihr Leben, statt in alten Geschichten zu versinken, und Sie werden für sich viele Fragen stellen und beantworten. Viele meiner Klienten nehmen durch solche Fragen häufig zum ersten Mal die Wechselbeziehungen zwischen einzelnen Lebensbereichen und auch vom Früher zum Jetzt wahr. Eine Klientin, eine äußerst kompetente Finanzmanagerin, erkannte plötzlich, dass ihre Angst vor einem Branchenwechsel biografische Ursachen hatte und letztlich mit der häufig geäußerten Überzeugung ihres Vaters zusammenhing: »Schuster, bleib bei deinem Leisten«. Solche Sätze werden Sie sich in dem Kapitel *Innere Mentoren und Saboteure* auch für Ihr Leben näher anschauen.

Auch wenn ich Ihnen, liebe Leserin, lieber Leser, natürlich kein direktes Feedback geben kann, werden Sie durch das, was Sie zusammentragen, ein Gefühl für die Stimmigkeit der Interpretation Ihrer beruflichen und persönlichen Biografie entwickeln. Das erleichtert Ihnen das Verlassen der Komfortzone Ihrer bisherigen Sicht der Dinge. Im Coaching habe ich zum Beispiel schon oft erlebt, dass Klienten aufhören, Außenstehenden die Schuld für verpasste Chancen zu geben, und stattdessen aktiv Verantwortung übernehmen. Während des ganzen Prozesses sind Sie führend und bleiben Experte Ihres Lebens. Je nach Lernstil und Lerntempo geht Ihr Erkenntnisgewinn so weit, wie Sie gehen wollen und können.

In einer Therapie hingegen werden verdrängte und negative Erfahrungen aufgedeckt, wiedererlebt, aufgearbeitet und dem Bewusstsein zugänglich gemacht. Verschüttete Ressourcen werden in einer Therapie erst wieder aufgebaut. Meine Aufgabe als Coach ist es jedoch, auf bereits bestehenden Ressourcen aufzubauen. Das heißt auch, dass ich anders als der diagnostizierende Therapeut keine »Expertin« für das Leben meiner Klienten bin. Sie selbst sind das und entscheiden auch eigenverantwortlich über Ihre nächsten Schritte. Das bedeutet außerdem, dass das KAIROS-Biografie-Coaching kein Ersatz für eine Psychotherapie sein kann oder sein will. Weder ein biografisches Coaching noch dieses Buch können die professionelle Unterstützung eines Psychotherapeuten ersetzen. Sicher befinden Sie sich in einer Umbruchphase, wenn Sie zu diesem Buch gegriffen haben, und dazu gehören auch Phasen von Niedergeschlagenheit oder Zukunftsangst. Aber solche Stimmungen unterscheiden sich deutlich von den lähmenden Blockaden, die jemand erlebt, der therapeutischer Hilfe bedarf. An welchem Punkt Sie gerade stehen, sollten Sie für sich eigenverantwortlich entscheiden oder im Zweifelsfall eine fachlich versierte Person für ein klärendes Gespräch aufsuchen.

Hase und Igel: Von der Hetzjagd zum Jetztgefühl! Die Bedeutung des Kairos in der Karriereorientierung

Das richtige Timing und das Gefühl für das Wesentliche sind gerade in der heutigen Zeit wichtige Parameter dafür, zufrieden im Beruf zu sein oder immer wieder zu werden. Dabei ist ein Paradox des Kairos, dass wir uns zu bestimmten Zeitpunkten verändern müssen, um wir selbst zu bleiben.

Bildlich wird die Personifikation des rechten Moments, der altgriechische Gott Kairos, mit einer höchst eigenwilligen Frisur dargestellt: mit einer mächtigen Haartolle an der Stirn, aber kurz geschorenem Hinterkopf. Sicher ist Ihnen der Ausdruck »die Gelegenheit beim Schopfe packen« geläufig: Verpasst man den richtigen Augenblick, kann es zu spät sein, man greift ins Leere. Manche meiner Klientinnen beklagen dies bitterlich, wenn sich beispielsweise ein später Kinderwunsch nicht erfüllt und die Chance auf eigene Kinder für immer vorbeigezogen ist.

Aber zu Ihrer Beruhigung: Natürlich bedeutet das Verpassen eines rechten Moments nicht, dass man fortan kein sinnvolles Leben mehr führt. Denn gerade darin liegt die Kraft der Biografie – Ihrer ganz persönlichen biografischen Lebenserzählung –, dass sich immer wieder neue Chancen ergeben, dass sich neue Wege auftun. Wir müssen sie nur sehen – und dann auch beschreiten. Der deutsche Philosoph Hans-Georg Gadamer verbindet Kairos vor allem mit Wahrnehmungsfähigkeit, Achtsamkeit und daraus folgender Intuition. Er sieht im Kairos-Prinzip eine der wichtigsten Fähigkeiten des Menschen im 21. Jahrhundert.[2]

In der Regel kann man einen Kairos-Moment rückblickend erkennen, denken Sie an den Satz von Sören Kierkegaard. Das hat auch etwas Tröstendes: Die Retrospektive ermöglicht uns nämlich Annahmen über Zukünftiges. Das heißt, indem Sie herausfinden, welcher Zeitpunkt in der Vergangenheit angemessen war für Entscheidungen, können Sie dieses Wissen für die Beantwortung aktueller Fragen nutzen. So erkennen Sie: Ich bleibe oder komme wieder in den mir gemäßen Rhythmus, wenn ich diese Beförderung annehme oder ablehne. Ich muss mich nicht hetzen (lassen), aber ich darf auch notwendige und überfällige Entscheidungen nicht verschleppen.

Wie geht es Ihnen bei diesem Gedanken? Als ich das für mich herausgefunden hatte, war ich sehr erleichtert. Manche Jahre sind Jahre des Winters, wo kein Grün sprießen wird. In anderen Jahren bricht die volle Pracht des Frühlings aus. Die Sorge aber, möglicherweise eine falsche Wahl zu treffen, hat etwas Bedrohliches. Sie treibt einen dazu, überstürzt zu handeln. Oder sie hält einen unter Umständen davon ab, eine Veränderung anzugehen. Im besten Fall bleibt man dadurch unter seinen Möglichkeiten. Sich in einer Komfortzone einzurichten, kann ganz gemütlich sein, manchmal macht sich vielleicht eine latente Unzufriedenheit bemerkbar, doch das geht ja wieder vorüber und eigentlich ist es hier doch ganz schön... Der Preis, den man am Ende zahlt, kann jedoch hoch sein. Wie viele Menschen verbiegen sich oder werden dabei unglücklich und verbittern, weil sie auf etwas verzichten, elementare Bedürfnisse vernachlässigen oder letztlich feststellen, etwas verpasst zu haben? Das führt nicht selten zu Beeinträchtigungen und es kann Menschen schaden und mitunter krank machen. Die angstbedingte Vermeidung von Entscheidungen nennt man in der Psychologie übrigens Kairophobie.

Hinsichtlich der Entscheidungsfindung, wie ich sie im Berufsorientierungs-Coaching erlebe, spielen beide Aspekte von Zeit eine wesentliche Rolle: der chronologische Verlauf und der rechte Moment. Die Intuition für Kairos, den richtigen Augenblick, verschafft dabei das gute Gefühl, im Fluss der Zeit zu sein, anstatt in seinen Fluten zu versinken oder bei Ebbe zu stranden. Jeder Mensch beginnt seinen Weg von einem anderen Punkt aus. Damit Sie, liebe Leserin, lieber Leser, wissen, wie Sie dieses Buch am besten nutzen können, gebe ich Ihnen zunächst einen Überblick über die einzelnen Kapitel und die dort beschriebenen Schritte der Karriereorientierung.

Die fünf Phasen der Karriereorientierung

In meiner jahrelangen Arbeit als Karrierecoach hat sich die Einteilung der Karriereorientierung in fünf Phasen als sinnvoll erwiesen. Für jede dieser Phasen habe ich Methoden entwickelt und ausgesucht, die ich Ihnen im Verlauf dieses Buches vorstelle. Zunächst gebe ich Ihnen aber schon hier einen ersten kurzen Überblick – so können Sie gegebenenfalls direkt dort starten, wo Sie für sich das größte Informationsbedürfnis ausmachen.

Die Phasen der Karriereorientierung sind:

0. Die Vorlauf- oder Unruhephase
1. Die Explorationsphase
2. Die Visionsphase – wohin will ich und was hindert mich eigentlich?
3. Die konkrete Planungsphase
4. Die Umsetzungs- und Überprüfungsphase (spezielle Schritte)

Die Vorlauf- oder Unruhephase

Die Vorlaufphase, eine Art »Phase 0«, ist der Zeitraum, in dem Sie wahrnehmen, dass sich in Ihrem Berufsleben »irgendetwas« ändern sollte oder müsste. Das können externe Anlässe sein wie die erneute

Umstrukturierung in Ihrem Betrieb, bei der Sie Kompetenzbereiche verlieren werden oder umziehen müssten. Es kann das verlockende Jobangebot sein, intern oder bei einem anderen Arbeitgeber. Es kann die nagende, schleichende Unzufriedenheit mit Ihrem Job sein, von der Sie wissen, dass sie Sie mehr Energie kostet als die eigentliche Arbeit – und die Sie schließlich krank werden lässt.

Die Explorationsphase

Wenn Sie zu diesem Buch gegriffen haben, sind Sie vermutlich schon in Phase 1: Sie möchten explorieren, herausfinden, was eigentlich alles möglich ist. Die KAIROS-Methode unterstützt Sie ganz besonders wirkungsvoll in genau dieser Phase. Mit insgesamt sieben Auswertungsmethoden werden Sie Ihre Biografie analysieren. Speziell dafür habe ich das KAIROS-Datenchart entwickelt, in dem Sie Ihre biografischen Daten stichwortartig für jeden Lebensabschnitt und alle Lebensbereiche notieren. Denn Sie wollen Ihre Persönlichkeit ja gerade nicht »beim Pförtner abgeben« (müssen), sondern möglichst vollständig Job und Privatleben in Einklang bringen können.

Alle Auswertungsmethoden zu Ihrer Biografie sind im ersten Teil ausführlich beschrieben. Es handelt sich dabei um nichts anderes als um eine Bestandsaufnahme: wer Sie sind, woher Sie kommen, was Ihnen derzeit im Leben wichtig ist und was Sie wirklich können – auch jenseits offizieller Abschlüsse. Die Analyse Ihres individuellen »Rhythmus« gibt Ihnen eine Idee, wann der beste Zeitpunkt zur Umsetzung großer Pläne oder kleiner Schritte ist – eben der besondere Kairos.

Ich empfehle Ihnen, alle sieben Auswertungsschritte zu durchlaufen. Wenn Sie jedoch vorher schon einmal Ihre Werte, Ihre Kompetenzen oder Stärken systematisch erfasst haben, können Sie diese Ergebnisse einfach in die KAIROS-Gesamtauswertung integrieren. Allerdings sollten Sie, um von der KAIROS-Methode zu profitieren, unbedingt das biografische Datenchart einmal ausgefüllt haben. Das KAIROS-Datenchart und die KAIROS-Gesamtauswertung finden Sie als Vordrucke zum Kopieren am Ende des Buches bei den Arbeitsblättern.

Die Visionsphase – wohin will ich und was hindert mich eigentlich?

Mit Ihren bisherigen Ergebnissen sind Sie für die nächste Phase der Karriereorientierung, die Visionsphase, gut gerüstet. Für die Visionsphase gebe ich Ihnen im zweiten Teil spezielle Coachingmethoden an die Hand. Die Visionsphase dreht sich um die grundlegenden Fragen: Wohin soll ich gehen? Und: Wie komme ich dahin? Was steht eigentlich im Weg?

Im zweiten Teil werden Sie eine erste motivierende Zielvision für Ihren nächsten, idealen Job entwickeln. Vielleicht hatten Sie schon eine Art »Vision« Ihres neuen beruflichen Lebensabschnitts, bevor Sie zu diesem Buch gegriffen haben? Aber etwas hat Sie zögern lassen? In der KAIROS-Methode erwächst Ihre Zielvision aus Ihrer Biografieanalyse. Sie entsteht aus einer neuen Kombination Ihrer Werte, Kompetenzen, Stärken und Lebensthemen und bleibt somit nicht nur eine Utopie. Eine Utopie ist eine falsche Vision, der jegliche Umsetzungswahrscheinlichkeit fehlt, weil sie nicht auf den eigenen Kompetenzen beruht. Solcherlei Träumereien fallen wie ein Kartenhaus in sich zusammen, sobald das erste Lüftchen einer Realitätsprüfung aufkommt. »Eine Strandbar auf Teneriffa eröffnen« und »meinen eigenen kleinen Laden aufmachen« könnten solche Utopien sein. Wenn Sie allerdings durch Ihre Biografieanalyse herausgefunden haben, dass Ihnen genau so ein Projekt entspricht, dann können Sie es schaffen!

Wenn nicht das »Aber ...« wäre. In zwei Kapiteln werden Sie sich mit Hindernissen beschäftigen, die Ihrer Zielvision im Wege stehen könnten. Das sind einerseits aus unserer Biografie stammende hinderliche Gedanken, ich nenne sie »Saboteure«, die wir mitschleppen und die uns hemmen. Solche Überzeugungen oder Glaubenssätze kann man zum Glück systematisch zu Verbündeten umformulieren. Es gibt jedoch auch Vorstellungen in uns, die positiv aussehen, uns aber trotzdem in die Irre leiten, wenn es um den wirklich passenden Job geht. Die »Berufungsfalle« gaukelt uns vor, dass wir nur das Hobby zum Beruf machen müssten, um glücklich zu sein. Die zweite Falle ist die »Karrierefalle«. In ihr sind manche Menschen gefangen, die »doch eigentlich alles erreicht haben«. Sich von Jobs zu verabschieden, um die man von anderen beneidet wird, kann besonders schwer sein. Doch manchmal ist genau das notwendig, damit man wieder zufrieden wird oder glücklich bleibt.

Die konkrete Planungsphase

Nach den ersten drei Phasen wissen Sie, was Sie wollen, was Sie können und in welche Richtung Sie gehen möchten. Sie haben mentale Hindernisse aus dem Weg geräumt und sind bereit, die Ärmel hochzukrempeln und gezielt loszulegen. Es ist Zeit für die konkrete Planungsphase Ihrer Karriereorientierung.

Sie werden jetzt auch präziser wissen, in welcher grundlegenden Richtung Ihr Ziel liegt: Haben sich Ihre Werte verändert und wollen Sie sie im neuen Job verwirklichen können? Langweilen Sie sich, weil ein Teil Ihrer Kompetenzen brachliegt? Oder sind Sie über- und/oder fehlgefordert? Haben Sie Ihre generelle Karrierepräferenz, den »Karriereanker«, vernachlässigt? Oder wollen Sie einfach mehr Geld für Ihre gute Arbeit?

Für jede dieser Fragestellungen zeige ich Ihnen einige grundlegende Richtungen oder auch Pfade auf, für die Sie die nächsten Handlungsschritte formulieren können. Das kann etwas so Naheliegendes sein wie die Anfertigung neuer Bewerbungsfotos. Oder etwas so Fundamentales wie die Kontaktaufnahme zu einem Headhunter und die Terminierung eines Gesprächs mit Ihrem Vorgesetzten über einen Aufhebungsvertrag. Jetzt kann der richtige Zeitpunkt sein, Ihre Bewerbungsmappe hervorzuholen und verstärkt die Social Media zu nutzen. Diesmal starten Sie Ihre Aktionen auf der Basis dessen, wer Sie sind – und mit dem Wissen darum, wer Sie zukünftig sein wollen.

Die Umsetzungs- und Überprüfungsphase (spezielle Schritte)

Die Umsetzungs- und Überprüfungsphase ist zeitlich ganz eng mit der konkreten Planungsphase verbunden. In dieser letzten Phase der

Karriereorientierung werden Sie die unterschiedlichsten Schritte unternehmen. Und Sie werden basierend auf Ihren Erfahrungen dann auch wieder Schritte umplanen, das ist ganz normal. Daher endet mein Buch auch hier. Die KAIROS-Methode bringt Sie genau an den Punkt, wo Sie wissen, was Sie umsetzen wollen und wie Sie die ersten Schritte gehen können.

Aufbauend auf Ihrem durch die KAIROS-Methode erarbeiteten persönlichen Wissen können Sie für die nächsten Schritte Spezialwissen in anderen Büchern, Online-Communitys oder bei Freunden finden. Möchten Sie eine Initiativbewerbung auf den Weg bringen, das richtige soziale Netzwerk für Ihre Branche herausfinden? Brauchen Sie ein Training in Wirkung und Auftreten für Bewerbungsgespräche? Für alle diese Themen gibt es bereits gute Bücher und Coachs (auch im Team meiner Firma), die solche Schritte passgenau begleiten.

Die Fallbeispiele: Christina, Stefanie und Thomas

Immer wieder werden Ihnen in den folgenden Kapiteln drei fiktive Personen begegnen, die ich Ihnen nun kurz vorstellen möchte: Christina, Stefanie und Thomas. Die Biografien meiner Protagonisten sind selbstverständlich konstruiert und entsprechen zum Schutz der Privatsphäre nicht eins zu eins realen Lebensgeschichten meiner Klienten. Dennoch enthalten die biografischen Beispiele typische Fragestellungen, die mir im Karrierecoaching immer wieder begegnen. Sicher erkennen auch Sie sich in dem einen oder anderen Aspekt meiner Protagonisten wieder.

Christina, Jahrgang 1968, 45 Jahre (2013), Diplomsozialpädagogin (FH), Master of Arts, Sozialmanagement. Christina ist verpartnert mit einer sieben Jahre jüngeren Frau, gemeinsam haben sie zwei Pflegekinder. Zu Beginn des Coachings, 2011, war Christina 43 Jahre alt und stellvertretende Geschäftsführerin einer gemeinnützigen Stiftung zur Förderung sozialer Projekte im Bereich der Generationengerechtigkeit.

Anlass für Christina, zu mir ins Coaching zu kommen, war die gerade geplatzte interne Bewerbung auf die Stelle der Geschäftsführung. Sie hatte sich sehr gute Chancen ausgerechnet und war nun damit konfrontiert, dass eine sieben Jahre jüngere externe Bewerberin vorgezogen worden war – unter »fadenscheinigen« Begründungen, meinte Christina. Entsprechend frustriert und wenig motiviert war sie, weiter für ihren Arbeitgeber tätig zu sein. Die Frage, die sich in Christinas Coaching schnell stellte, war die nach einer eigenen Firmengründung.

Heute ist Christina Unternehmerin und Geschäftsführerin einer gemeinnützigen GmbH im Bereich Finanzierung und Beratung von Sozialprojekten.

Stefanie, Jahrgang 1977, 36 Jahre (2013). Stefanie hat nach der mittleren Reife eine Ausbildung als Bürokauffrau absolviert. Zusatzqualifikationen besitzt sie als Touristik-Fachwirtin und geprüfte Bilanzbuchhalterin. Durch einen Auslandsaufenthalt in New York spricht sie fließend Englisch und hat überhaupt ein Faible für Sprachen.

Zu Beginn des Coachings im Jahr 2010 war Stefanie 33 Jahre alt, arbeitete als Bilanzbuchhalterin in einem internationalen Touristikkonzern und führte drei Mitarbeiter.

Anlass für Stefanie, ein Coaching aufzusuchen, war eine sehr erfüllende berufliche Erfahrung als interne Trainerin in einem Qualifizierungsprogramm zum Thema Kommunikation für die Standorte ihres Konzerns. Doch dies war nur ein zeitlich befristetes Projekt. »Ich weiß jetzt eigentlich, was ich will, aber ich weiß nicht, ob ich mich trauen soll, aus meinem Job auszusteigen«, meinte sie sichtlich niedergeschlagen.

Nach dem Coaching absolvierte Stefanie Zusatzausbildungen auf eigene Kosten als Trainerin, dann mit ihrem neuen Arbeitgeber in interkultureller Konfliktklärung und als Moderatorin von Großgruppen.

Heute ist Stefanie Trainerin für Kommunikation, Konfliktlösung und Gruppen-Events bei einem internationalen Trainingsanbieter.

Thomas war ein bundesweit bekannter Fernsehschauspieler. Doch was will jemand, der bereits einen Traumberuf verwirklicht hat, bei einem Karrierecoach? Hier sein Profil:

Thomas, Jahrgang 1973, heute (2013) 40 Jahre alt, staatlich ausgebildeter Schauspieler, geboren in Waren an der Müritz (Mecklenburg-Vorpommern).

Zu Beginn des Coachings, 2010, mit 37 Jahren, war Thomas als Schauspieler für Fernsehen, Bühne und Film sowie als Synchronsprecher tätig.

Anlass für das Coaching war eine familiäre Veränderung. Thomas war Vater geworden, das zweite Kind geplant. Thomas empfand die Film- und Fernsehwelt immer mehr als oberflächlich und die zum Teil langen Abwesenheiten von zu Hause deckten sich nicht mehr mit seinem Lebensentwurf, als Vater auch anwesend zu sein für seine Kinder. Die Ausgangsfrage für Thomas lautete: »Wie kann ich meine Talente und Neigungen in einen Beruf integrieren, der mir Spaß macht und die Familie ernährt?«

Heute ist Thomas Logopäde, Trainer für Synchronsprecher und teilweise selbst noch als Synchronsprecher tätig.

Nächste Berufsziele: Trainings- und Coachingtätigkeit für Führungskräfte zum Thema Sprechen und Sprache, Auftreten und Wirkung.

Die Umsetzung der KBC-Methode

In der Einleitung habe ich Ihnen bereits kurz die Grundzüge und den großen Nutzen des KAIROS-Biografie-Coachings (KBC) skizziert. Jetzt wenden wir uns der Umsetzung der KBC-Methode für Ihre ganz persönliche berufliche Orientierung und Ihre Karrierepraxis zu. Um Ihre Biografie zur Kraftquelle für Ihre beruflichen und persönlichen Entscheidungen zu machen, arbeiten Sie in der KBC-Methode mit dem KAIROS-Datenchart: eine systematische und strukturierte Sammlung biografischer Fakten, aufgegliedert in Lebensbereiche, die sogenannten Lebensstränge. Das Grundelement des Datencharts ist jeweils eine Lebensphase. Unter einer Lebensphase verstehen wir in der KBC-Methodik Abschnitte von sieben Lebensjahren: Lebensphase 1 mit den Lebensjahren eins bis sieben, Lebensphase 2 mit den Lebensjahren acht bis 14 und so weiter. Jede Lebensphase wird auf einem Blatt dargestellt.

Das ordnende Prinzip der Siebenergliederung bietet zunächst in grafischer Hinsicht die optimale Übersicht. Die psychologische Forschung zur menschlichen Wahrnehmung hat herausgefunden, dass sieben Elemente einer Dateneinheit weder unser Auge noch unseren Arbeitsspeicher überfordern. Ein Zehnerraster wäre zu umfangreich für den Überblick, weniger Elemente als sieben wiederum würden den Verlauf des Lebens zu kleinteilig abbilden und somit verhindern, dass man sich einen guten Überblick verschaffen kann. Die Aufteilung der Biografie in Lebensabschnitte von sieben Jahren geht außerdem auf eine verbreitete Tradition in der Biografiearbeit zurück; diese lässt sich wiederum auf die religiöse Zahlenmystik sowie die Biologie des Menschen zurückführen (siehe Kasten). Ganz zentral in der KBC-Methode ist jedoch der individuelle Rhythmus, sprich eine freie Interpretation des jeweiligen Biografieverlaufs. Das bedeutet nichts anderes, als dass Sie in Ihrer Biografie unbedingt Ihre persönlichen Zeitmuster erkennen sollen. Sie werden individuelle Subrhythmen innerhalb der Siebenjahresabschnitte finden, und manchmal auch übergreifende Zeitraster. Eine spezielle Übung, »Die KAIROS-Rhythmusanalyse«, wird Sie beim Aufspüren Ihres individuellen Lebensrhythmus unterstützen

Die anthroposophische Auffassung, dass bestimmte Themen zu einem bestimmten Zeitpunkt im Leben »anfallen« oder »an der Reihe sind«, teile ich allerdings aus meiner Erfahrung als Coach so nicht uneingeschränkt. Angesichts des »Verschwindens der Normal-

---

Die Zahl 7 in der Biografiearbeit

Grundlegend basiert der Siebenerrhythmus in der Biografie des Menschen auf biologischen Gegebenheiten. Im Alter von etwa sieben Jahren verliert man die letzten Milchzähne, mit 14 Jahren leiten die hormonellen Veränderungen die Pubertät ein. Erst mit 21 Jahren war man früher volljährig, denn erst dann ist der Schädel des Menschen annähernd ausgewachsen. Vollständig abgeschlossen gilt das Wachstum mit 28 Jahren (4 × 7). Mit etwa 49 Jahren kommt es bei beiden Geschlechtern zu hormonellen Veränderungen, die man bei Frauen als Wechseljahre bezeichnet und die das »mittlere Lebensalter« markieren, mit dem Ende der Reproduktionsfähigkeit. Die jeweiligen biologischen Veränderungen gehen natürlich mit psychischen Anpassungen einher, sodass man richtigerweise von unterschiedlichen Lebensphasen sprechen kann. Als Maß für die Betrachtung einer Lebensphase werden in der Biografiearbeit daher häufig sieben Jahresabschnitte oder auch 2 × 7 = 14 Jahre als separate Lebensphase betrachtet, zum Beispiel in der Tradition der griechischen Antike.

Auch in der Philosophie und in vielen Weisheitstraditionen spielt die Sieben als Zahl der Gliederung eine bedeutende Rolle. Sieben Tage umfasst der biblische Schöpfungsmythos, der unsere Woche bis heute gliedert. Ebenso bedeutsam ist in vielen mythologischen Systemen die Unterteilung in Dreier- und Viererrhythmen, die sich zu Siebenerrhythmen addieren. Besonders Vertreter der auf Rudolf Steiner basierenden anthroposophischen Biografiearbeit arbeiten mit Phasen im Siebenerzyklus. Diese Philosophie geht davon aus, dass bestimmte Lebensthemen zu einem bestimmten Zeitpunkt von einem Menschen bearbeitet werden »müssen«.

biografie«[3] sind in den Lebensphasen meiner Coachees so manche Lebensthemen wild durcheinandergewürfelt. Das Thema »Kinder bekommen« erleben Menschen mit 21, aber auch 20 Jahre später. »Ein Karriereplateau erreichen« mag für viele Mittvierziger ein Thema sein, die bereits seit 15 oder 20 Jahren in der gleichen Firma oder einer ähnlichen Position arbeiten. Andere hingegen, wie ich selbst, wagen in diesem Alter einen völligen Neubeginn und brechen beispielsweise in die Selbstständigkeit auf: Mit Mitte vierzig steckte ich wieder mitten in einer aufregenden Aufbauphase!

Die Auswertungselemente der KBC-Methode

Bevor Sie mit dem Ausfüllen des Datencharts beginnen, möchte ich Ihnen die Auswertungselemente der Methode vorstellen. Falls Sie nicht alle sieben Schritte chronologisch durchgehen möchten, können Sie anhand dieses Überblicks besser bestimmen, welche Methoden für Ihre konkrete Fragestellung infrage kommen. Wenn Sie direkt starten wollen, können Sie auch einfach direkt zur Übung 1 »Ausfüllen des KAIROS-Datencharts« weitergehen. In jedem Fall empfehle ich Ihnen jedoch, mit dem ersten Kapitel *Lifestory: Das gesamte Leben betrachten* und dort mit der Übung 2 »Das Leben in Überschriften«, zu beginnen. Diese Übung ermöglicht Ihnen den besten Überblick über ihre gesamte Biografie.[4]

Alle sieben Elemente der KBC-Methode sehen Sie im Überblick in der Datenchart-Grafik *Die 7 Elemente der KBC-Methode*. Darin ist der grundsätzliche Aufbau einer Seite des KAIROS-Datencharts exemplarisch abgebildet.

1. Die Lebensphase

Dieses Auswertungselement bearbeiten Sie mit der Methode »Das Leben in Überschriften«. Dazu geben Sie jeder Siebenjahresphase Ihres Datencharts eine eigene Überschrift, ganz so wie die Kapitel ei-

Die 7 Elemente der KBC-Methode

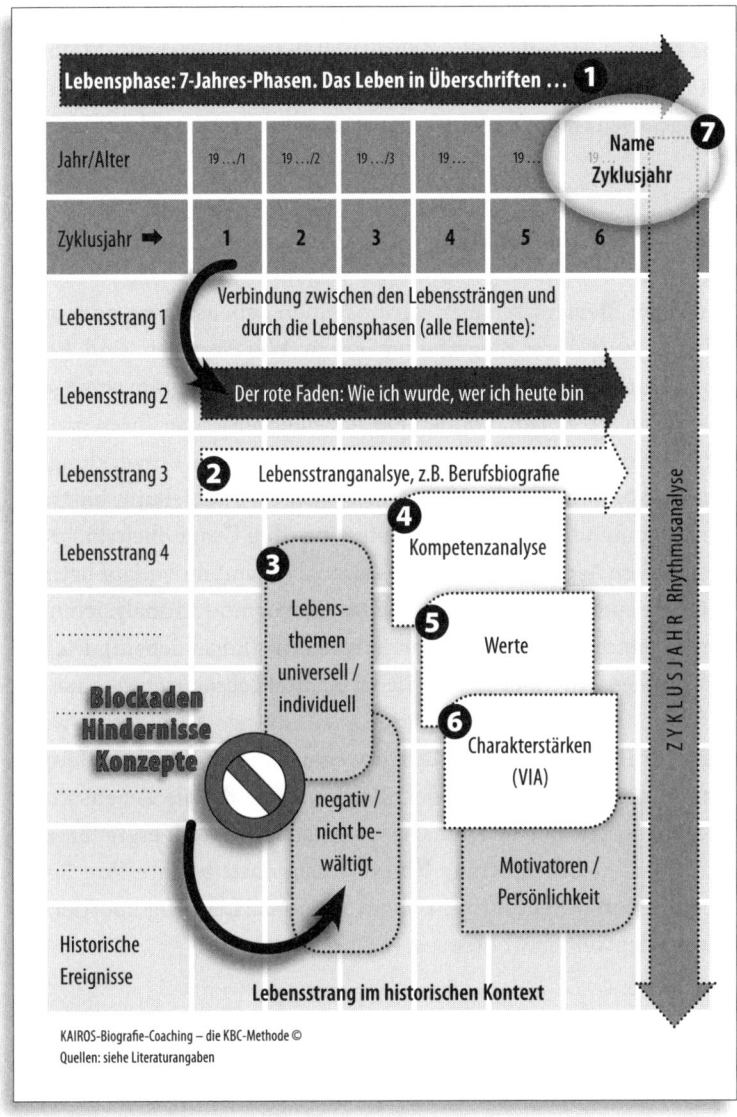

Lebensphase: 7-Jahres-Phasen. Das Leben in Überschriften ... **1**

Jahr/Alter	19…/1	19…/2	19…/3	19…	19…	19… **7** Name Zyklusjahr
Zyklusjahr ➡	1	2	3	4	5	6

Lebensstrang 1 — Verbindung zwischen den Lebenssträngen und durch die Lebensphasen (alle Elemente):

Lebensstrang 2 — Der rote Faden: Wie ich wurde, wer ich heute bin

Lebensstrang 3 — **2** Lebensstranganalsye, z.B. Berufsbiografie

4 Kompetenzanalyse

Lebensstrang 4

3 Lebens-themen universell / individuell

5 Werte

Blockaden Hindernisse Konzepte

6 Charakterstärken (VIA)

negativ / nicht be-wältigt

Motivatoren / Persönlichkeit

Historische Ereignisse

Lebensstrang im historischen Kontext

ZYKLUSJAHR Rhythmusanalyse

KAIROS-Biografie-Coaching – die KBC-Methode ©
Quellen: siehe Literaturangaben

nes Buches. Sie starten mit der Lebensphase 1, eins bis sieben Jahre, und finden eine passende Überschrift für Ihre Kindheit, zum Beispiel »Kindheit wie in Bullerbü« oder »Auf wackeligen Beinen in die

Welt«, je nachdem, wie Sie Ihre Kindheit empfunden haben. So gehen Sie weiter durch alle weiteren Lebensphasen und finden jeweils eine für sie passende und möglichst bildhafte Überschrift. Methodische Hinweise, wie Sie die Überschriften für Ihre Lebensphasen finden, gebe ich Ihnen in der Übung »Das Leben in Überschriften«.

2. Die Lebensstranganalyse

In diesem Element schauen wir uns einen Lebensstrang oder auch Lebensbereich Ihrer Biografie separat an. Wie Sie sehen, sind die Lebensstränge als horizontale Zeilen im Datenchart grafisch abgebildet. Wenn Sie wollen, können Sie so zeilenweise über Ihren ganzen Lebensverlauf einem biografischen Strang in seiner Entwicklung folgen. So könnten Sie Ihre Berufsbiografie, Ihre Beziehungsbiografie, die Biografie mit Ihrer Herkunftsfamilie, Ihre Gesundheitsbiografie oder andere Aspekte Ihres Lebens einmal separat im Verlauf betrachten. Eine spezielle Methode, seine Berufsbiografie zu analysieren, ist die Fragetechnik nach den »Karriereankern« (Edgar Schein). Die Fragen für diese Methode finden Sie im Kapitel *Lebensstranganalyse*.

Sie können auch noch andere Lebensstränge analysieren, wenn diese für Ihren beruflichen Lebensweg wichtig waren. Zum Beispiel könnte der Lebensbereich der Religionsbiografie als Lebensstrang relevant sein, wenn Sie einmal einen geistlichen Beruf ergreifen wollten. Oder im Lebensstrang Körper/Gesundheit könnte Ihre Sportbiografie von Bedeutung sein, wenn Sie einmal Leistungssportler/-in waren oder werden wollten.

3. Die Lebensthemen

Beim Lebensthema handelt es sich um eine besondere Kategorie der Auswertung. Der Begriff ist aus der Entwicklungspsychologie entlehnt. Damit gemeint sind vor allem die psychischen Wachstumsprozesse, die ein Mensch im Verlauf seiner Entwicklung in unserer westlichen Gesellschaft durchlaufen wird. Vermutlich werden Sie bereits, wenn Sie Ihr Leben in Überschriften oder einen einzelnen Lebensstrang angesehen haben, ganz bestimmte Themen erkennen können, die zu einem bestimmten Zeitpunkt in Ihrem Leben wichtig waren. In Pubertät und Jugend sind das zum Beispiel Themen der Identitätsfindung und der Abgrenzung. In den Jahren vom 21. bis 28. Geburtstag stehen die Suche und Experimente rund um das Thema Berufs- und Partnerwahl im Vordergrund. Lebensthemen sind so etwas wie die Großwetterlage Ihres Lebens: die Themen, um die es übergeordnet gerade geht. Ihre beruflichen Entscheidungen sind ein Teil dieser Lebensthemen. Eine Analyse der Lebensthemen kann besonders wichtig sein, wenn Sie sich vage unzufrieden fühlen, Ihr Arbeitszeitmodell ändern wollen oder gar überlegen zu kündigen, um sich selbstständig zu machen.

4. Die Kompetenzanalyse

In Ihren unterschiedlichen beruflichen Stationen, aber auch in Ihrem privaten Leben haben Sie sich unzählige Fähigkeiten angeeignet, die man in Kompetenzen zusammenfassen kann. Diese Kompetenzen zu analysieren ist für Sie entscheidend, wenn Sie überlegen, das Unternehmen zu wechseln oder sogar in einem neuen Berufsfeld einen Quereinstieg zu versuchen. Mit der Kompetenzanalyse werden Sie herausfinden, was Sie ganz besonders gut können, was Sie persönlich ausmacht, und das über alle Lebensbereiche hinweg. Aus dieser Kompetenzanalyse werden Sie gestärkt und mit großem Selbstbewusstsein hervorgehen. So können Sie mit der Kraft aus Ihrer Biografie überzeugend Initiativbewerbungen verschicken und beruhigt in Vorstellungsgespräche gehen.

5. Die Werteanalyse

Werte geben uns Orientierung und lassen uns Sinn erleben. Auf das, was uns wertvoll ist, wollen wir nicht verzichten. Wenn Sie eine wichtige berufliche Entscheidung treffen möchten, spielen Werte und, wie diese sich im Lauf der Berufsbiografie verändernd, eine sehr wichtige Rolle. Werte sind außerdem mit Ihren Kompetenzen eng verbunden, denn wir bilden Kompetenzen häufig in den Bereichen aus, die uns auch wertvoll und wichtig sind. Hingegen sind Kompetenzen nutzlos, wenn wir sie in Bereichen ausgeprägt haben, die für uns keinen Sinn (mehr) machen. Dies ist häufig der Fall bei der »Karrierefalle«. In dem Kapitel *Werte: Was mir wichtig ist* begegnet Ihnen unter anderem das Werterad, das Ihnen helfen wird, Ihre Werte und deren Erfüllungsgrad zu erkennen. Daraus werden Sie Rückschlüsse für Ihre berufliche Wahl ziehen können.

6. Analyse der Charakterstärken

Unter Charakterstärken verstehen wir Eigenschaften des Menschen, die kulturübergreifend auf der ganzen Welt als Teil eines guten und wünschenswerten Charakters geschätzt werden. Aus der umfangreichen, kulturübergreifenden Forschung der Positiven Psychologie wurden schließlich 24 Charakterstärken herausgefiltert.[5] Charakterstärken sind ein Teil der Persönlichkeit. Sie machen aus, wer wir sind, wie unsere Unterschrift. Sie sind allerdings nicht genetisch festgelegt, sondern sie lassen sich, ähnlich wie Kompetenzen, auch entwickeln und trainieren. Besonders um eine neues Vorhaben anzugehen, kann sehr hilfreich sein zu wissen, welche Stärken unsere ganz besonderen Ressourcen und Schätze sind. Zu Charakterstärken gehören zum Beispiel Mut, Durchhaltevermögen, aber auch Neugier, der Sinn für das Schöne oder soziale Intelligenz.

7. Rhythmusanalyse – die Zyklusjahre

Das siebte Element der KBC-Methode ist zentral mit dem Zeitaspekt des KAIROS-Prinzips verknüpft. Wie bereits erwähnt, meint Kairos den günstigen, den richtigen Moment in unserem Leben. Bei der Rhythmusanalyse betrachtet man jeweils ein Jahr der sieben Jahre über alle Lebensphasen.[6] Jede Lebensphase setzt sich zusammen aus den Zyklusjahren eins bis sieben. Grafisch dargestellt bilden sie jeweils eine Spalte in jeder Lebensphase. Hängt man die einzelnen Datenblätter untereinander, so ist es möglich, die Ereignisse spaltenweise in einem spezifischen Zyklusjahr über die gesamte Biografie zu analysieren, beispielsweise für das erste, dritte oder vierte Zyklusjahr. Dann kann man diese Zyklusjahre daraufhin miteinander vergleichen, welche typischen Ereignisse sich dort jeweils häufen und wie sie sich dementsprechend voneinander entscheiden. So wird Ihr ganz persönlicher, individueller Lebensrhythmus abgebildet. Es gibt Jahre der Ruhe und solche des Wandels. Es ist möglich, jedem der einzelnen der sieben Zyklusjahre einen charakteristischen Namen zu geben. Vielleicht ist das siebte Jahr Ihrer Lebensphasen jeweils ein »Sprungbrett«. Oder das zweite ist jeweils »das Jahr der Ruhe«.

Die Rhythmusanalyse ist besonders wichtig für Sie, wenn Sie sich unsicher über den Zeitpunkt Ihres beruflichen Wechsels sind oder ein seltsames Gefühl von Zögern oder innerer Unruhe empfinden, was die Veränderung betrifft. Im Kapitel *Den eigenen Rhythmus erkennen: Von günstigen und anderen Momenten* leite ich Sie Schritt für Schritt durch die Methodik.

Wenn Sie einzelne oder alle sieben Elemente des KAIROS-Biografie-Coachings durchlaufen haben, werden Sie auf einen roten Faden stoßen, der sich durch Ihren Lebensweg zieht. Sie werden erkennen, wie Sie wurden, wer Sie heute sind. Manchen wird das schon durch die erste Übung »Das Leben in Überschriften« klar oder aus der Erzählung der Berufsbiografie. Doch alle sieben KBC-Schritte zusammen ergeben in ihrer Fülle ein Gesamtbild unseres Lebens, unserer Biografie, das viele meiner Klienten ermutigt und fast ehrfürchtig staunen lässt. Und so lassen sich die nächsten Schritte im Berufsleben besser angehen.

Nach der Vorstellung der einzelnen Elemente der KBC-Methode können Sie für Ihre Fragestellung das für Sie spannendste Auswertungselement auswählen. Ich empfehle Ihnen allerdings in jedem Fall mit der Übung »Das Leben in Überschriften« zu beginnen. Als ersten Schritt dazu füllen Sie jetzt Ihr eigenes KAIROS-Datenchart aus.

Die Basis der KBC-Methode: Die Arbeit mit dem KAIROS-Datenchart

Bevor Klienten das erste Mal zu mir ins KAIROS-Coaching kommen, bitte ich sie, das KAIROS-Datenchart auszufüllen. Im Anhang finden Sie bei den Arbeitsblättern eine Kopiervorlage. Es gibt ein Blatt für die ersten Lebensjahre von 1–14 sowie ein weiteres Blatt für jeweils sieben Lebensjahre, das Sie dann einfach für alle folgenden Lebensphasen so oft kopieren, wie es Ihrem Lebensalter entspricht. Außerdem gibt es das Chart zum Download unter www.coachingcenter-berlin.de.

Wie bereits erläutert, umfasst jedes Blatt jeweils eine Lebensphase von sieben Lebensjahren. Jedes Jahr ist als »Zyklusjahr« in den Spalten oben am Blatt angegeben.

Beim Ausfüllen des Datencharts geht es zunächst darum, die Basisfakten festzuhalten – das Chart bildet quasi das Gerüst oder Skelett Ihres Lebens ab. Es ist daher nicht wichtig, möglichst viele Felder, geschweige denn alle Felder auszufüllen oder ganz ausführlich zu kommentieren. Zur Orientierung, wie ausführlich ein Datenchart mindestens ausgefüllt sein sollte, schauen Sie sich am besten im Anhang die Beispielcharts meiner drei Protagonisten Stefanie, Christina und Thomas an. Sie können natürlich immer auch noch mehr Fakten nachtragen. Vor allem der Lebensstrang »Sinn, Werte, persönliche Entwicklung« wird selten beim ersten Durchgang ausgefüllt, sondern häufig werden Erkenntnisse in diesem Bereich erst bei der Auswertung notiert. Dann werden Ihnen auch noch die eine oder andere Episode und weitere Ereignisse einfallen.

Manchmal kann man sich nicht recht erinnern, wann genau ein Ereignis stattgefunden hat, vor allem bei solchen aus der Kindheit. Erfolgte der Umzug in das neue Haus, als man in der fünften Klasse war oder doch erst während des sechsten Schuljahrs? Doch für die Analyse Ihres Lebensrhythmus, die ein Teil der KBC-Methode darstellt, ist es wichtig, dass Sie bei der Jahreszahl eines Ereignisses so präzise wie möglich arbeiten. Denn nur so können Sie nachher die Häufungen in einem Zyklusjahr auch genau bestimmen. Das KAIROS-Datenchart gibt Ihnen daher mehrere Ankerpunkte, an denen

Sie Ereignisse Ihrer Biografie festmachen können. Einer dieser Punkte ist die an historische Begebenheiten gekoppelte Jahreszahl, mit der man Ereignisse erinnern kann: »Das war im Jahr, als die Mauer gefallen ist.« Oder: »Da war der 11. September 2001.« An andere Ereignisse erinnert man sich eher über das eigene Lebensalter: »Ich wurde gerade 15, da starb unser Hund.« »Von meinem ersten selbstverdienten Geld kaufte ich mir ein richtig tolles Kleid zu meinem 18. Geburtstag.« Für die frühen Lebensjahre können Sie auch einfach Ihre Geschwister, Eltern oder Freundinnen und Freunde fragen. Bei vielen meiner Coachingklienten war das Ausfüllen des KAIROS-Datencharts ein sehr schöner Anlass, sich mit Verwandten und Freunden über ihre Kindheit und Jugend auszutauschen oder mal wieder mit Kommilitonen zu sprechen!

Bevor Sie Ihre biografischen Daten in die KAIROS-Datenblätter eintragen, kann es hilfreich sein, die einzelnen Ereignisse zu erinnern und zunächst auf einem separaten Blatt chronologisch zu notieren. Erfahrungsgemäß dauert es manchmal, bis die zeitliche Abfolge stimmt.

Jetzt kann es losgehen. Ob Sie handschriftlich in eine ausgedruckte Vorlage schreiben oder direkt in der Datei arbeiten und das Dokument anschließend ausdrucken, macht keinen Unterschied – wählen Sie einfach die Variante, die Ihnen mehr zusagt.

Übung 1: Ausfüllen des KAIROS-Datencharts

Das Geburtsjahr wird im oberen linken Kästchen eingetragen. Das erste Zyklusjahr entspricht dann dem Lebensalter von einem Jahr. Manchmal fragen mich Klienten, ob es einen Unterschied macht, am Anfang oder am Ende eines Jahres geboren zu sein. Für die Numerierung der folgenden Lebensjahre ist dies im Datenchart unerheblich. Ein Jahr später sind Sie einfach ein Jahr älter. Sie selbst wissen ja bei Ereignissen, die Sie in dem jeweiligen Jahr eintragen, ob diese näher oder weiter von Ihrem Geburtstag entfernt lagen. Für die emotionale Einordnung eines Ereignisses kann dies manchmal bedeutsam sein. »Genau am Tag nach meinem 15. Geburtstag starb unser Familienhund«, hat vielleicht eine andere Tragweite, als wenn das Ereignis weiter entfernt von Ihrem damaligen Geburtstag stattfand. In den Feldern der Zyklusjahre in der zweiten Zeile ist noch Platz, um später nach Ihrer Rhythmusanalyse den Namen für jedes Zyklusjahr aufzuschreiben.

In der zweiten Zeile des Charts tragen Sie die jeweilige Jahreszahl und das Lebensalter ein. Dies hilft zur Orientierung bei der Auswertung des Charts und auch beim Erinnern von biografischen Fakten. Manche biografische Ereignisse lassen sich besser anhand des Alters, andere anhand der Jahreszahl dokumentieren und erinnern.

Hier ein Beispiel aus dem Datenchart von Stefanie, die im September 1977 geboren wurde. Ausgewählt ist ein Ausschnitt zur ersten Lebensphase, also das Alter eins bis sieben Jahre.

KAIROS-Biografie-Coaching – KBC-Methode DATENBLATT – Stefanie (Ausschnitt)

Lebensphase Stefanie	Lebensphase I 1. bis 7. Lebensjahr: Unbeschwerte Kindheit			
Geburtsjahr: 1977 / Sept. Jahr / Alter:	1978 / 1	1979 / 2	1980 / 3	1981 / 4
Zyklusjahr Zyklusname	❶ Fulminanter Start	❷ Dolce Vita	❸ Ankommen	❹ Quittungen
Biografischer Strang: **Familie / Freunde**	Wunschkind	Ich bin der Star!		erster Bruder: Kronprinz
Biografischer Strang: **Schule / Anderes**			Start Kindergarten: Anführerin	Verlustgefühle »Quittungen«

Für die ersten zwei Lebensphasen gibt es im Vordruck des Datencharts ein gemeinsames Datenblatt, da im Allgemeinen für die frühen Lebensjahre weniger Erinnerungen und Fakten vorliegen. Außerdem werden im ersten Datenblatt nur zwei biografische Stränge unterschieden »Familie/Freunde« und »Schule/Anderes«.

In den weiteren Lebensphasen sind dann die unterschiedlichen biografischen Stränge (Lebensbereiche) als einzelne Zeilen aufgeführt, die typischen Lebensbereiche Familie, Freunde, Beziehung, Beruf/Ausbildung usw. Eine Zeile ist zur eigenen Auswahl freigelassen. Wenn Sie sie nicht benötigen, können Sie sie auch einfach entfernen. Mit Strängen zu arbeiten, hat sich im biografischen Coaching bewährt, denn damit lässt sich die Komplexität eines Lebensverlaufs sehr gut abbilden. Ob Sie am Ende die »Fäden des Lebens« neu und sinnvoll miteinander verweben oder eher analytisch auseinanderdröseln möchten, hängt ganz von Ihnen und dem Fokus Ihrer Fragestellung ab. Es ist auch beides möglich.

Und so sieht eine der folgenden Lebensphasen im Datenchart von Stefanie aus. Hier als Beispiel das Datenblatt zur vierten Lebensphase, das 22. bis 28. Lebensjahr (es werden wieder nur vier Zyklusjahre aus dieser Lebensphase gezeigt). Die Überschriften der Lebensphase und die Namen der Zyklusjahre fehlen noch und werden erst nach der jeweiligen Analyse in der Auswertung ergänzt.

KAIROS-Biografie-Coaching – KBC-Methode DATENBLATT – Stefanie (Ausschnitt)

Lebensphase	Stefanie	Lebensphase IV	22. bis 28. Lebensjahr		
Geburtsjahr: 1977 / Sept. **Jahr / Alter:**		1999 / 22	2000 / 23	2001 / 24	2002 / 25
Zyklusjahr **Zyklusname**		❶	❷	❸	❹
Biografischer Strang: **Herkunftsfamilie / Eigene Familie**			Mutter: zweiter Mann, mit 46 noch ein Kind	Nachzügler Schwester	Wie eigenes Baby
Biografischer Strang: **Partnerschaft**		Start Beziehung – es funkt	Start Beziehung		Freund drängt auf Heirat
Biografischer Strang: **Freunde / Freizeit**		»Mädels«-Reisen organisieren		→	Freunde fangen auf
Biografischer Strang: **Beruf / Bildung**		Einstieg Start-up N.Y.	Paris-Reisen	Zusammenbruch Firma	Arbeitslos
Biografischer Strang: **Gesundheit / Körper**		Schlank werden		→	Gewichtsverlust drastisch
Biografischer Strang: **Sinn, Werte, Spiritualität, persönliche Entwicklung**		→		lieber keine eigenen Kinder	schlimmstes Jahr meines Lebens
Biografischer Strang: **Historische Ereignisse**			Millenium – es funkt!	9/11 in New York	

Wie Sie an diesem Beispiel sehen können, sind natürlich nicht alle Felder ausgefüllt, aber die wesentlichen Fakten, die in Stefanies Leben eine Rolle gespielt haben, wurden benannt.

Außerdem zeigt Ihnen dieses Beispiel, dass die Zyklusjahre jeweils für jede Lebensphase immer wieder neu von eins bis sieben durchnumeriert werden. In jeder Lebensphase gibt es die Zyklusjahre 1 bis 7, im Gegensatz zu den chronologischen Jahreszahlen und dem Alter, das immer weiter fortschreitet. Die Zyklusjahre betrachtet man später in der Auswertung über das gesamte Leben – grafisch gesehen spaltenweise – und fragt sich dabei: Welche Ereignisse häufen sich im ersten Zyklusjahr über alle Lebensphasen? Welche im zweiten? Und so fort für die weiteren Jahre.

Die Auswertungsschritte des KAIROS-Datencharts

Nun liegt Ihr Datenchart vor Ihnen. Wie geht es Ihnen damit, was denken Sie, wie fühlt es sich an, Ihr Leben so im Überblick zu sehen? Gab es Überraschungen, hatten Sie Mühe, einzelne Kästchen zu füllen, oder hat der Platz kaum gereicht?

Viele meiner Klientinnen und Klienten schätzen das Datenchart wegen der Struktur und Übersichtlichkeit, die ihr Leben dadurch bekommt. Darüber hinaus berichten viele, dass sie bereits den Prozess des Ausfüllens sehr intensiv erlebt haben. Erinnerungen an Zurückliegendes haben sich eingestellt. Die Fülle des Lebens wird fühlbar, auch im beruflichen Bereich. Bei manchen entsteht eine erste Ahnung, dass es Muster im Leben gibt, die sich öfter wiederholen. »Ich bin immer diejenige, die gegangen ist«, sagte mir eine Produktmanagerin nach Ausfüllen ihres Datencharts, »sowohl in der Liebe als auch im Beruf« – umso verständlicher, dass die angekündigte Umstrukturierung, bei der sie womöglich ihren Job verlieren könnte, große Panik bei ihr auslöst. Es wäre das erste Mal, dass ihr Muster, ihre bisherige Komfortzone, aufgebrochen würde.

In der Auswertung Ihres Datencharts werden Sie für jedes einzelne Element eine präzise Anleitung erhalten, um dieses Schritt für

Schritt zu analysieren. Sie können auch genau mit dem Element anfangen, das Sie am meisten für Ihren Berufsweg interessiert. In der vorgeschlagenen Reihenfolge bearbeiten Sie die zentralen Schritte Lifestory, Lebensstrang, Berufsbiografie (Karriereanker) sowie Kompetenzen und Werte zuerst.

Im Coaching mit Klienten hat es sich insgesamt bewährt, alle Aspekte der Biografie zu beleuchten. Diese verschiedenen Elemente bilden letztlich einen gesamten Coachingprozess ab, wie wir ihn am Coaching Center Berlin als »Integraler Coaching Prozess, ICP©« über viele Jahre entwickelt haben. Die Systematik der KBC-Methode bringt dabei für Ihre Biografie sowohl die einzelnen Elemente als auch den Zusammenhang zwischen den Elementen zum Vorschein. Sie erhalten mehr Klarheit darüber, woher Sie kommen, wer Sie geworden sind und wohin Sie als Nächstes gehen möchten!

Lifestory:
Das gesamte Leben betrachten

I n der Regel ist mit dem Wunsch nach beruflicher Veränderung eine allgemeine Fragestellung verbunden, die man oft noch nicht auf Anhieb beantworten kann. Vielleicht geht es Ihnen ja wie Christina, die frustriert über eine abgelehnte interne Bewerbung für eine Führungsposition ist. Oder es geht Ihnen im Gegenteil wie einer anderen Klientin von mir, der sich die Chance zum vorzeitigen Aufstieg bot und die wissen wollte, worauf ihr komisches Gefühl im Bauch zurückzuführen war, das sie zögern ließ zuzugreifen. Möglicherweise musste Ihr Arbeitgeber auch unvorhergesehen Insolvenz anmelden und Sie fragen sich nun, wie es weitergehen kann. Was können Sie überhaupt? Wie müssten Sie sich bei einem neuen Arbeitgeber positionieren? Oder Sie haben festgestellt, dass Sie die Werte, auf die es Ihnen ankommt, in Ihrem jetzigen Job nicht mehr leben können, aber wissen noch nicht, wie Sie sie in einen nächsten beruflichen Schritt umsetzen können.

Biografisches Coaching dient als Methode der Selbsterkenntnis. Dabei können Ziele überprüft und konkrete Handlungen vorbereitet werden. Da Entscheidungen für einen Job immer den ganzen Menschen betreffen, starten wir auch mit Ihrem gesamten Leben.

Im Coaching begleite ich bei diesem Schritt – dem Erzählen der Lebensgeschichte – meine Klientinnen und Klienten im Gespräch. Ich höre zu und unterstütze dabei, Muster zu erkennen, Interpretationen herauszuhören. Sie werden diesen Schritt in Eigenregie umsetzen. Doch seien Sie unbesorgt, denn die Verantwortung bei diesem Ansatz liegt ohnehin beim Klienten selbst, sodass man nicht auf Hilfe von außen geschweige denn auf professionelle Unterstützung angewiesen ist. Auch wenn ich als Ihr Coach entfalle und direkte Kommunikation nicht möglich ist, können Sie Ihr Leben selber analysieren und neue Zusammenhänge aufspüren. Im Folgenden beschreibe ich verschiedene Vorgehensweisen und gebe Anregungen für einen kreativen Umgang mit der Lifestory. Wenn Sie nicht wissen, welcher Weg für Sie der beste ist, schlage ich vor, sie einfach der Reihe nach auszuprobieren.

Übung 2: Das Leben in Überschriften

Diese Übung stellt eine gute Methode dar, um eine erste Übersicht über die Fülle der Biografie zu gewinnen.

Was Sie brauchen:

- Einen Papierausdruck Ihres ausgefüllten KAIROS-Datencharts
- Haftnotizen in zwei Größen, kleine rechteckige und große rechteckige
- Einen großen Tisch oder ein bis zwei Pinnwände (wahlweise können Sie auch den Fußboden mit Packpapier ausgelegen und darauf arbeiten)

Sie hängen oder legen die Blätter des KAIROS-Datencharts jeweils in den Siebenjahresphasen nebeneinander. Optimal wäre eine Pinnwand oder etwas Vergleichbares. Alternativ können Sie die Seiten auch mit Fotoecken oder Kreppband an einer Zimmerwand anbringen oder sie alternativ auf Packpapier auf dem Boden auslegen. Auf Ihrer Arbeitsfläche beginnen Sie oben links mit dem Blatt zu den ersten beiden Lebensphasen. Daneben hängen Sie das Blatt mit dem Zeitraum vom 15. bis 21. Lebensjahr, und so fort. Wenn Sie mit einer Datei arbeiten und viel in einzelnen Lebenssträngen notiert haben, umfasst eine Lebensphase manchmal mehrere Seiten. Sie hängen pro Lebensphase diese Seiten untereinander in der Reihenfolge der Lebensstränge. So machen Sie es für alle Lebensphasen. Sobald eine Reihe voll ist, eröffnen Sie eine zweite darunter. Durch diese Art der Anbringung wird der Verlauf Ihrer Lebensphasen sehr schön deutlich. Neben und zwischen den Blättern lassen Sie bitte jeweils großzügig Platz für Notizen, zum Beispiel auf Haftzetteln.

Nun gehen Sie Ihr Leben chronologisch durch und sichten jeweils einen Zeitraum von sieben Jahren: eine Lebensphase mit allen Lebenssträngen (Lebensbereichen). Machen Sie sich auf den kleinen Haftzetteln Notizen zu diesem Lebensabschnitt und kleben Sie diese neben das Datenchart dieser Lebensphase.

- Was ist wichtig gewesen, emotional?
- Wie erging es Ihnen damals mit der Situation?
- Was erkennen Sie heute darin?
- Was haben Sie auch in schwierigen oder schönen Momenten gelernt und mitgenommen?
- Welche Bilder, Geschichten oder Anekdoten fallen Ihnen zu dieser Zeit noch ein?
- Welche Überschrift finden Sie – in Summe aller Fakten – für diesen Lebensabschnitt?

Wenn Sie Ihre Überschriften gefunden haben, tragen Sie sie in das dafür vorgesehene Feld im KAIROS-Datenchart in der obersten Zeile pro Lebensphase ein.

Hier noch einige methodische Hinweise, da Sie im Gegensatz zu meinen Klientinnen und Klienten ja kein direktes Gegenüber haben, das mit Ihnen an den Datencharts arbeitet.

Es kann helfen, wenn Sie sich innerlich Ihre Biografie erzählen, so als ob Sie einen alten Schulfreund wiedertreffen, der Sie fragt, wie denn Ihr Leben bis jetzt so gelaufen ist. Nach jeweils einer Lebensphase – einem Siebenjahresabschnitt – halten Sie inne und werfen einen Blick auf die von Haftzetteln flankierten Blätter des Datencharts. Stellen Sie sich vor, Sie müssten jetzt wie bei den einzelnen Kapiteln eines Buches Überschriften dafür finden. Wie könnten sie jeweils lauten? Die frühen Jahre der Biografie bis zum Schulabschluss sind häufig von familiären Themen und denen des Erwachsenwerdens geprägt. »Kindheit wie in Bullerbü«, »Auf wackeligen Beinen«, »Ganz Vaters Tochter« können solche Überschriften lauten. Für die Phase zwischen dem 15. und dem 21. Lebensjahr zum Beispiel haben Klienten von mir Formulierungen gewählt wie »Zeit der Unsicherheit und Orientierungslosigkeit«, »Die Zeichen stehen auf Rebellion«, »Die große Freiheit«, »Sturm und Drang« etc. Sind Sie Teil der »Generation Praktikum«

und war Ihr Berufseinstieg geprägt von befristeten Verträgen und einer fehlenden Perspektive, könnten den Lebensabschnitt zwischen 22 und 28 Jahren folgende Überschriften treffend beschreiben: »Durchbeißen bis zum Traumjob«, »Vom Regen in die Traufe«, »Und Engagement zahlt sich am Ende doch aus« usw.

Sie sehen, dass sich manche Themen der Kindheit in der nachfolgenden Berufsbiografie als Bezüge wiederfinden lassen. Wie viel Pippi Langstrumpf steckt noch in Ihnen, wenn Sie jetzt ein Unternehmen gründen möchten? Wie viel Selbstvertrauen hat man von den Eltern mit auf den Weg bekommen? War man schon immer so tüchtig wie der Vater, eben »Vaters Tochter« wie Christina? Oder eigenständig wie die Mutter? Und wie geht man dann mit ersten Misserfolgen um, wenn das Bild von der eigenen Unbesiegbarkeit Kratzer bekommt? Wenn man »kein Talent mehr ist«, wie es Christina in ihrem Karriereknick mit Anfang vierzig einmal ausgedrückt hat?

Das alles wird deutlicher, nachdem Sie Ihr Leben mit Überschriften versehen haben. Durch das KAIROS-Datenchart wird ein Leben aber nicht nur strukturiert. So berichteten Klienten nach der rückblickenden Erzählung ihres Werdegangs, bei ihnen habe sich ein befriedigendes Gefühl der Ordnung eingestellt. Die Erzählung habe außerdem dazu beigetragen, dass sie nun auf einzelne Ereignisse oder eine bestimmte Lebensphase, deren Erinnerung sie lange mit Unbehagen erfüllt habe, mit einem gewissen Wohlwollen zurückschauen. Man kann im Rückblick Scheitern oder Misserfolge besser würdigen, weil man nun auch sieht, was man daraus lernen konnte. Das wiederum stellt eine wichtige Voraussetzung dar, um schlechte Erfahrungen als Kraftquelle für die Zukunft zu nutzen. Es ist wie im eingangs zitierten Diktum von Sören Kierkegaard: »Das Leben leben kann man nur vorwärts, das Leben verstehen kann man nur rückwärts.«

Bei vielen Menschen stellt sich beim Betrachten der eigenen Biografie eine starke innere Berührtheit ein. Dies ist ein großer Wert biografischer Methoden. So erging es einer Klientin von mir, die in einer akuten beruflichen Krise sehr streng mit sich war. Als wir ihr Datenchart anschauten, in dem sie mehrere heftige familiäre und persönliche Krisen exzellent gemeistert hatte, wurde sie milder gegenüber sich selbst. Sie konnte wieder wertschätzen, wie lange der Weg sich schon erstreckt hatte, den sie bis hierher gegangen war. Sie schaute auf ihre Erfolge – nicht mehr so sehr auf das, was gerade zu fehlen schien.

Manche meiner Klienten sind im Nachhinein auch dankbar für eine bestimmte schwierige Erfahrung, die sie letzten Endes weitergebracht hat. Können Sie das nachvollziehen oder ist es Ihnen vielleicht ähnlich ergangen? Worauf sind Sie stolz? Was in Ihrem Leben hat eine völlig neue Bedeutung bekommen?

Im Rückblick erkennen wir auch, dass wir vieles, was bereits früh angelegt ist in unserem Leben, zu großen Stärken ausbauen können. Und nicht zu vergessen: Es gibt keine »ideale« Biografie. Die schwierige Kindheit kann zu ganz besonderer Widerstandskraft führen. Oder zu der Fähigkeit, sich angemessene Unterstützung zu holen. Die Farbpalette des biografischen Tuschkastens mag durch Prägung der Persönlichkeit in den frühen Jahren eine bestimmte Farbauswahl umfassen. Aber welche Bilder man später damit malt – das hat man eben doch auch selbst mit in der Hand.

Fallbeispiele: Die Überschriften der Lebensphasen von Christina, Stefanie und Thomas

Die Fakten und die Ausgangslage unserer drei Protagonisten Christina, Stefanie und Thomas sind Ihnen bereits aus der Einleitung bekannt. Im Folgenden sehen Sie, mit welchen Überschriften die drei ihre Lebensphasen betitelt haben.

Christina, Jahrgang 1968, Sozialpädagogin, Sozialmanagerin, M.A., heute Unternehmerin Beratungsgesellschaft für Sozialprojektfinanzierung. 1–7: Voll was los!; 8–14: Abschied von der Kindheit; 15–21: Coming-out – Ich-Werdung; 22–28: Zeit der Experimente; 29–35: Erfolgreiche Sozial-Karrierefrau; 36–42: Familie ändert (fast) alles; 43–49 (aktuelle Lebensphase, erst begonnen): Blick nach vorn

Stefanie, Jahrgang 1977, Bilanzbuchhalterin, heute Trainerin für interkulturelle Kommunikation. 1–7: Unbeschwerte Kindheit; 8–14: Wolkenverhangene Teeniejahre; 15–21: Auf eigenen Beinen stehen; 22–28: Volle Pulle Leben!; 29–35: Business-Woman; 36–42 (aktuelle Lebensphase, erst begonnen): Integration.

Thomas, Jahrgang 1973, Schauspieler, heute Logopäde und Synchronsprecher. 1–7: Kindheit in Bullerbü; 8–14: Jungesein lernen; 15–21: Hoppla, jetzt komme ich!; 22–28: Zeit der Empfindsamkeit; 29–35: Erfolgreich in der Welt; 36–42 (aktuelle Lebensphase, in der Mitte): Family-Man und Berufswechsler.

Anhand der Überschriften wird sicher deutlich, dass keine Biografie so ist wie eine andere. Dennoch gibt es bestimmte Muster. Sowohl Stefanie als auch Christina haben sich in Kindheit und Jugend ganz schön durchbeißen müssen und sie sind beide früh selbstständig geworden. Autonomie und etwas aus eigener Kraft erreichen zu können, ist bei beiden sowohl eine Kompetenz als auch ein wichtiger Wert. Christina ist mit ihrer Überzeugung »Ich kann alles schaffen« allerdings mit 43 Jahren zum ersten Mal so richtig an ihre Grenzen gekommen. Sie musste lernen, neue Wege zu gehen und wird es diesmal bei ihrem alten Arbeitgeber nicht mit dem Kopf durch die Wand schaffen. Bei Christina waren in der Auswertung die Klärung ihrer Werte und spezifischen Kompetenzen zur Gründung eines Unternehmens wichtig. Außerdem lernte sie, wie die Arbeit mit »Inneren Saboteuren« ihr helfen konnte, den »Blick zurück im Zorn« hinter sich zu lassen. Ihre aktuelle Lebensphase heißt energievoll »Blick nach vorn«. »Mein Erfolg wird die schönste Rache an meinem vorigen Arbeitgeber sein«, resümiert sie mit dem für sie typischen dröhnenden, herzhaften Lachen.

Stefanies derzeitiger Lebensphasentitel klingt noch etwas allgemein »Integration«. Sie wird für sich noch definieren, was da eigentlich zu integrieren ist, was das unterliegende Lebensthema ist. Dies klärte Stefanie für sich, als sie Ihre Berufsbiografie mit der Methode »Karriereanker« untersuchte sowie in dem Auswertungsschritt »Lebensthemen«. Auch Innere Saboteure, also hinderliche Überzeugungen über sich selbst, spielten in Stefanies KAIROS-Coaching eine große Rolle. Denn sie hatte durch die Botschaften ihres Vaters einen richtigen »Klotz am Bein« in ihr Leben mitgenommen.

Thomas erscheint von unseren drei Protagonisten das am meisten behütete Leben gehabt zu haben. In der DDR in einem überwiegend fördernden Umfeld aufgewachsen, kam für ihn die Wende in einem perfekten Timing – für Thomas war es der Kairos seines Lebens! Er schaffte die Prüfung und Aufnahme an einer renommierten Schauspielschule und leistete sich dort eine »Zeit der Empfindsamkeit«. Anhand seines Lebens wird jedoch besonders deutlich, dass äußerlicher Erfolg kein Maßstab für eine nachhaltige berufliche Laufbahn ist. In Thomas steckten schon immer Werte, die auf die Förderung seines menschlichen Potenzials abzielten. Dieser Aspekt hat sich zusammen mit seiner Familiengründung nun so zugespitzt, dass die äußerlich glatte Karriere ihn nicht mehr befriedigt und sogar seinem Lebensglück im Weg zu stehen scheint. Der »Family-Man« in Thomas sucht sein Recht im gesamten Lebensentwurf. In Thomas' KAIROS-Coaching war es wichtig, dass er den roten Faden, das Verbindende zwischen seinem ersten Beruf, der Schauspielerei, und den heutigen Zielen für sich findet. Dies gelang über die Auswertungsschritte der Wertearbeit sowie der Lebensthemen.

Zum Abschluss dieses ersten Auswertungsschrittes möchte ich Ihnen noch zwei Übungen vorstellen, um Überschriften für Ihr Leben zu finden.

Übung 3: »Oral History« – erzählte Geschichte

Besonders wenn das Schreiben nicht Ihre Sache ist, können Sie »Ihre Geschichte« auch gern aufnehmen. Vielleicht besitzen Sie ein Diktiergerät oder haben ein Smartphone, auf dem ein Sprachrekorder als App installiert ist. Sie können einfach so tun, als ob Ihnen jemand gegenübersäße, und ihm Ihre Geschichte erzählen. Anschließend hören Sie sich die Aufnahme an. Für die meisten von uns ist der Klang der eigenen Stimme zunächst ungewohnt. Lassen Sie sich davon bitte nicht irritieren.

Halten Sie nach jeder Lebensphase inne und finden Sie eine passende Überschrift. Nutzen Sie dazu, was Ihnen beim ersten Hören aufgefallen ist

– gibt es Wiederholungen, seien es einzelne Wörter oder Inhalte, die Sie geschildert haben?

Für das Finden der Überschriften sollten Sie auch das nutzen, was wir im Coaching »paraverbale Äußerungen« nennen. Das sind alle Aspekte des Sprechens, die nicht den Inhalt, sondern die Art und Weise des Sprechens betreffen. Hat sich während des Erzählens etwas verändert? Haben Sie Ihre Stimme erhoben, sind Sie an irgendeiner Stelle ins Stocken geraten, schneller oder leiser geworden? Können Sie daraus mögliche Rückschlüsse auf Ihr damaliges Empfinden ziehen? Notieren Sie die Besonderheiten, sie können aufschlussreich sein und den Überschriften die besondere Note verleihen.

Methodentipp: Arbeit mit dem gesamten Datenchart und Notizen

Im Coaching arbeiten wir an einer mit Papier bespannten Pinnwand. Wir belassen in jeder Sitzung die Haftnotizen so lange neben den Blättern des ausgedruckten Datencharts, wie wir damit arbeiten. Sie können zwischen Ihren »Sitzungen« Ihre Chartübersicht entweder hängen lassen, oder Sie packen das Material jeweils wieder ein. Dazu können Sie das Packpapier oder die Unterlage, die Sie gewählt haben, einfach zusammenrollen. Fallen die Haftnotizen ab, sollten Sie diese einfach mit einem Klebestift festkleben.

Wenn Sie unterwegs mit Ihrem Datenchart und den Kommentaren dazu arbeiten wollen, können Sie auch einfach ein hochaufgelöstes digitales Foto von den jeweiligen Lebensphasenblättern machen. Diese Fotos haben Sie dann immer griffbereit.

Eine Variante der Übung »Oral History« ist, das Ganze noch einmal rückwärts zu erzählen. Wie heißen die Lebensüberschriften, wenn Sie sie von hinten nach vorn erzählen? So können Sie sich bewusst machen, wie die Übergänge zustande gekommen sind, die Sie ja, als Sie ihr Leben »vorwärts« gelebt haben, noch nicht sehen konnten.

Sicher werden Sie außer den Überschriften für Ihre Lebensphasen viele weitere Informationen herausziehen können. Notieren Sie alles, was Ihnen aufgefallen ist, stichwortartig auf Haftzettel, die Sie dann neben Ihr ausgefülltes Datenchart hängen.

Übung 4: Geschichte schreiben

Selbstverständlich können Sie Ihre Lebensgeschichte auch in einem Stück aufschreiben, wie die Kapitel eines Buches oder die Abschnitte einer Kurzgeschichte. Für manche Menschen hat das eine sehr klärende Wirkung. Natürlich benötigen Sie dafür ein wenig Zeit. Vielleicht ist dies ein schönes Vorhaben für Feiertage oder ein freies Wochenende (wenn Ihre Familie sich etwas anderes vornimmt und Sie Telefon und Handy für Anrufe von Freunden konsequent abgeschaltet lassen).

Auch bei dieser Variante können Sie das, was Ihnen beim Schreiben oder Lesen aufgefallen ist, gleich auf Haftzetteln notieren. Alternativ können Sie im handschriftlichen Text oder im Ausdruck, wenn Sie am PC arbeiten, zunächst aussagekräftige Passagen oder relevante Stichwörter farbig hervorheben. Übertragen Sie sie dann auf Haftzettel und bringen Sie sie neben dem Datenchart an. In der schriftlichen Form ist es häufig einfach, auch gleich passende Überschriften für die »Kapitel« zu finden.

Sie haben nun Ihre eigenen Überschriften für jede Phase Ihres Lebens gefunden. Denken Sie bitte noch einmal daran, dass Sie diese jeweils in das dafür vorgesehene Feld pro Lebensphase in Ihrem KAIROS-Datenchart in der ersten Zeile eintragen. Die derzeit aktuelle Lebensphasenüberschrift tragen Sie bitte außerdem in die Gesamtauswertung an dem dafür in der Mitte markierten Platz ein.

Lebensstranganalyse: Der rote Faden in der Berufs- biografie

Unser erster Protagonist, Thomas, kommt mit 37 Jahren in meine Coachingpraxis. Er weiß, dass viele Bekannte und auch Fremde ihn um seinen Beruf beneiden: Thomas ist ein bundesweit bekannter Schauspieler, der in Fernsehserien zu sehen ist und auch im Theater und einigen Filmproduktionen mitgewirkt hat. Er verdient als Synchronsprecher zusätzlich gutes Geld. Aber seit er Vater geworden ist, wird ihm immer deutlicher, dass sein Lebenskonzept des »Familienmenschen« sich nicht mit der zeitlichen Abwesenheit für Fernsehdrehs vereinbaren lässt. »Ich will etwas machen, das die Familie ernährt und mich interessiert. Schade, dass ich mit einem ›Traumberuf‹ nicht zufrieden sein kann, auch wenn das manche Leute vielleicht nicht verstehen. Aber was ist hier der nächste Schritt?«

Isabelle ist Produktmanagerin in einem weltweit tätigen Mischkonzern. Mit ihren 37 Jahren zählt sie zur mittleren Führungsebene mit Aussicht, den Sprung in die erste Führungsetage in der deutschen Tochtergesellschaft zu schaffen. Ihr berufliches Umfeld ist von Männern dominiert. Studiert hat sie Kommunikationsdesign, doch heute besteht ihre hauptsächliche Aufgabe darin, Produktmargen zu kalkulieren, Vertriebsstrategien zu entwickeln und auszurollen. Ihr beruflicher Schwerpunkt hat sich mit jedem Karriereschritt immer weiter weg von ihrer ursprünglichen Berufsausbildung entwickelt. Isabelle erfasst ein leises Unbehagen bei der Aussicht, dass sich dies in der nächsten Führungsebene noch weiter verstärken wird. »Dann bin ich nur noch mit allgemeinen Managementfragen beschäftigt. Will ich das?«

Unsere zweite Protagonistin, die Bilanzbuchhalterin Stefanie, hat in ihrem gesamten Berufsleben immer nur mit Zahlen gearbeitet.

Ihr Herz aber schlug schon immer für Themen der Kommunikation und Personalentwicklung. Durch die unerwartete Chance, als interne Trainerin in einem Projekt zu arbeiten, ist sie »ganz aus dem Häuschen«. »Das ist es!«, sagt sie. Und hat doch Zweifel. Manche Personen aus ihrem Umfeld bestärken diese Zweifel noch. »Du kannst das doch so gut mit den Zahlen und hast ein Händchen fürs Team. Bleib dabei!«

Noch drastischer formulierte es Michael für sich, der mit 30 seine »erste Million« gemacht hatte. »Erfolgreich bin ich, aber wofür?«, äußert er mit Bedauern. »In mir wohnt eigentlich ein kleiner Idealist, der mal raus will.«

Menschen wie Thomas, Stefanie, Isabelle und Michael stellt sich an Wendepunkten die Frage nach den Entscheidungskriterien für den nächsten Schritt. Soll man dem vagen Bauchgefühl folgen? Oder den Zweifeln nachgeben? Wie ist man eigentlich vom Anfang seiner Berufsausbildung dort gelandet, wo man jetzt ist?

Solche Fragen sind die nach dem roten Faden auf dem Berufsweg. Durch die Arbeit mit dem Datenchart haben Sie bereits erfahren, dass man das Leben in unterschiedliche Bereiche gliedern kann, die sogenannten biografischen Stränge, die im Erleben eines jeden einzelnen Menschen zur individuellen »Lebenskordel« zusammengedreht sind.

Wenn wir genau hinschauen, erkennen wir mehr Details. Im biografischen Coaching können die einzelnen Teile dieser Lebenskordel auch separat betrachtet werden, um jeweils den roten Faden zu finden, der sich durch die einzelnen Stränge zieht. So kann ich mit der Nacherzählung des Berufsstrangs der Frage nachgehen: »Wie hat sich mein berufliches Leben über die Zeit entwickelt?« Man könnte auch das Zusammenwirken zweier Lebensstränge anschauen: »Wie haben bestimmte Ereignisse im privaten Bereich meine Arbeitsbiografie beeinflusst?«

Von den zentralen Fragen, die ich ganz zu Beginn des Buches erwähnt habe, sind wir jetzt bei »Woher komme ich?« angelangt. Wer bin ich über die Zeit geworden? Was befindet sich im Zentrum des Lebensfadens? Die Frage nach dem Sinn und den Zusammenhängen stellt sich Menschen ganz besonders an Wendepunkten des Lebens. Und vor einem solchen Wendepunkt stehen Sie, wenn Sie über einen beruflichen Wechsel nachdenken. Auch wenn Grundannahmen über sich selbst, das jeweilige Umfeld oder die Welt infrage gestellt werden, treten Aspekte wie Stimmigkeit und Kohärenz der eigenen Biografie deutlich in den Vordergrund unserer Wahrnehmung, zum Beispiel: Inwieweit hat sich mein Denken über Führung verändert, seit ich schlechte Führung durch einen Vorgesetzten oder Mentor erleben musste? Oder vielleicht kennen Sie jemanden oder haben sogar selbst schon die Erfahrung gemacht, dass eine unvorhergesehene gesundheitliche Beeinträchtigung Sie alles hat überdenken lassen: Wer bin ich heute, nachdem bei mir eine lebensverändernde oder gar lebensbedrohliche Krankheit diagnostiziert wurde?

Die Karriereanker

Das Aufspüren des »roten Fadens« ist häufig ein Anliegen im biografischen Karrierecoaching. Für den Schauspieler Thomas war dieser Punkt wichtig, da er vor einem Wechsel in ein neues Berufsfeld stand. Und auch für Stefanie, um den Mut für den Absprung zu finden.

Wenn Sie beispielsweise einen Stellenwechsel in Erwägung ziehen, kann es entscheidend sein, was Sie bei früheren Wechseln jeweils motiviert hat, eine Stelle anzunehmen oder zu verwerfen. Was hat Sie gereizt, was abgeschreckt? Sie werden nach dieser Übung verstehen, warum Sie bestimmte Entscheidungen bereut haben und ein zunächst verlockend scheinender Wechsel sich als Pleite herausstellte. Letztlich spielt hier eine ganze Reihe von Aspekten hinein, wie Werte, die sich erfüllen sollten, Kompetenzen, die Sie hoffen einsetzen zu können, sowie die Meinung Ihres Umfelds.

Die nächsten Kapitel sind der ausführlichen Auseinandersetzung mit Ihren Kompetenzen und Ihren Werten gewidmet, doch die folgende Übung bietet Ihnen bereits einen ersten Überblick über Ihre allgemeinen Muster in Karriereumbrüchen.

Die Methode der Karriereanker geht auf den amerikanischen Organisationspsychologen Edgar Schein zurück. Schein fand heraus, dass sich bei Menschen in beruflichen Entscheidungssituationen ganz spezifische Schwerpunkte und Präferenzen zeigen, vorausgesetzt, dass sie eine reale Wahl hatten und nicht lediglich unter reinem Gelddruck oder wegen des Angebots vor Ort zum nächstbesten Job gegriffen haben. Grundsätzlich werden Karriereentscheidungen beeinflusst von unseren Werten, Talenten und Kompetenzen, also von dem, was wir wollen und was wir können. Edgar Schein nennt diese Schwerpunkte »Karriereanker«, weil an ihnen unsere berufliche Identität verankert ist. Manche Menschen sind eben mit Leib und Seele Fachexperten, andere wollen eher mit Managementaufgaben ganze Einheiten führen, für wieder andere ist die Work-Life-Balance wichtiger – und all dies beeinflusst berufliche Entscheidungen.

Im Allgemeinen sind zwei bis maximal drei Karriereanker bei einer Person deutlich ausgeprägt, einer jedoch vordringlich. Die Inhalte dieses Karriereankers müssen in einer beruflichen Situation erfüllt sein, damit wir zufrieden und motiviert sind. Entscheidungen entgegen unserer Karriereanker führen generell zu großer Unzufriedenheit und Demotivation, egal wie verlockend die Begleitumstände aussehen mögen.

Damit Sie aus Ihrer Berufsbiografie Ihre dominanten Karriereanker herausfiltern können, gebe ich Ihnen zunächst einen Überblick darüber, was mit den einzelnen Ankern konkret gemeint ist. Vermutlich werden Sie bereits beim Lesen für sich ganz spontan entscheiden, welche dieser Anker für Sie und Ihre Berufsentscheidungen zutreffen und welche eher nicht. Im zweiten Schritt werden Sie anhand von Fragen sowie einem Auswertungsbogen eine noch präzisere Einschätzung treffen können. Diese Einschätzung kann Ihnen dabei helfen, frühere berufliche Entscheidungen besser zu beurteilen und zu verstehen, warum Sie mit mancher Wahl zufrieden, mit anderen Situationen jedoch ganz unzufrieden waren. Und natürlich können Sie für Ihren nächsten Schritt darauf achten, dass bei der ins Auge gefassten Stelle die Bedingungen für Ihre dominanten drei Karriereanker gegeben sind.

So stellen sich die Karriereanker dar:[7]

- *Technische/Funktionale Kompetenz:* Dabei handelt es sich um eine fachliche Kompetenz. Ihnen geht es darum, sie in Ihrem Bereich auszuüben beziehungsweise weiterzuentwickeln. Erst wenn Sie sich fachlich herausgefordert fühlen, sind Sie zufrieden. Mitarbeiter in Ihrem technischen oder funktionalen Bereich zu führen, schließen Sie nicht per se aus. Jedoch vorwiegend allgemeine Managementaufgaben zu übernehmen ist für Sie nicht erstrebenswert.

- *Befähigung zur Führungskraft als »General Manager«:* Ihr Ziel ist es, für ein Gesamtergebnis verantwortlich zu sein. Das heißt, Sie streben eine Hierarchieebene an, wo Sie die Bemühungen von Mitarbeitern unterschiedlicher Abteilungen koordinieren und für einen Teilbereich des Unternehmens die Verantwortung übernehmen. Dessen Erfolg und Ihre Tätigkeit fallen für Sie zusammen, das heißt, Sie wollen nicht nur für einen speziellen Fach- oder Funktionsbereich die Führung übernehmen, und auch nicht hauptsächlich fachlich tätig sein. Sie wollen mehr.

- *Selbstständigkeit/Unabhängigkeit:* Sie möchten Ihre Arbeit so verrichten, wie Sie es für angemessen halten, und daher eine Funktion ausfüllen, die Ihnen das ermöglicht. Konkret bedeutet das flexible Arbeitszeiten und die Freiheit, auf Ihre eigene Art und Weise vorzugehen. Sollte Ihnen dies nicht im gewünschten Rahmen möglich sein, so suchen Sie eine Beschäftigungsmöglichkeit beispielsweise in der Lehre oder übernehmen eine beratende Tätigkeit. Ihre Unabhängigkeit ist Ihnen wichtiger als der Aufstieg innerhalb des Unternehmens, sodass Sie gegebenenfalls auf Beförderungen verzichten oder ein eigenes Geschäft oder einen Betrieb eröffnen, um unabhängig entscheiden zu können und selbstständig zu bleiben.

- *Sicherheit/Beständigkeit:* Ein fester Arbeitsplatz und die Aussicht, langfristig in einem Unternehmen beschäftigt zu sein, sind für Sie essenziell. Ohne das Gefühl, »es geschafft zu haben«, »einen festen Platz zu haben«, geht für Sie gar nichts. Sicherheit bezieht sich vor allem auf ein dauerhaft gewährleistetes finanzielles Auskommen, Beständigkeit drückt sich aus in Form von Loyalität gegenüber Ihrem Arbeitgeber, wenn Ihnen der dauerhafte Verbleib im Unternehmen fest zugesagt wurde. Dann sind Sie zu vielem bereit. Das Erreichen einer höheren Position oder der Inhalt dessen, was Sie machen, fällt für Sie weniger ins Gewicht. Sicherheit und Beständigkeit sind zentral, insbesondere wenn größere Anschaffungen anstehen oder der Ausstieg aus dem Erwerbsleben näher rückt.

- *Unternehmerische Kreativität:* Sie machen sich mit einem eigenen Unternehmen selbstständig, wenn sich Ihnen die Gelegenheit bietet. Dabei vertrauen Sie Ihren eigenen Fähigkeiten, können sich vorstellen, Risiken einzugehen, mögliche Hindernisse zu überwinden und wollen Chancen nutzen. Ihr Umfeld soll sehen, dass Sie in der Lage sind, ein lukratives Unternehmen zu führen, um Ihre Fähigkeiten unter Beweis zu stellen.

- *Dienst oder Hingabe für eine Idee oder Sache:* Sie möchten »die Welt verbessern«, und das, was Sie tun, soll »wertvoll« sein. Das heißt, Sie müssen die Möglichkeit haben, Leid zu verringern, Mitmenschlichkeit und das Miteinander zu fördern oder Umweltprobleme zu lösen. Dafür sind Sie sogar bereit, Aufstiegsangebote abzulehnen oder den Arbeitgeber zu wechseln.

- *Totale Herausforderung:* Unmögliches möglich zu machen ist Ihr Antrieb – egal, ob es sich dabei um scheinbar unüberwindliche Hürden, überlegene Gegner oder vermeintlich unlösbare Probleme handelt. Sie müssen entweder intellektuell herausgefordert sein oder mit Mitarbeitern und Kollegen konkurrieren. Je komplexer, schwieriger und unbekannter die Aufgabe oder Situation, umso besser. Sobald Sie sich langweilen, steigen Sie aus.

- *Lebensstilintegration:* Ausgewogenheit ist für Sie unerlässlich. So müssen Ihre eigenen sowie die Bedürfnisse Ihrer Familie mit den beruflichen Anforderungen in Einklang sein. Ihre Tätigkeit muss Ihnen dazu die Möglichkeit bieten, wobei Sie bereit sind, dafür Ihre berufliche Entwicklung zu vernachlässigen. Erfolg im Job ist für Sie nicht alles, Ihnen geht es ums Ganze, Ihre gesamte Lebenssituation, was etwa Ihre familiäre Situation oder die Wahl des Wohnorts einschließt.

Übung 5: Finden Sie die Karriereanker
in Ihrer Berufsbiografie heraus

In der folgenden Übung zu Karriereankern wird es nun konkreter.

Was Sie brauchen:

- Ihr KAIROS-Datenchart – mit Blick auf den Berufsstrang
- Ein Auswertungsblatt, DIN-A4 (kopieren Sie die Vorlage im Anhang oder erstellen Sie selbst eine)

Auf dem Auswertungsblatt sind die Karriereanker, die ich Ihnen gerade vorgestellt habe, untereinander geschrieben. Rechts neben dieser Auflistung bieten mehrere Spalten – je eine für den Berufseinstieg und jeden Stellenwechsel – Platz zum Eintragen einer Punktzahl; eine weitere Spalte ist für die Endsumme dieser Werte vorgesehen. Überschlagen Sie anhand Ihres KAIROS-Datencharts, wie viele Berufswechsel (inklusive des Einstiegs) Sie benötigen werden.

Beantworten Sie nun für Ihren Berufseinstieg und für jeden Berufswechsel die folgenden Fragen. Für jede Station vergeben Sie Punktzahlen: drei Punkte für den am deutlichsten eingesetzten Karriereanker (nutzen Sie die Definitionen zur Orientierung), zwei Punkte für den zweiten, einen Punkt für den dritten. Die übrigen Anker lassen Sie bei dieser Station unberücksichtigt. Führen Sie dies für jede berufliche Station durch. Jedes Mal bewerten Sie neu, welche Top-3-Karriereanker Sie genutzt haben. Am Ende vergeben Sie Bonuspunkte: drei Punkte, für den Anker, der Ihnen am wichtigsten erscheint, zwei Punkte für den zweitwichtigsten, einen Punkt für den drittwichtigsten. So können Sie noch einmal das Gesamtergebnis korrigieren. Orientieren Sie sich an der Realität, nicht an Ihrem Wunschdenken. Wenn »Sicherheit« bisher ein dominanter Anker bei beruflichen Entscheidungen war, vergeben Sie entsprechende Punkte. Denken Sie nicht: »Wie langweilig, gern wäre ich anders ...« Bilden Sie am Ende die Gesamtsumme; nun haben Sie Ihren ersten, zweiten und dritten Karriereanker herausgefunden.

Folgende Fragen stellen Sie sich für jede berufliche Station, um Ihre Karriereanker zu bestimmen:

- Was hat mich dazu veranlasst, meine erste Ausbildung/mein Studium zu wählen? Gab es einen Anlass, was hat mich gereizt? Hatte ich Vorbilder?
- Wie habe ich mich danach in dem Job entwickelt? Welche Aspekte der Arbeit haben mir gefallen, welche nicht?
- Was hat mich dazu veranlasst, den Arbeitgeber oder den Beruf zu wechseln? Gab es einen Anlass, was hat mich gereizt am neuen oder abgeschreckt im alten Job?
- Was hat der Wechsel mit sich gebracht? Habe ich etwas Bestimmtes gelernt?
- Was habe ich mir von dem Wechsel erhofft?
- Was hätte es bedeutet, den alten Job zu behalten?
- Wie habe ich mich danach in dem Job entwickelt? Welche Aspekte der Arbeit haben mir gefallen, welche nicht?

Wiederholen Sie die Fragen für jede Station des Berufswechsels und vergeben Ihre Punkte. Als Ausblick auf den geplanten Wechsel können Sie auch noch die folgenden Fragen für sich selbst beantworten:

- Was erhoffe ich mir von dem bevorstehenden Wechsel?
- Werden meine wichtigsten Karriereanker hier berücksichtigt?
- Was würde es bedeuten, den alten Job zu behalten?

Um Ihnen die praktische Bedeutung dieser Übung zu zeigen, schildere ich Ihnen am Ende dieses Kapitels, wie ich sie im Coaching mit den drei Protagonisten für deren berufliche Orientierung genutzt habe, außerdem, welche weiteren Schritte sich daraus ergeben haben. Lassen Sie sich von den Beispielen anregen, was nun Ihre nächsten Schritte sein könnten.

Fallbeispiele: Karriereanker als roter Faden in der Berufsbiografie

Für *Christina* waren die Karriereanker klar ausgeprägt.

- *Karriereanker 1:* Selbstständigkeit/Unabhängigkeit
- *Karriereanker 2:* General Management
- *Karriereanker 3:* Unternehmerische Kreativität

Da Christina ein Verbleib in ihrer bisherigen Position fast unmöglich erschien, war Selbstständigkeit von Beginn an ein Thema im Coaching gewesen. Oder sollte sie doch nach einer neuen Anstellung Ausschau halten?

Der Blick auf Ihre favorisierten Karriereanker gab eindeutig grünes Licht für Ihre Pläne, in die Selbstständigkeit zu wechseln. Wobei der Karriereanker »Selbstständigkeit/Unabhängigkeit« nicht unbedingt die Ausübung einer selbstständigen Tätigkeit bedeuten muss. Bei vielen angestellten Sales-Vertretern oder Beratern beispielsweise lässt sich dieser Karriereanker trotzdem feststellen, da sie ihre Arbeitsbedingungen sehr unabhängig gestalten können. Das war bisher auch in Christinas Arbeitsverhältnissen immer der Fall gewesen. Hingegen konnten einige gute Ideen von ihr nicht umgesetzt werden: »Ich bin eigentlich so eine Ideenfabrik«, so die Sozialmanagerin. Darin kommen ihre beiden zweitstärksten Anker, nämlich Unternehmerische Kreativität und General Management zum Ausdruck. In Christinas Karrierecoaching ging nach der Übung mit den Karriereankern alles in Richtung einer Planung der Selbstständigkeit. Dafür brachte dann die spätere Wertearbeit zusätzliche wertvolle Informationen.

Stefanies Karriereanker boten ein völlig anderes Bild:

- *Karriereanker 1:* Sicherheit/Beständigkeit
- *Karriereanker 2:* Lebensstilintegration
- *Karriereanker 3:* Technische/Funktionale (fachliche) Kompetenz

In Stefanies Karriereanker-Interview fiel uns gemeinsam sofort eines auf: Sie hatte sich in ihrem bisherigen beruflichen Leben eigentlich nie »für« etwas, sondern immer »gegen« eine Situation entschieden. Die vordringlichste Motivation hatte immer darin bestanden, eigenes Geld zu verdienen, von zu Hause und auch von Partnern unabhängig zu sein. Es war Stefanie nicht angenehm zu sehen, dass Sicherheit bisher ein Hauptkriterium Ihrer Berufswahl gewesen war. Der zweite Anker Lebensstilintegration folgte daraus, dass sie sich inhaltlich in ihrem Beruf nie richtig ausgefüllt gefühlt hatte. »Dann wollte ich wenigstens etwas privat erleben«, zum Beispiel durch Reisen mit ihren Freundinnen. Heute weiß Stefanie, dass sie eine große fachliche Neugier hat – auf die Themen Kommunikation und die Arbeit mit Teams als Trainerin. Es war in Stefanies Entscheidungen für eine Position schon immer mitgeschwungen, »ob ich da auch etwas mit Menschen zu tun haben würde«. Nun wollte Stefanie eine Entscheidung für diesen fachlichen Karriereanker treffen, denn »Zahlen sind nun wirklich nicht meine Leidenschaft«. Noch einen wichtigen Hinweis ergab die Arbeit mit den Karriereankern: Sicherheit ist und bleibt ein wichtiges Bedürfnis. Dies wiederholte sich dann auch in ihrer Wertearbeit. Den Angestelltenstatus möchte Stefanie nicht aufgeben. Wir waren also über die Richtung, in die ihr Berufswechsel gehen sollte, in zwei Aspekten klar: fachlich im Bereich der Kommunikation und Training, und das in angestellter Tätigkeit.

Damit war Stefanie eine klassische Anwärterin auf einen Quereinstieg in einen neuen Beruf. Für ihren weiteren Weg durch das Coaching stand fest, dass wir auf jeden Fall mit einer systematischen Kompetenzanalyse weitermachen würden. Denn Stefanie brauchte bei einem neuen Arbeitgeber vor allem gute Argumente, warum sie als Quereinsteigerin für den Job geeignet sein könnte. Und zwar nicht nur durch die einmalige gute Referenz als Co-Trainerin, sondern durch eine Kompetenzbasis, die sich durch ihre Biografie belegen ließ. Auch die Analyse ihrer Charakterstärken stellte im weiteren Verlauf des Coachings einen wichtigen Baustein dar. Charakterstärken machen uns als Person aus. Sie sind der Treibstoff, auf den wir in Zeiten der Veränderung besonders zurückgreifen können.

Thomas Karriereanker ließen ihn auflachen. »Ja, das bin ich: eigentlich eine faule Socke, aber mit einem Schuss Mutter Teresa.«

- *Karriereanker 1:* Technische/Funktionale (fachliche) Kompetenz
- *Karriereanker 2:* Lebensstilintegration
- *Karriereanker 3:* Dienst oder Hingabe für eine Idee oder Sache

Thomas' erste Berufswahl war ganz klar fachlicher Natur gewesen. Sein Interesse für das Schauspielen bestand darin, Figuren wahrhaftig zum Ausdruck zu bringen; ein Thema, das sich sowohl in seinen Werten als auch als sein ganz individuelles Lebensthema bestätigte. »Aber ich wollte mich auch nie totmachen«, kommentiert er seinen zweiten Karriereanker »Lebensstilintegration«. »Ich hätte die große Karriere vielleicht machen können, aber das war nie mein Ding. Da hätte ich mich eingeengt gefühlt. Dann habe ich doch eher Rollen gewählt, die zwar interessant waren, die mir aber Zeit für Freunde und dann meine Familie ließen.« Und schließlich gibt es noch die Neigung zu »Dienst oder Hingabe« als Karriereanker und Motivation, etwas anzufangen. Für Thomas hatte der Schauspielberuf immer auch etwas mit dem Dienst für Menschen zu tun, mit dem Ausdruck von Wahrheit und Freiheit: »Ich bin kein Glamour-Schauspieler. Tatsächlich wäre für mich die einzige Alternative gewesen, Arzt zu werden. Aber heute würde ich das mit Blick auf die Familie nicht mehr machen wollen«, räumt Thomas ein. Nach seiner Karriereanker-Auswertung bekamen wir eher eine Bestätigung, dass Thomas bisher immer gut gewählt hatte, gut für sich sorgte. Eine zwingende Richtung für den nächsten Schritt bot das Ergebnis noch nicht, eher Ausschlusskriterien. Im folgenden Coaching wollte er für sich klären, was es eigentlich mit seinem nachlassenden Interesse an der Schauspielerei auf sich hatte. Mehr Klarheit dazu fanden wir für Thomas in der Wertearbeit und der Analyse seiner Lebensthemen.

Kompetenzen:
Was ich im Laufe meines Lebens alles gelernt habe

Ein wichtiges Element, das Sie mithilfe Ihres KAIROS-Datencharts untersuchen, sind Ihre Kompetenzen. Gerade wenn Sie einen beruflichen Umstieg, also einen Quereinstieg oder einen richtigen Neuanfang, ins Auge gefasst haben, ist die Kompetenzanalyse besonders wichtig, denn in der Regel bauen Sie auf dem Fundament Ihres Könnens auf. Natürlich spricht auch nichts dagegen, neue Kompetenzen zu erwerben und sich durch eine interessante Kombination mit Ihrem vorhandenen Wissensfundus neue Anwendungsgebiete zu erschließen. Die Arbeitsforscherin Lynda Gratton nennt dieses Vorgehen »Meisterschaft in Serie erwerben« und sieht darin das Karrieremodell der Zukunft.[8] So machte es Thomas, der seine Kompetenz für Sprache und Sprechen zusammen mit seiner Empathie und Integrationsfähigkeit im Beruf des Logopäden neu einsetzte. Das logopädische Fachwissen musste sich Thomas neu erwerben, aber was er bereits aus seiner Biografie als Schauspieler mitbrachte, machte ihn für seine spezielle Zielgruppe besonders attraktiv und unterschied ihn von vielen anderen Kollegen.

Allgemein formuliert bezeichnen wir als Kompetenzen übergeordnete Fähigkeiten, die in der persönlichen Struktur eines Menschen latent vorhanden sind und die wir in entsprechenden Situationen aktivieren können. Wenn wir von Talent sprechen, meinen wir Gaben, die von Geburt an angelegt sind, zum Beispiel Musikalität, Bewegungsgeschick oder eine mathematische Begabung. Ob jemand daraus auch eine Kompetenz entwickelt, hängt davon ab, ob er sein Talent pflegt, also übt und lernt. Nur durchs Tun wird aus dem Talent auch eine Kompetenz. Talente können auch verkümmern oder ein Hobby bleiben.

Kompetenzen hingegen schlagen eine Brücke zwischen Erfahrungen der Vergangenheit und zukünftigen Anforderungen. Kommt Ihnen das bekannt vor? Genau darum geht es bei der KAIROS-Methode: aus der Biografie eine aktuelle Frage zukunftsfähig zu beantworten und im entscheidenden Moment umzusetzen.

Manche Kompetenzen führen lange Zeit ein berufliches Schattendasein, bis ihre Zeit gekommen ist. So ging es Stefanie. Sie hatte ihre hohe Sozialkompetenz und Intuition nebenbei schon immer in Ihre Tätigkeit als Bilanzbuchhalterin und Teamchefin einfließen lassen: »Mein Chef wäre ohne mich recht aufgeschmissen. Wenn er wissen will, was bei seinen Mitarbeitern los ist, fragt er mich. Ich bin diejenige, die mitbekommt, wo bei den anderen der Schuh drückt.« Nach ihrer positiven Erfahrung als Co-Trainerin in einem Kommunikationstraining hat Stefanie jetzt den Mut, diese Kompetenzen auch hauptberuflich einzusetzen.

Listen mit vorgegebenen Kompetenzen, aus denen man einzelne auswählt, setze ich im KAIROS-Biografie-Coaching nicht ein; nur manchmal nutze ich sie als Anregung für meine Klienten, um ihnen eine Vorstellung für Formulierungen zu geben. Im Anhang dieses Buchs finden Sie eine solche Kompetenzsammlung und können sich davon inspirieren lassen. Das Besondere an einer biografischen Kompetenzanalyse im Rahmen der KBC-Methode ist vielmehr, dass die gefundenen Kompetenzen auf Ihrer eigenen Biografie fußen.[9] Sie werden dadurch jede einzelne Kompetenz authentisch mit Szenen Ihres Lebens verbinden können, was Ihr Selbstbewusstsein stärkt. Diese Sicherheit zeigt sich besonders in Bewerbungsgesprächen, egal ob formeller Natur oder informell bei einem Stehempfang. Sie können Ihr Können belegen, und man wird sich daran erinnern, dass Sie die Person sind, die bereits als Neunjährige ihr Talent für Wirtschaftsprozesse unter Beweis gestellt hat, indem sie für die geführte Besichtigung einer Sandburg einen kleinen Eintritt verlangte, mit dem sie ihr Sparschwein fütterte.

Kompetenzlisten bleiben häufig allgemein, jeder könnte sie haben. Erst mit einer persönlichen Geschichte füllen Sie eine Kompetenz mit Leben. Und das überzeugt auch Ihr Gegenüber. Sozialkompetenz oder Teamgeist zum Beispiel geben vermutlich viele Bewerber als Stärke an. Ich selbst aber werde nie vergessen, wie eine Klientin ihre Geschichte von sozialer Kompetenz analysierte. Aufgrund der beruflichen Tätigkeiten ihrer Eltern war sie die ersten neun Jahre in einem asiatischen Land aufgewachsen. Dort hatte sie sehr früh verstanden, was es heißt, bei anderen Menschen auf einen möglichen Gesichtsverlust zu achten und ihn zu vermeiden. Zurück in Deutschland organisierte sie mit zehn Jahren eine Schultombola für ihre Klassenstufe. In der Vorbereitung (sie besaß auch eine hohe Organisationskompetenz) vergab sie präzise Aufträge, was jeder für die Tombola mitbringen sollte. Dabei achtete das Mädchen genau darauf, dass die Geschenke den vermuteten finanziellen Verhältnissen angemessen waren. »Ich wollte kein Kind und keine Familie in Verlegenheit bringen«, erklärte sie rückblickend mit größter Selbstverständlichkeit – eine Zehnjährige! Tatsächlich verhält es sich mit unseren Kompetenzen aber genau so. Ist beispielsweise Sozialkompetenz in uns biografisch verankert, dann ist es für uns das Normalste der Welt, sie auch zu zeigen. Oder gut organisiert zu sein oder Fremdsprachen bereits mit den Ohren aufzunehmen und sofort akzentfrei nachsprechen zu können. Wir bewegen uns in unserem Kompetenzreservoir wie ein Fisch im Wasser.

Im folgenden Analyseschritt Ihrer Biografie filtern Sie also aus Ihrem Datenchart heraus, was Sie wirklich gut können, was Sie im Kern ausmacht. Am Ende dieses Auswertungsschrittes werden Sie acht Kompetenzen benennen können, die Sie auszeichnen, denn einmalig werden wir auch durch die ganz spezifische Mischung unserer Kompetenzen. Im KAIROS-Biografie-Coaching geht es nicht zuletzt darum, dass Sie sich hinsichtlich Ihres nächsten Jobs für eine Tätigkeit, eine Arbeitsweise bzw. -form und ein Umfeld entscheiden, wo Sie möglichst viele Ihrer Kompetenzen einsetzen können.

Wie filtern Sie Ihre Kompetenzen heraus?

Kompetenzen basieren auf konkretem Tun, auf Fertigkeiten. So beherrschen Sie vielleicht ein verbreitetes betriebswirtschaftliches

Softwareprogramm oder ein Datenbanksystem, und diese Fertigkeiten haben Sie in einem Fachgebiet in vielen Zusammenhängen häufig eingesetzt und somit »trainiert«. Zeigt sich in Ihrer Biografie, dass Sie generell in der Lage sind, sich schnell in neue Softwaresysteme einzuarbeiten, dann verfügen Sie über eine fachlich-technische Kompetenz für deren Anwendung. Unabhängig davon, ob Sie in Ihrem nächsten Job in einem Steuerbüro den Umgang mit einem neuen Datensystem oder in einem Multimediastudio die neueste Software für Bildbearbeitung erlernen müssen, sind Sie mit ihrer technischen Kompetenz für Software bestens gerüstet.

Ein gängiges Schema unterscheidet vier Felder von Kompetenzen. Eines davon ist Ihre Fachkompetenz, also erworbenes Fachwissen. In der Kompetenzanalyse werden Sie jedoch auch die sogenannten Soft Skills untersuchen, das heißt Ihre personale und Ihre soziale sowie Ihre methodische Kompetenz – zum Beispiel die Moderation eines Meetings oder planerische Kompetenzen im Bereich Projektmanagement.

Die vier Kompetenzbereiche sind:[10]

- *Personale Kompetenz:* wie ich mit mir selbst umgehe, was mich ausmacht
- *Fachliche Kompetenzen:* meine fachlich gelernten Voraussetzungen
- *Methodische Kompetenz:* wie ich an Dinge/Aufgaben/Probleme herangehe
- *Soziale Kompetenz:* wie ich mit anderen umgehe

Die fachlichen Kompetenzen machen also nur ein Viertel Ihrer Fähigkeiten aus, und über viele der nicht fachlichen Kompetenzen gibt leider auch kein Zeugnis oder Hochschuldiplom Auskunft – und das, obwohl gerade die personalen, sozialen und methodischen Kompetenzen einen entscheidenden Erfolgsfaktor im Berufsleben darstellen, was auch die Forschung zu dem Thema belegt. In unserer Wissensgesellschaft veraltet Fachwissen zunehmend schnell, man muss sich up to date halten, und daher ist eine generelle Lernfähigkeit gefragt. Es wird immer weniger wichtig, ob Sie beispielsweise ein für

Ihre angestrebte Tätigkeit genutztes Computerprogramm beherrschen. Ihre Fähigkeit, sich in eine bestimmte Software einzuarbeiten und Ihre Fähigkeiten in ein Team einzubringen, wird in Zukunft mehr denn je gefragt sein.

Kompetenzen können in ganz unterschiedlichen Lebensbereichen erworben werden, nicht nur im Beruf. Auch deshalb stellt die biografische Kompetenzanalyse eine so zukunftsweisende Methode dar. Bei der Suche nach Ihren Kompetenzen werden Sie sich also nicht ausschließlich auf die Analyse Ihres bisherigen Berufslebens beschränken, sondern in jedem Lebensstrang können Sie Kompetenzen erworben haben.

Übung 6: Spurensuche nach Kompetenzen im KAIROS-Datenchart

Um ein erstes Gespür für Ihre Kompetenzen zu bekommen, lade ich Sie ein, dass Sie zunächst drei Szenen aus Ihrem Leben auswählen, in denen Sie sich »kompetent«, also fähig und erfolgreich, gefühlt haben. Diese werden Sie zunächst intuitiv und im Überblick auf Kompetenzen untersuchen. Beschränken Sie sich dabei nicht nur auf Ihre Berufsbiografie. Unsere Protagonisten haben zum Beispiel diese Szenen für eine Kompetenzanalyse ausgewählt:

- *Stefanie:* Organisation der Feier meines 30. Geburtstags
- *Christina:* »Das letzte Spiel« – Abschied von meiner Hockeykarriere
- *Thomas:* Die Aufnahmeprüfung zur Schauspielschule vorbereiten und bestehen

Wählen Sie nun selbst drei solcher Szenen aus Ihrer Biografie aus; führen Sie sich dann noch einmal die Leitfragen für Kompetenzen vor Augen:

- *Personale Kompetenz:* wie ich mit mir selbst umgehe, was mich ausmacht
- *Fachliche Kompetenzen:* meine fachlich gelernten Voraussetzungen

- *Methodische Kompetenz:* wie ich an Dinge/Aufgaben/Probleme herangehe
- *Soziale Kompetenz:* wie ich mit anderen umgehe

Schreiben Sie nun separat für jede ausgewählte Szene auf, welche Kompetenzen darin sichtbar wurden. Zur Anregung können Sie sich die Kompetenzliste im Anhang dieses Buchs anschauen. Vielleicht kommt auch die eine oder andere Kompetenz unserer Protagonisten bei Ihnen vor? Stellen Sie jedoch in jedem Fall einen Bezug zu Ihrer eigenen Biografie her und übernehmen Sie nicht einfach Begriffe, die Ihnen gut gefallen.

Hier die Kompetenzen unserer Protagonisten:

Christina:

- *Personale Kompetenzen:* Durchhaltevermögen, Lernhaltung
- *Soziale Kompetenzen:* Offenheit für Andersartigkeit, Perspektivübernahme
- *Methodische Kompetenzen:* Projektmanagement, Analysefähigkeit
- *Fachliche Kompetenzen:* Sozialmanagement, Europäisches Vergaberecht für Förderung von Sozialprojekten

Stefanie:

- *Personale Kompetenzen:* Lernwille, Intuition
- *Soziale Kompetenzen:* Menschenkenntnis, Interkulturelle Offenheit (Augenhöhe)
- *Methodische Kompetenzen:* Intuitives Organisationsvermögen, Fremdsprachenkompetenz
- *Fachliche Kompetenzen:* Touristikbranchen-Wissen, neu: Trainingsgestaltung, alt: Finanzbuchhaltung (aber ohne Elan, daher keine zentrale Kompetenz mehr)

Thomas:

- *Personale Kompetenzen:* Bereitschaft zur Selbstentwicklung, Entspanntheit

- *Soziale Kompetenzen:* Empathie, Integrationsvermögen
- *Methodische Kompetenzen:* Zeitmanagement, Textaneignung
- *Fachliche Kompetenzen:* Charaktere darstellen können (Schauspiel), Umgang mit Sprache und Sprechen

Schreiben Sie auf, was – auf den ersten Blick und eher intuitiv betrachtet – Ihre Kompetenzen in jedem der vier Kompetenzbereiche sind. Notieren Sie die Antworten auf einem Blatt Papier; diese können Ihnen als erste Orientierung dienen.

Die nächste Übung zur Kompetenzanalyse ist wesentlich genauer, allerdings auch zeitaufwändiger. Trotzdem: Machen Sie sich die Mühe, denn so werden Sie sich einen stolzen Fundus an Kompetenzen erarbeiten, der nicht auf Ihrer Vorstellung beruht, sondern auf den Fakten Ihrer Biografie.

Wenn Sie bereits mit der ersten intuitiven Bestandsaufnahme Ihrer Kompetenzen zufrieden sind, können Sie sofort all Ihre gefundenen Kompetenzen im Arbeitsblatt »Meine Kompetenzen« notieren. Dann übertragen Sie eine Auswahl von insgesamt nur acht Kompetenzen in Ihre KAIROS-Gesamtauswertung (zwei pro Kompetenzbereich). Um diese Auswahl zu treffen, können Sie Ihre intuitiv gefundenen Kompetenzen noch einmal überprüfen. Dazu gehen Sie weiter zu Übung 8 »Kompetenzen vertiefen und überprüfen«.

Übung 7: Fertigkeiten analysieren und zu Kompetenzen bündeln

Kompetenzen gehen auf konkrete Fertigkeiten zurück, also auf etwas Beobachtbares. Daher liegt es auf der Hand, sich die einzelnen Ereignisse Ihres Datencharts anzuschauen und zu fragen, was Sie genau gemacht haben. Jeweils ein Bündel an ähnlichen Fertigkeiten lässt sich zu einem Oberbegriff zusammenfassen, einer Kompetenz. In der folgenden Übung gehen Sie also von der Basis der vielen Fertigkeiten zu den übergeordneten Begriffen der Kompetenzen. In der ersten Übung zur intuitiven Kompetenzanalyse haben Sie »top down« gleich nach den Oberbegriffen gesucht. Dieses Vorgehen birgt die Gefahr, dass man Kompetenzen übersieht oder hinsichtlich seiner tatsächlichen Kompetenzen nicht präzise ist. Die folgende Übung, von vielen Fertigkeiten auf wenige übergeordnete Kompetenzen zu kommen, erfordert ein wenig Genauigkeit und Durchhaltevermögen, denn Sie werden hier im ersten Schritt sehr ins Detail gehen. Vermutlich werden Sie die Übung in mehreren Etappen durchführen. Doch bleiben Sie dran, es lohnt sich!

Was Sie brauchen:

- Ihr KAIROS-Datenchart
- Ein Auswertungsblatt (mehrere Seiten davon). Sie können den Vordruck aus dem Anhang kopieren (Arbeitsblatt »Eigene Fertigkeiten analysieren«) oder selbst auf ein Blatt Papier oder in eine Datei übertragen.

Nehmen Sie sich jetzt eine erste Kompetenzszene vor. Entweder Sie haben bereits in Übung 6 eine Szene ausgewählt oder Sie tun es jetzt (schauen Sie sich einfach in der ersten Übung die Beispiele der Protagonisten an). Insgesamt hat es sich bewährt, drei unterschiedliche Ereignisse zu analysieren. So erhält man im Allgemeinen einen guten Überblick über alle zentralen Kompetenzen. Sie notieren in der linken Spalte das »Projekt« (die Szene, in der Sie sich kompetent gefühlt haben) und unterteilen es grob in die Teilschritte, zeitlich oder inhaltlich, um einen besseren Überblick zu schaffen.

Ich erkläre Ihnen die Methode am Beispiel von Stefanie, die die Feier ihres 30. Geburtstags auf Fertigkeiten analysierte.

Projekt: Organisation der Feier meines 30. Geburtstags

Teilschritte:

- Erste Idee und Vision entwickeln
- Planung der Feier: Ort/Location, Catering, Gäste, Unterbringung von Freunden, Musik/DJ, Einladung designen und versenden

- Die Feier selbst: Spaß haben, Leute ins Gespräch miteinander bringen, tanzen …
- Nach der Feier: Organisation der Aufräumarbeiten, Dankeskarten/-mails schreiben, ein digitales Fotoalbum erstellen

Schreiben Sie für jeden einzelnen Teilschritt in Ihrem Kompetenzprojekt präzise auf, was für dessen Umsetzung nötig war. Lassen Sie für jeden Teilschritt ausreichend Platz, oder machen machen Sie Ihre Notizen zunächst auf einem separaten Blatt und übertragen diese nacheinander in das Arbeitsblatt. Wenn Sie mit einer elektronischen Datei arbeiten, können Sie natürlich einfach gegebenenfalls weitere Zeilen einfügen.

Stellen Sie sich jetzt für jeden Teilschritt die folgenden Fragen, die ich gern die »Kinderfragen« nenne. Sie kennen doch sicher neugierige Fünfjährige, die immer »Warum?«, und »Und was hast du dann gemacht?«, fragen. Tun Sie so, als würden Sie einem Kind beschreiben, was man genau tun muss, um Ihr Projekt umzusetzen. Dazu gehört auch, was Sie im Kopf geplant und bedacht, mit wem Sie kommuniziert und welche äußeren Hilfsmittel Sie genutzt haben (Planungstabellen, Internet, To-do-Listen).

- Wie sind Sie vorgegangen?
- Was haben Sie als Erstes getan, gedacht, geplant, was als Nächstes?
- Was haben Sie dazu eingesetzt?
- Was von dem, das Sie tun, ist sichtbar, was ist nicht sichtbar?
- Was denken, planen Sie für diese Tätigkeit?
- Mit wem müssen Sie dazu kommunizieren, verhandeln, sprechen?
- Mit welchen Kommunikationsmitteln tun Sie das?

Zwei allgemeine Fragen, die durch Ihre Antworten klar geworden sein sollten sind:

- Was müsste jemand können, der diese Tätigkeit ausübt?
- Was würden Sie mir alles erklären, damit ich diese Tätigkeit ebenfalls ausüben kann?

Der folgende Ausschnitt aus Stefanies Fertigkeitenliste zeigt das Vorgehen anhand des Teilschritts »Planung der Feier: »Location aussuchen«. Der

Projekt/Teilschritt: **Planung der Feier: Location aussuchen**	
Was ich getan habe	**Kompetenzbereich**
• Mit Leuten gesprochen: Wer kennt eine gute Location?	— ....
• Locations besucht – ein »Gefühl« für den Raum bekommen; dazu eine Freundin mitgenommen.	— ....
• Mit dem Wirt gesprochen über seine Erfahrungen mit Catering und Getränken; seinen Rat als Fachmann angenommen bezüglich Getränkeabrechnung nach Einzelverbrauch.	— ....
• Abwägung getroffen nach Ort und Preis – dazu meinem »Bauchgefühl« gefolgt. »Es hat Klick gemacht.«	— ....

Kompetenzbereich wird hier zunächst noch nicht festgelegt. Das folgt im zweiten Schritt bei der Clusterung der Fertigkeiten.

Wenn Sie Ihre Kompetenzszenen auf diese Weise durchgehen, werden Sie sehr lange Listen erhalten von dem, was Sie in Ihrem Leben schon alles getan, gedacht und geschafft haben.

Allein dieses Gefühl ist oft sehr motivierend. Gerade wer bisher damit gehadert hat, dass er diesen oder jenen offiziellen Abschluss nicht vorweisen kann, wird spätestens hier erkennen, wie viel er oder sie doch kann!

Der nächste Schritt besteht darin, diese Fertigkeiten zu Kompetenzen zu clustern, also zu Oberbegriffen – Ihren Kompetenzen – zusammenzufassen.

Dazu sind zwei Schritte notwendig. Einerseits die Zusammenführung ähnlicher Fertigkeiten (aus allen Szenen, die Sie analysiert haben, nicht nur aus einer) unter einer »Überschrift«, also einem übergeordneten Kompetenzbegriff. Zweitens sollen Sie diese Kompetenzen jeweils einem der vier Kompetenzbereiche zuordnen. Denn am Ende sollten Sie genau acht Kompetenzen ausgewählt haben, zwei in jedem Bereich. Diese Reduktion auf acht Kompetenzen hat sich bewährt, weil man mehr Kompetenzen selten gut darstellen oder aufzählen kann.

Zur Erinnerung hier noch einmal die vier Kompetenzbereiche:

- *Personale Kompetenz:* wie ich mit mir selbst umgehe, was mich ausmacht
- *Fachliche Kompetenzen:* meine fachlich gelernten Voraussetzungen
- *Methodische Kompetenz:* wie ich an Dinge/Aufgaben/Probleme herangehe
- *Soziale Kompetenz:* wie ich mit anderen umgehe

Ich stelle Ihnen zwei Wege vor, wie Sie Ihre Fertigkeiten clustern können; wählen Sie einfach den für Sie passenden. Im Anschluss an meine Beschreibung können Sie sehen, zu welchen Ergebnissen Stefanie bei der Zusammenstellung ihrer Kompetenzbereiche gelangt ist.

Weg 1: **Ordnen Sie Fertigkeiten zuerst einem Kompetenzbereich zu.** Markieren Sie in der dritten Spalte hinter jeder Fertigkeit zunächst, welchem Kompetenzbereich Sie diese zuordnen können. Sie können dies mit einem Buchstaben als Abkürzung tun oder direkt im Text arbeiten, indem Sie Leuchtmarkierstifte nutzen: Jede Farbe steht für einen Kompetenzbereich.

Schauen Sie dann, welche der markierten oder mit dem gleichen Buchstaben versehenen Fertigkeiten sich unter Oberbegriffe zusammenfassen lassen. Sie können dazu auch die markierten Begriffe separat auf Haftnotizen übertragen, um sie besser clustern zu können.

Das Formulieren von Kompetenzbegriffen ist ein schöner, aber auch kniffeliger Arbeitsschritt. Sie können sich dabei Zeit lassen und auch zunächst einen Probebegriff aufschreiben, um Fertigkeiten zusammenzufassen, zum Beispiel »Organisationskompetenz«. Bei einer zweiten Betrachtung nehmen Sie vielleicht eine Änderung in »Planungskompetenz« vor, weil dieser Begriff für Sie stimmiger ist. Lassen Sie sich auch von den Begriffen unserer Protagonisten inspirieren oder von den Kompetenzlisten.

Durch den ersten Arbeitsschritt der Zuordnung Ihrer Fertigkeiten zu den Kompetenzbereichen sind damit automatisch Ihre Kompetenzbegriffe den Bereichen personal, sozial, methodisch und fachlich zugeordnet.

Sie können dieses Ergebnis aber natürlich noch einmal auf Stimmigkeit überprüfen und verändern.

Schauen Sie, dass Sie mindestens zwei Kompetenzen für jeden Bereich erarbeitet haben. Ansonsten müssten Sie noch weitere Szenen aus Ihrer Biografie analysieren. Meistens ist dies aber nicht nötig. Die endgültige Auswahl Ihrer acht zentralen Kompetenzen erarbeiten Sie mit Übung 8.

Weg 2: **Finden Sie zuerst eine Überschrift für ähnliche Fertigkeiten.** Markieren Sie einfach jeweils Fertigkeiten, die Ihnen ähnlich vorkommen. Auch hier können Sie diese auf Haftnotizen übertragen, um sie besser clustern zu können, oder sie in der Datei zusammenkopieren. Aber auch Notizen auf einem separaten Blatt können helfen. Für die als ähnlich markierten Fertigkeiten finden Sie dann jeweils passende übergeordnete Kompetenzbegriffe.

In einem zweiten Schritt ordnen Sie nun die von Ihnen gefundenen Kompetenzbegriffe jeweils einem passenden Kompetenzbereich zu.

Im Ausschnitt »Planung der Feier: Location aussuchen« aus Stefanies Beispiel sind ähnliche Fertigkeiten zusammengefügt und Kompetenzberei-

Projekt/Teilschritt: **Planung der Feier: Location aussuchen**	
Was ich getan habe	**Kompetenzbereich**
• Mit Leuten gesprochen: Wer kennt eine gute Location?	— Sozial/Methodisch (Recherche mittels direkter Sozialkontakte)
• Locations besucht – ein »Gefühl« für den Raum bekommen; dazu eine Freundin mitgenommen.	— Personal (Intuition)
• Mit dem Wirt gesprochen über seine Erfahrungen mit Catering und Getränken; seinen Rat als Fachmann angenommen bezüglich Getränkeabrechnung nach Einzelverbrauch.	— Sozial/Methodisch (Menschenkenntnis als Info-Quelle nutzen)
• Abwägung getroffen nach Ort und Preis – dazu meinem »Bauchgefühl« gefolgt. »Es hat Klick gemacht.«	

chen zugeordnet. Diesen hat Stefanie erste mögliche Kompetenzbegriffe zugeordnet (in Klammern geschrieben).

Wie Sie sehen, lassen sich manche Fertigkeiten/Kompetenzen durchaus in zwei Kategorien unterbringen. Dies gilt in Stefanies Fall für soziale und methodische Kompetenzen. Aber auch fachliche und methodische Kompetenzen können je nach Berufsfeld unterschiedlich zugeordnet sein. Man entscheidet dann jeweils aus dem Zusammenhang, wie die Kompetenzen entstanden sind. Außerdem müssen letztlich Sie sich damit wohlfühlen, wo Sie eine Kompetenz zuordnen würden.

Für Stefanie erschloss sich bereits aus diesem Beispiel – was mehrere andere Szenen bestätigten –, dass sie über eine gut ausgeprägte Intuition und Menschenkenntnis verfügt. »Das habe ich auch in den Trainings gemerkt«, sagt die Finanzfachfrau. »Ich konnte meinem Trainer jeweils sehr genau sagen, wie die Stimmung ist und was wir als Nächstes tun müssen, um die Gruppe ›wach‹ zu halten.«

Kompetenzen auswählen und überprüfen

In einem dritten Schritt lernen Sie Ihre Kompetenzen noch besser kennen und überprüfen sie sozusagen auf Herz und Nieren. Nicht zuletzt soll Ihnen das Wissen um und der sichere Umgang mit Ihren Kompetenzen Ihre berufliche Entscheidung erleichtern, denn Ihre neue Tätigkeit soll schließlich Ihnen entsprechen.

Als wesentlich anzusehen sind die acht Kompetenzen, die Sie als Person typisch charakterisieren und auch Ihren Werten entsprechen. Menschen bilden Kompetenzen am ehesten in Bereichen aus, die auch von ihren persönlichen Werten unterstützt werden. Und andererseits sind Kompetenzen nicht wirklich nützlich für eine zukünftige Berufswahl, wenn diese nicht von den eigenen Werten unterstützt werden, so wie es bei Stefanie der Fall ist: Ihre Finanzbuchhaltungsfertigkeit bedeutet ihr eher wenig; sie möchte sie zukünftig nicht mehr als Hauptkompetenz einsetzen müssen.

Schauen Sie sich noch einmal Ihre Kompetenzbegriffe an, und zwar dahingehend, ob sich hinter ihnen vielleicht Werte verbergen oder ob Sie solche zusätzlich notieren können. So mache ich im Coaching immer wieder die Erfahrung, dass manche Begriffe, die der Klient oder die Klientin zunächst als Kompetenzen benannt hat, sich eher als Werte festhalten lassen. Disziplin, Ordnung, Freiheit, Neugier und Lernen können beispielsweise Dinge sein, die einem wichtig sind, doch um eine Kompetenz handelt es sich jeweils nur, wenn sich damit auch Fertigkeiten und konkrete Tätigkeiten verbinden lassen. Werte sind das, was uns wichtig ist. Kompetenzen das, was wir können. Im folgenden Kapitel werden wir uns detailliert mit dem Thema Werte auseinandersetzen. Denn diese sind der Kompass bei Ihrer beruflichen Orientierung.

Übung 8: Kompetenzen vertiefen und überprüfen

Als Nächstes bitte ich Sie, Ihre acht wichtigsten Kompetenzen zu vertiefen und damit auch zu überprüfen.[11] Dafür benötigen Sie vielleicht noch einmal Ihr Datenchart. Außerdem sollten Sie Papier bereitlegen, ein Blatt für jede Ihrer Kompetenzen. Schauen Sie sich die Situationen und Ereignisse an, die Sie im Chart notiert haben, und überlegen und notieren Sie für jede Kompetenz,

- wie lange diese schon eingesetzt wurde,
- in welchen unterschiedlichen Kontexten Sie auf sie zurückgegriffen haben,
- in welcher Komplexitätsstufe sie eingesetzt wurde,
- wie diese mit anderen Kompetenzen vernetzt ist oder gemeinsam eingesetzt wird.

Die ersten beiden Punkte sind sicher selbsterklärend und lassen sich anhand der Szenen in Ihrem Datenchart genau überprüfen und belegen. Die dritte Frage nach dem Komplexitätsgrad betrifft den Schwierigkeitsgrad, auf dem eine Kompetenz eingesetzt wurde. »Vorträge halten« kann eine Ihrer methodischen Kompetenzen sein.

Aber es macht einen Unterschied, ob Sie Vorträge in Ihrem lokalen Tennisclub, einem vertrauten Arbeitsteam oder regelmäßig auf internationalen Fachkongressen halten. »Konflikte schlichten« mag eine soziale Kompetenz von Ihnen sein, doch ein Meister darin sind Sie erst, wenn Sie auch Konflikte schlichten können, in denen extrem zerstrittene Partner involviert sind. Nehmen Sie eine ehrliche Bestandsaufnahme vor, denn nicht in jeder Kompetenz müssen Sie schon meisterlich sein – Sie können sich ja auch noch entwickeln!

Die Überprüfung verdeutlicht einerseits Ihre Virtuosität im Einsatz dieser Kompetenzen. Mittels der von Ihnen gefundenen Beispiele können Sie etwa im Bewerbungsgespräch zeigen, dass Sie bestimmte Kompetenzen nicht bloß behaupten, sondern durchaus schon häufig eingesetzt haben. Auch die Verbindung von Kompetenzen macht Sie einmalig. Erinnern Sie sich an das Beispiel der Frau, die bereits als Zehnjährige nicht nur eine Schultombola organisieren konnte, sondern dies noch mit einem erstaunlichen sozialen Feingefühl für ihre Mitschüler umgesetzt hatte.

Andererseits lässt sich durch die Überprüfung manchmal eine Kompetenz entlarven, die nicht wirklich zu Ihren Kernkompetenzen zählt. Beispielsweise hatte einer meiner Klienten »Anderen zuhören« in einer Kompetenzszene herausgefiltert. Als wir überprüften, wie lange und auf welchem Komplexitätslevel er diese Kompetenz schon einsetzte, musste er einsehen, dass er sich hier noch in einem Lernfeld bewegte. »Ich habe auf diesem Gebiet in den letzten zwei, drei Jahren große Fortschritte gemacht«, erklärte er, »aber meine Frau würde sagen: Das hast du erst in letzter Zeit dazugelernt.« Es handelte sich also nicht um eine Kompetenz, die meinen Klienten typisch charakterisierte. Natürlich können Sie Kompetenzen Ihr Leben lang erwerben, jedoch ist es für einen Umstieg in ein neues Berufsfeld sinnvoll, auf Kompetenzen zurückzugreifen, die Sie bereits gut gefestigt haben. So können Sie neue Arbeitgeber oder Investoren am besten überzeugen, dass Sie ihr Know-how auch in Zukunft in neuen Tätigkeitsfeldern gut einsetzen werden. Denn so sind Kompetenzen schließlich definiert: als übergeordnete Fähigkeiten, die man in zukünftige Situationen übertragen kann.

Resümee: Von der Kompetenzanalyse zur »Fahrstuhl-Akquise«

Betrachten Sie nun Ihre Kompetenzen, was fällt Ihnen spontan ein, wenn Sie an Ihre ursprüngliche berufliche Fragestellung denken? Lässt Sie die Klarheit hinsichtlich Ihrer Kompetenzen eher abwägen, die sich bietende Option noch einmal kritisch abklopfen, oder haben Sie das Gefühl, genau, das ist es? Sehen Sie vielleicht in der Kombination Ihrer Kompetenzen neue Berufsfelder, die sich eröffnen? So wie es bei dem Schauspieler Thomas der Fall war, der eine ideale Kompetenzmischung auch für beratende und helfende Berufe besitzt.

Ob Sie Ihre Kompetenzen auch wirklich anwenden können, hängt natürlich immer auch von den äußeren Umständen ab. Frustrierend kann es sein, wenn in Ihrer beruflichen Situationen Ihre Kompetenzen eher nicht zum Tragen kommen. Die Motivation von Mitarbeitern, so haben Umfragen gezeigt, basiert stark darauf, dass man mehrmals in der Woche, am besten aber jeden Tag, das tun kann, was man am besten beherrscht.[12]

Machen Sie sich also auf den Weg zu dem Job, in dem möglichst viele Ihrer Kompetenzen – wenn nicht sogar alle – oft zum Einsatz kommen!

Auf jeden Fall sind Sie nach einer detaillierten Kompetenzanalyse für den sogenannten »elevator pitch«, die »Fahrstuhl-Akquise«, bestens gerüstet. So nennt man die fiktive Begegnung mit einer wichtigen Person, bei der man nur wenige Minuten – eben bis zum Aussteigen – Zeit hat, um auf den Punkt zu kommen. Meistens sind dies nicht mehr als zwei bis drei Minuten. Daher eignen sich »elevator pitches« auch für Empfänge, Netzwerktreffen und Kongresse, also alle Gelegenheiten, bei denen Sie nur wenig Zeit haben, um bei fremden Menschen »anzudocken«. Wenn Sie also demnächst auf einem Kongress im Aufzug einer potenziellen Arbeitgeberin oder einem Mentor begegnen, und er Sie fragt, was Sie denn so machen und können, dann haben Sie Ihre Kompetenzbegriffe parat und zu jeder Ihrer Kompetenzen eine schöne Anekdote zu erzählen. Beim Überreichen Ihrer Visitenkarte können Sie lächelnd aussteigen – und das alles in der Zeit vom Erdgeschoss bis zum vierten Stock. Viel Erfolg dabei!

Werte:
Was mir wichtig ist

Bei Fragen der persönlichen Orientierung, wie sie in beruflichen Veränderungsprozessen aufgeworfen werden, ist die Beschäftigung mit den eigenen Werten nicht nur sehr hilfreich, sondern absolut unverzichtbar. Um die eingangs gestellten Fragen »Wer bin ich?«, »Wohin soll ich gehen?« zu beantworten, muss ich mir über meine eigenen Werte klar sein. Ohne bewusste Werteanalyse gehen Sie wie von einem Autopiloten gesteuert durch Ihr Leben. Dieser Autopilot funktioniert im Allgemeinen ganz gut für eine bestimmte Zeit. Doch dann führt er uns in die Irre. Ganz so wie ein Navigationssystem, das nicht die neueste Software aufgespielt hat. Erstellen Sie also ein Update für Ihre Werte!

Werte sind Teil der menschlichen Psyche und damit Teil der Kräfte, die uns lenken und Energie geben. Die Werteanalyse ist in der Karriereorientierung vor allem aufschlussreich, weil sie uns wichtige Anhaltspunkte hinsichtlich unserer beruflichen Motivation gibt. Werte bestimmen das »Wollen«, das, was uns wichtig ist. Unser »Können« bestimmen wir durch die Kompetenzanalyse. »Wollen« und »Können« müssen Hand in Hand gehen, damit wir im Berufsleben erfüllt sind.

Es gibt selbstverständlich immer mehrere Werte im Leben eines Menschen, die aktiv sind, man spricht auch von einem Wertesystem. Jeder Einzelne verfügt über ein solches eigenes Wertesystem, wobei uns die einzelnen Werte in der Regel nicht bewusst sind. Erst wenn wir sie untersuchen, können wir gezielt zur Orientierung auf sie zugreifen. Häufig werden uns Werte erst bewusst, wenn sie verletzt werden. Bei Christina, der Sozialmanagerin, war gerade auch als lesbische Frau schon immer der Wert »Fairness« ausgeprägt. Es war für sie selbstverständlich, fair gegenüber Menschen aller Ethnien und sexuellen Präferenzen zu sein. Fairness war sozusagen das Wasser, in dem sie schwamm, und erschien ihr nicht weiter der Rede wert, ganz normal eben. Aber als dieser Wert bei ihrem Arbeitgeber in Bezug auf Leistungsgerechtigkeit aus ihrer Sicht so eklatant verletzt wurde, kam Christina zu Bewusstsein, dass sie eher gehen würde, als so etwas auszuhalten. Gibt es auch bei Ihnen einen bestehenden Wert, der durch eine Veränderung in Ihrem beruflichen Umfeld verletzt wurde? Und ist es vielleicht diese Werteverletzung, auf die Ihr Wunsch, etwas zu verändern, zurückgeht?

Nicht immer ist das Umfeld Auslöser von Wertekonflikten. Werte verändern sich nämlich auch über die Zeit unserer Lebensspanne. Sie entwickeln sich zwar nicht von heute auf morgen, jedoch haben sich Ihre Werteprioritäten in dem Zeitraum von Ihrem ersten Jobantritt bis heute mit Sicherheit verändert. So kann es auch ein Wertewandel gewesen sein, der Ihre heutige Unzufriedenheit bedingt. Nicht Ihr Umfeld hat sich verändert, sondern Sie haben sich verändert. So ging es einer Klientin von mir, die in einer Werbeagentur arbeitete. Bis zu ihrem 35. Lebensjahr waren die Hektik, der Leistungsdruck und die allgegenwärtigen Intrigen für sie noch »part of the game« gewesen in einem ansonsten spannenden Beruf. Jetzt, als sie sich ihrem 40. Geburtstag näherte, bemerkte sie eine zunehmende Ermüdung bei sich. Außerdem, so sinnierte sie, biete die Agenturwelt wenige Vorbilder dafür, wie man würdevoll älter werde. »Entweder man ist dann Vorstand oder macht sich zunehmend lächerlich, weil man zum alten Eisen gehört, oder man geht eben raus.« Die Klientin war aus dem Wertesystem der Agenturwelt schlichtweg herausgewachsen.

Typisch für ein Wertesystem ist auch, dass es nicht einheitlich sein muss. Manche Werte stehen sich sogar als Pole gegenüber, zum Beispiel »Freiheit« und »Zugehörigkeit«. Werte bilden das gesamte Spektrum der menschlichen »conditio humana«, des menschlichen Lebens, ab. Ein typischer Konflikt im Wertesystem besteht in der heutigen Zeit häufig zwischen Leistungswerten in der Berufswelt und dem Wert, eine Familie zu gründen und Zeit für sie zu haben. Dieser Wertekonflikt ist besonders für Frauen, die Karriere und Familie vereinbaren wollen, nicht einfach zu lösen. Aber auch die Männer der Generationen, die wir Generation X[13] und Y nennen, also die 25- bis 45-Jährigen, leiden zunehmend unter der Spaltung des Wertesystems, das die Berufswelt von ihnen verlangt. Einen solchen Wertekonflikt zeigt die Biografie von Thomas, der sich in seiner aktuellen Lebensphase als »Family-Man« identifiziert und diesen Wert zum Anlass für seinen Berufswechsel macht. Und auch für Christina, die Powerfrau im Sozialmanagement, veränderte die Ankunft ihrer Pflegekinder »fast alles«. Bei Christina, die sich in Übereinstimmung mit ihrer Partnerin als Ernährerin der Familie definiert, führte dies dazu, dass sie sich zeitweise im Job »mehr reinhängte«.

Die Wertearbeit in der Karriereorientierung nenne ich häufig »die Stunde der Wahrheit«. Klienten müssen sich an dieser Stelle nicht selten fragen, welchen Preis sie bereit sind für ihre Werte zu zahlen – entweder dafür, dass sie bestimmten Werten treu bleiben wollen oder dass neue Werte Raum in ihrem Leben bekommen sollen. Es ist eine Sache, sich über die Zwänge in einem Konzern zu beschweren. Aber es ist eine andere Sache, in eine schlechter bezahlte Stelle einer kleineren Firma oder die unsichere Freiberuflichkeit zu wechseln und damit den in vieler Hinsicht doch goldenen Käfig zu verlassen.

In der Biografie von Thomas können Sie die klaren Schritte sehen, die der erfolgreiche Serienschauspieler unternommen hat, um seinem Wert des »Familienlebens« und der »Wahrhaftigkeit« treu zu sein. In Übereinstimmung mit unseren Werten zu leben, macht uns zufrieden und trägt zu unserer Gesundheit bei. Wer weiß, warum er etwas aufgibt, wird dies viel klarer und mit Überzeugung tun als derjenige, der nur mit einem vagen Gefühl der Unzufriedenheit auf der gleichen Stelle verharrt oder sich zögernd auf den Weg macht.

Weil Werte so eine enorme Bedeutung für unser Wohlbefinden haben, sind sie auch gesellschaftlich, in Unternehmen und beim Thema Führung seit einigen Jahren en vogue. Ob es die Diskussion der Kardinaltugenden und Werte im Business ist, das »Führen nach St. Benedikt« oder der Ruf nach einer Begrenzung der Erreichbarkeit während der Arbeitszeit als Teil der Burnoutprävention: Noch nie wurde so viel über Wertefragen diskutiert wie heute.

Sicher ist Ihnen schon einmal die Bezeichnung »shared values« begegnet. Darunter versteht man die gemeinsamen, kollektiven, geteilten Werte einer Gemeinschaft, die dieser Sinn und Orientierung bieten. Diese sind Teil der Unternehmenskultur. Insbesondere in Veränderungsprozessen in Unternehmen – beispielsweise bei einem Generationenwechsel oder wenn sich Geschäftspartner in unterschiedliche Richtungen entwickeln – spielen die vorhandenen Werte eine entscheidende Rolle. Manchmal wird ein Wechsel zu neuen Werten direkt gefordert, weil die Zeit »reif« ist. Andererseits kann ein neuer CEO einen neuen »Wind« in einen Konzern bringen, der einen großen Einschnitt bedeutet, falls er gegen die persönlichen Werte des Einzelnen oder gegen Gruppen weht. Mit den Werten der Mitarbeiter und Gruppierungen der gesamten Organisation zu arbeiten ist dann umso sinnvoller, wenn nicht sogar notwendig.

Werte

- Werte repräsentieren Vorstellungen richtiger, sinnvoller Lebensprinzipien und anzustrebender Lebensumstände in allen Lebensbereichen.

- Sie sind über längere Lebenszeitspannen beziehungsweise -phasen relativ konstant und entwickeln sich mit der Veränderung der Lebensbedingungen innerhalb der persönlichen Entwicklungsabschnitte.

- Werte unterscheiden sich hinsichtlich Wichtigkeit, es besteht eine Wertehierarchie – auch diese verändert sich über die Zeit.

- Werte beeinflussen alle Lebensbereiche, Entscheidungen und Handlungen direkt – egal ob das bewusst geschieht oder unbewusst.

- Damit die eigenen Werte in ihrem Leben erfüllt sind, investieren Menschen Zeit, Kraft und Ressourcen.

- Es stellt sich ein Gefühl des Mangels, der Beeinträchtigung ein, wenn Werte nicht erfüllt oder nicht erfüllbar sind. Das kann mitunter zu Frustration führen.

- Die Motivation für ein Ziel ist umso höher, wenn es mit persönlichen Werten verbunden ist.

- Solange man sich seiner Werte nicht bewusst ist, sind strategische Entscheidungsprozesse, egal ob beruflicher oder privater Natur, von Unsicherheit geprägt.

Etliche Konflikte, die Klienten zu mir kommen lassen, sind im Kern Wertekonflikte. Daher ist die Wertearbeit von so zentraler Bedeutung und neben der Kompetenzanalyse eine zentrale Auswertungsdimension der KAIROS-Methodik oder anderer Formen des Karrierecoachings.

Werte erkennen

Nun zu Ihnen. Anlass für Ihre Arbeit mit diesem Buch ist eine konkrete Frage, die sich Ihnen für Ihren beruflichen Weg stellt und die Sie beantworten möchten. Es kann auch eine Entscheidung sein, die Sie treffen müssen. Oder Sie tragen ganz allgemein den Wunsch nach einer Veränderung in sich. Im Coaching stellt die Identifikation der eigenen Werte einen wesentlichen Schritt zu mehr Selbstbewusstheit und Selbsterkenntnis dar. Dazu habe ich ein spezielles Werteinterview entwickelt,[14] das Sie mit den Fragen in Übung 9 durchlaufen können. Dabei werden Faktoren sichtbar, die in Vergangenheit und Gegenwart die eigene Wahrnehmung und somit Entscheidungsprozesse wesentlich beeinflusst haben. Insofern werden Sie Ihre Werte natürlich auch in den Szenen Ihres KAIROS-Datencharts wiederfinden. Sich Entscheidungssituationen im Leben anzuschauen, ist eine der Methoden, wie Sie Ihre Werte explorieren können (siehe Übung 9). Jedoch können Sie Ihre Wertearbeit im ersten Schritt auch frei, das heißt ohne Ihr Datenchart durchführen. Sie folgen dann einfach den Fragen des Werteinterviews und notieren Ihre eigenen Antworten.

Viele Coachs und Karriereberater arbeiten mit vorgegebenen Wertelisten zur Auswahl. Ich tue dies nicht. Die Kraft der Wertearbeit entfaltet sich nach meiner Erfahrung und der Erfahrung meiner Kollegen gerade daraus, dass Klienten die Werte aus der eigenen Biografie, aus dem eigenen Erleben heraus formulieren. Zwar werden dann auch Werte benannt, die auf herkömmlichen Wertelisten zu finden sind, zum Beispiel »Harmonie« oder »Gelassenheit«. Aber der Prozess, diese Werte zunächst in eigener Sprache selbst zu formulieren, macht nach meiner Erfahrung einen entscheidenden Unterschied, wie kraftvoll Sie sich mit Ihren eigenen Werten verbinden. In der Übung zu essenziellen Werten gebe ich Ihnen dennoch eine Auswahl an die Hand. Und Sie können am Ende des Kapitels auch die zentralen Werte unserer Protagonisten Stefanie, Christina und Thomas nachlesen.

Zu Beginn Ihres eigenen Werteprozesses gebe ich Ihnen auch kurz einen Überblick über die folgenden Übungen. Sie müssen nicht alle Vertiefungsschritte machen. Manchmal ergeben sich auch direkt zwei Schritte in einem. Bei einem Face-to-Face-Coaching würde der Coach den Prozess steuern. Mit einem Überblick über alle Schritte können Sie dies selbst tun.

- Werte explorieren
- Werte einordnen und vervollständigen
- Werte vertiefen – essenzielle Werte finden
- Erstellen einer Wertehierarchie
- Werteerfüllung visualisieren mit dem Werterad

Das Ziel der Wertearbeit im KAIROS-Biografie-Coaching ist, dass Sie am Ende ein gutes Gefühl für Ihr gesamtes Wertesystem haben (Übung 9 »Werte explorieren«), dies vollständig alle Lebensbereiche abdeckt (Zuordnen und Vervollständigen der Werte) sowie dass Sie die zentralen, wichtigen Werte kennen (Werte vertiefen – essenzielle Werte) und ausgewählt haben (Erstellen einer Wertehierarchie). Außerdem sollten Sie wissen, welche Werte derzeit so wenig erfüllt sind, dass ein Handlungsbedarf in Bezug auf Ihren Beruf besteht. Daher lege ich Ihnen die Übung 13 »Werteerfüllung visualisieren mit dem Werterad« ganz besonders ans Herz. Es ist auch möglich, nach dem ersten Schritt der Werteexploration intuitiv die zehn wichtigsten Werte auszuwählen und sofort an die Werterad-Übung zu gehen. Schauen Sie, was für Sie am besten funktioniert.

Am Ende einer oder mehrerer Werteübungen sollen Sie einen genauen Überblick darüber haben, was Ihnen wichtig ist und was Sie in Ihrem beruflichen Umfeld ändern müssen, damit Sie sich selbst treu werden oder bleiben.

Übung 9: Werte explorieren

Ich rufe Ihnen noch einmal die Kurzdefinitionen von Werten in Erinnerung: »Werte repräsentieren Vorstellungen richtiger, sinnvoller Lebensprinzipien und anzustrebender Lebensumstände in allen Lebensbereichen.« Wird gegen unsere Werte verstoßen, »stellt sich ein Gefühl des Mangels, der Beeinträchtigung ein«. Hingegen sind wir motiviert, »Zeit, Kraft und Ressourcen zu investieren, damit unsere Werte im Leben erfüllt sind«.

Für die Exploration von Werten ist also im Grunde nicht so wichtig, inwieweit diese derzeit in Ihrem Leben bereits erfüllt sind. Manchmal äußern Klienten: »Na ja, Harmonie im Team und meine eigene Gelassenheit sind mir schon wichtig, aber das brauchen Sie gar nicht aufzuschreiben, das ist ja derzeit überhaupt nicht der Fall.« Falsch! Gerade deshalb sollten Sie es aufschreiben!

Was Sie brauchen:

- Ausreichend Haftnotizen oder Pinnkarten
- Packpapier oder Pinnwandpapier (bevorzugt an einer Pinnwand oder mit Kreppband an einer Rauminnenwand angebracht; Werte auf dem Fußboden auszulegen ist psychologisch nicht gut – dort werden die Werte symbolisch »mit den Füßen getreten«)

Formulieren Sie alle Werte positiv. Also nicht: »Kein Vertrauensbruch in Beziehungen«, sondern: »Vertrauen in Beziehungen«. Lassen Sie sich von den folgenden Fragen inspirieren, die Sie spontan am meisten ansprechen, sie müssen aber nicht alle beantworten. Die kursiv gesetzten Fragen sind jeweils Varianten einer davorstehenden Frage und dienen insofern nur der Anregung. Finden Sie Antworten zumindest auf jede der nicht kursiven Fragen. Diese decken annähernd alle Lebensbereiche ab. Schreiben Sie jeweils nur einen Wert auf je eine Karte oder eine Haftnotiz. So können Sie Ihre Werte später besser clustern, zuordnen und in eine Hierarchie bringen.

- Was ist Ihnen wichtig im Leben?
- Wenn Sie an wichtige Entscheidungssituationen in Ihrem (beruflichen) Leben denken, was waren die ausschlaggebenden Faktoren für die je-

weilige Entscheidung? Welche Werte haben Sie dadurch erfüllt? (Dazu können Sie auch Ihr KAIROS-Datenchart hinzunehmen und Situationen auswählen.)

- Worauf achten Sie in Ihrem Leben besonders?
- Was macht im Leben Sinn?
- Wofür würden Sie sich erheben, wenn andere Menschen es angreifen?
- Was könnte Sie nachts nicht schlafen lassen?
- Wenn Sie sich drei Dinge wünschen könnten, welche Werte verkörpern diese Dinge/Menschen?
- Was schätzen nahestehende Menschen an Ihnen besonders? Welche Werte verkörpern Sie selbst darin?
- Welche Werte fallen Ihnen in Bezug auf Körper, Physis, Gesundheit, Aussehen und Ihre Lebensenergie ein?
- Welche Qualitäten wünschen Sie sich generell in Beziehungen?
- Was schätzen Sie gerade nicht an anderen? (Welche Werte werden verletzt, wenn Sie etwas an anderen nicht mögen, welche Werte sollten also erfüllt sein?)
- Welche Qualitäten haben sehr gute Beziehungen im beruflichen Umfeld für Sie?
- Was ist Ihnen wichtig in Ihrem beruflichen Umfeld an »harten Fakten« (Gehalt, Inhalte, Vertragsform, Ort, Größe und Ansehen der Firma etc.)
- Was machen Sie mit Ihrem Geld, Ihren Ressourcen – welche Werte zeigen sich hinter Ihren Entscheidungen?
- In was investieren Sie Ihre Energie?
- Nach welchen Kriterien verplanen Sie Ihre Zeit?
- An welchen Orten halten Sie sich am häufigsten auf?

Halten Sie nun einen Moment inne.

- Wie wirkt es auf Sie, sich Ihre gesammelten Werte anzuschauen?
- Welche Szenen aus Ihrer Biografie fallen Ihnen spontan ein, wo diese Werte lebendig waren?

- Welche Werte liegen derzeit »am Boden«, sind also nicht oder zu wenig erfüllt?
- Wie stehen diese Erkenntnisse für Sie im Zusammenhang mit Ihrer beruflichen Fragestellung?

Wenn Sie wollen, können Sie jetzt direkt zur Wertehierarchie und danach zum Werterad weitergehen. Um zu überprüfen, ob Ihr Wertesystem auch vollständig ist, empfehle ich Ihnen jedoch die folgende Übung. Ziel des nächsten Schritts ist, dass Sie sich einen Überblick darüber verschaffen, wie vollständig Ihre Werteexploration schon alle Lebensbereiche abdeckt.

Übung 10: Werte einordnen und vervollständigen

Unterstützend biete ich Ihnen dazu ein Vier-Quadranten-Modell an, das auf einer integralen Systematik basiert.[15] Sie sehen untenstehend ein Vier-Felder-Schema mit den Achsen und inneren Beschriftungen. Darin erkennbar sind die wichtigsten Dimensionen der Lebenswirklichkeit und damit auch eines Wertesystems. Die Achsen sind von links nach rechts beschriftet mit links »Innerlich« und rechts »Äußerlich« sowie von oben nach unten mit oben »Individuell« und unten »Kollektiv/System«. Daraus ergeben sich vier Quadranten, die jeweils eine spezifische Dimension der Wirklichkeit beleuchten. Auf der rechten Seite stehen dabei die Lebensbereiche, die »anfassbar« sind, objektiv und sich faktisch beschreiben lassen. Im »Individuellen« sind das Aspekte von Verhalten und Physis, in der kollektiven Dimension sind dies alle Ressourcen, Systeme und Strukturen, also die materiellen Aspekte des sozialen Umfelds. Im linken Bereich des Vier-Felder-Schemas, dem Bereich der Innerlichkeit, individuell und kollektiv, befinden sich Begriffe, die das Immaterielle abbilden. Gerade hier ergeben sich ja oft Wertekonflikte: Kommunikation, gemeinsame Normen und Werte, Werte zur Entfaltung der Persönlichkeit etc.

Konkrete Auflistungen für jeden Quadranten finden Sie in der folgenden Darstellung des Vier-Felder-Schemas. Falls Sie bereits mit Packpapier zur Werteexploration gearbeitet haben:

- Zeichnen Sie auf dem Papier die Dimensionen der vier Quadranten ein.

- Ordnen Sie Ihre Werte so gut Sie können den vier Feldern zu.

- Alternativ bietet es sich an, vier separate Bögen Papier zu verwenden, die Sie nach dem Ausfüllen entsprechend aneinanderlegen.

Persönlichkeit	*Verhalten und Physis*
• Persönliche Entwicklung • Fähigkeiten, Stärken, Charaktermerkmale • Inneres Erleben • Moralische und ethische Grundsätze *Wertebeispiele:* — Inneres Wachstum — Freiheit — Gelassenheit — Mitgefühl für alle Lebewesen — Positive Lebenseinstellung (»Glas ist halb voll«)	• Körperlicher Zustand • Ernährung, Sport, Bewegung • Eigenes Verhalten/Prozesse *Wertebeispiele:* — Gesund sein — Fit und beweglich sein — Physisch attraktiv, sexy für meinen Partner sein — Energie haben (das Gegenteil von ausgebrannt sein) — Gut organisiert sein
Kultur und Beziehungen	*Systeme und Strukturen, Umfeld*
• Qualitäten von Beziehungen (Unternehmen, Teams, Familie) • Art der Kommunikation • Kollektive Moral und Ethik *Wertebeispiele:* — Fairness — Leistungsstreben — Offenheit — Respekt — Liebevoller Umgang — Großzügigkeit — An der gemeinsamen Sache orientiert sein (kein Status- und Machtgehabe)	• Alle objektiven Strukturen von Unternehmen, Teams, Familie • Fachliche Projekte in d. Organisation • Position in der Organisation • Infrastruktur, Ressourcen (Gehalt, Arbeitsort, Vertragsform) • Rahmenbedingungen (politisch, gesellschaftlich, familiär) *Wertebeispiele:* — Angestellt sein (oder: unabhängig beschäftigt sein) — Ein Gehalt von XY tausend Euro — Fachlich Projekte wie Y betreuen — Ortsgebunden arbeiten können (nicht pendeln müssen) — Eigenes Haus haben für die Familie

Ordnen Sie jeweils Werte, die Sie bereits aufgeschrieben haben, den vier Quadranten zu. Die Fragen der Werteexplorierung haben dazu beigetragen, dass Sie Werte in allen vier Quadranten aufgeschrieben haben (können). Hier können Sie dies noch einmal überprüfen.

Besonders für die Dimension der »hard facts«, der Werte zu äußerlichen Rahmenbedingungen Ihrer Arbeit, möchte ich Ihnen noch einige weitere Anregungen geben.

Was ist Ihnen wichtig in Bezug auf:

- Lage des Arbeitsorts (zentral und gut angebunden oder schön gelegen, Provinz oder Metropole – oder ist dies egal?)
- Konzern oder Mittelstand
- Inhabergeführt oder von neutralen Managern
- Ansehen der Firma – weltweit bekannt oder geheimer Marktführer
- Phase des Unternehmens: Start-up erste Phase, etabliertes Start-up, fest etabliert im Markt, Traditionsunternehmen
- Hierarchische, klare Struktur oder informelle Berichtswege und Kultur
- Größe des Teams
- Freie und flexible Zeiteinteilung oder geregelte Arbeitszeiten
- Kontakt zu Kunden
- Geschäftsreisen
- Angemessenes oder überdurchschnittliches Gehalt
- … (Führen Sie die für Sie wichtigen Punkte hier auf.)

Lassen Sie nun das Ergebnis auf sich wirken:

- Was sagt die Verteilung in den Quadranten über Ihr Wertesystem und Ihre derzeitige berufliche Situation aus?
- Was fällt Ihnen sonst noch auf?

Eine Klientin von mir hatte im Werteinterview sofort sehr viele Werte der Zusammenarbeit benannt – hier lag einiges im Argen, sodass ihr viel zu diesem Aspekt einfiel. Auf Nachfragen konnten wir auch explorieren, was es an objektiven Fakten Ihres Arbeitsplatzes gab, die ihr wertvoll waren, was wiederum die kollektive Dimension betrifft. Dann schauten wir auf die Pinnwand mit den »kahlen« beiden oberen Quadranten, den individuellen Dimensionen. »Typisch«, meinte sie, »*ich* komme mal wieder gar nicht vor.« Ihr Wertechart spiegelte einen Mangel, den sie bereits oft gespürt hatte, nämlich dass sie ihre eigenen Bedürfnisse und Werte wenig artikulierte.

Eine andere Klientin blickte auf nur wenige Wertekarten in der Dimension »Körper, Physis, Verhalten«. »Und alle diese Werte sind fast überhaupt nicht erfüllt«, seufzte sie. »Wenn sich in meinem beruflichen Leben etwas ändern soll, muss ich zuerst daran etwas ändern.« Ihre beruflichen Ziele änderte sie nicht, dagegen hatten kurzfristige Maßnahmen, die ihre physische Gesundheit, Fitness und Erholung zum Ziel hatten, nach der Wertearbeit Vorrang.

Christina, die Sozialmanagerin, steht für alle diejenigen meiner Klienten, die feststellen mussten, dass sie und ihr Arbeitgeber einfach zu unterschiedliche Wertesysteme aufweisen. Manchmal entwickelt sich dies auch erst im Laufe der Zeit. »Wir sind geschiedene Leute«, sagen manche dann. Andere brechen beinahe in Tränen aus, wenn ihnen die Wertediskrepanz bewusst wird. Eine Klientin von mir kommentierte: »Am schlimmsten finde ich zu erkennen, dass mein Arbeitgeber meine Werte nicht nur nicht erfüllt, sondern diese vermutlich überhaupt nicht anstrebt.«

Spätestens an dieser Stelle besteht dann Handlungsbedarf. Eine Übersicht über die Verteilung unserer Werte (oder deren Nichterfüllung) erzeugt bei vielen Klienten die notwendige Motivation, sich in Bewegung zu setzen. Zu berücksichtigen ist immer, dass der »Füllstand« von Werten variabel ist und sich verändert. Nachdem wir einen Marathon gelaufen sind, wird der Wert »Erholung« sicher ganz oben stehen und temporär nicht erfüllt sein. Direkt nach einem Urlaub ist das anders.

Wie geht es Ihnen? Bemerken Sie eine große Wertediskrepanz zwischen Ihren Werten und den gelebten Werten Ihres Arbeitgebers? Wenn Sie sich nicht in einer existenziellen Notlage befinden, die einen Wechsel (vorerst) unmöglich macht, sollten Sie über die notwendigen Schritte nachdenken, die in ein gesünderes Umfeld führen.

Nach diesem Überblick über alle Werte geht es nun darum, Ihre Werte zu reduzieren und zu priorisieren. Dazu gibt es zwei weitere Übungen; Sie können eine von beiden oder beide durchlaufen.

Die Anzahl der Werte variiert von Mensch zu Mensch. Ich habe im Coaching erlebt, dass wir mit dem Platz nur schwerlich hinkamen und auf eine zweite Tafel ausweichen mussten. Hingegen gab es andere Klienten, deren Werte sich auf vier, fünf pro Quadrant beschränkten. Neben der Person selbst kommt es auch auf die aktuelle Fragestellung an, die sie zur beruflichen Neuorientierung bewogen hat, ebenso die Komplexität der derzeitigen Situation. Es macht nun einmal einen Unterschied, ob Sie mit ein paar kleinen Korrekturen Ihrem bisherigen Weg eine neue Richtung geben oder ob es in Ihrem Leben zu einer grundlegenden Veränderung kommt, indem Sie Ihr Abitur nachholen und studieren, die Branche wechseln oder sich selbstständig machen.

Werte auf ihren Kern überprüfen – essenzielle Werte

Besonders wenn Sie sehr viele Werte notiert haben, empfehle ich Ihnen die folgende kurze Übung zu den essenziellen Werten. Sie dient dazu, dass Sie Ihre Werte noch einmal auf die wesentlichen Punkte reduzieren. Mit anderen Worten: Sie hinterfragen jeden einzelnen Wert daraufhin, was das Wesentliche oder, wie ich es nenne, das Essenzielle an ihm ist.

Ist die Anzahl Ihrer Werte bereits übersichtlich und Sie sind der Meinung, dass Ihr Wertesystem für Ihre berufliche Entscheidungssituation komplett ist, können Sie auch sofort zu Übung 12 »Erstellen einer Wertehierarchie« oder Übung 13 »Werteefüllung visualisieren mit dem Werterad« springen.

Im Coaching unterscheide ich zwischen essenziellen Werten, die durch nichts zu ersetzen sind, und mittelbaren Werten, die jeweils mit einem essenziellen Wert verbunden sind.

Essenzielle Werte sind grundsätzliche, durch keinen anderen Wert ersetzbare Vorstellungen. Sie sind unabhängig voneinander und stellen im Sinne von Priorität und Gewicht die fundamentalste Werteebene dar.

Mittelbare Werte beziehen sich auf diese essenziellen Werte und sind stärker durch die Lebensphase, Entwicklungsstufe sowie das soziale und kulturelle Umfeld geprägt als die essenziellen Werte. Sie sind in der Regel durch andere mittelbare Werte ersetzbar, beziehen sich auf einzelne Lebensaspekte und können mindestens einem essenziellen Wert zugeordnet werden.

Beispiele für den essenziellen Wert »Sicherheit« in Form der mittelbaren Werte sind »hohes Einkommen«, »eheliche Lebensgemeinschaft«, »Vermögen«, »Zugehörigkeit zu einer stabilen Organisation«, »Beamtenstatus«.

Im Coaching benannte ein Klient als einen wichtigen Wert »Hohes Einkommen«. Es stellte sich heraus, dass sich für ihn dahinter die Werte »Unabhängigkeit« und »Anerkennung« (des Chefs/der Firma) verbargen. Weitere Nachfragen ergaben, dass Anerkennung für »Beachtung« und »Wahrgenommen werden« stand und hinter diesen der Wert »Angenommen sein«. Dieses Beispiel zeigt typisch eine Hierarchie und Verknüpfung von essenziellen und mittelbaren Werten untereinander.

Essenzielle Werte sind typischerweise durch einfache Worte zu beschreiben und Teil der Werte der »conditio humana«. Zu solchen Werten zählen unter anderem:

- Liebe
- Freiheit
- Sicherheit
- Wertschätzung als Mensch
- Frieden
- Entwicklung (Lernen)
- autonom handeln können
- verbunden sein
- Sinn erleben

Übung 11: Werte vertiefen – essenzielle Werte finden

Überlegen Sie jetzt für jeden Wert, den Sie aufgeschrieben haben, was er bedeutet, was möglicherweise hinter ihm steht.

- Warum ist Ihnen beispielsweise ein bestimmtes Gehalt oder die Position im Kreis Ihrer Kollegen wichtig?
- Weshalb achten Sie darauf, ausreichend Muße zu haben?

Diese Übung hilft Ihnen bei einer Unterscheidung von Mittel und Zweck. Wenn ein bestimmtes Einkommen für Sie hauptsächlich dazu dient, sichtbare Anerkennung zu erhalten, dann könnten Sie in ein anderes Berufsfeld mit etwas weniger Gehalt wechseln, wenn die Anerkennung dort in anderer Weise, aber sichtbar ausgedrückt wird. Sollte das Gehalt für Sie »Sicherheit« bedeuten, könnten Sie immer noch differenzieren, in welcher Weise genau, ab welcher Höhe und so weiter.

Lassen Sie Ihre »nicht essenziellen Werte« ruhig stehen, schreiben Sie aber jeweils den essenziellen Kernwert dazu und gruppieren Sie so Ihre Werte.

Manche Ihrer Werte sind vielleicht bereits auf der essenziellen Ebene formuliert, das heißt nicht ersetzbar. In diesem Fall können Sie überlegen, wie sich diese essenziellen Werte in den anderen Quadranten der Lebensrealität ausdrücken würden (siehe Übung 10). Wie übersetzt sich der individuelle Wert »Freiheit« eigentlich in der Kommunikation im Team? Und was bedeutet »Sicherheit« in Bezug auf Ihre objektiven Lebensbedingungen? Durch solche Fragen können Sie Ihr Wertesystem umfassend und gleichzeitig zentral auf die wesentlichen Aspekte beschränkt erheben.

Nun haben Sie Ihre Werte kennen gelernt. Haben Sie den Eindruck, dass Ihnen so manches klarer geworden ist? Ob beispielsweise ein Wertekonflikt mit der neuen Kollegin die eigentliche Ursache darstellt, auf die Ihr vages Unwohlsein der letzten Wochen zurückzuführen ist? Oder ob der Wunsch Ihres Partners, bald eine Familie gründen zu wollen, Sie Ihre weitere berufliche Laufbahn hat überdenken lassen – bei allem spielen Werte mit hinein.

Nun kommen wir zum vorletzten Punkt in der Wertearbeit, der Wertehierarchie. Und damit zur Auswahl von Werten.

Übung 12: Erstellen einer Wertehierarchie

Es gibt verschiedene Möglichkeiten, um Ihre Werte hierarchisch zu ordnen. Nicht alle Werte sind von gleicher Gewichtigkeit und je nach Coachingkontext von unterschiedlicher Relevanz. Spätestens wenn man die im Datenchart gemachten Angaben noch einmal Revue passieren lässt, tritt dieser Aspekt zutage. Das wird in Gesprächen mit Klienten immer wieder deutlich: »Stimmt, damals war mir nichts wichtiger als Verlässlichkeit. An deren Stelle ist Verbindlichkeit getreten und inzwischen kann ich gut damit leben, wenn jemand nicht ganz pünktlich ist oder eine Deadline knapp verpasst wird.«

Vielleicht haben Sie schon eine grobe Vorahnung, welcher Wert im Moment für Sie Priorität hat. Folgende Methoden gibt es, um eine Rangordnung zu erstellen:

- Markieren Sie mit roten Punkten (Klebepunkte oder roter Stift) die wichtigsten Werte in Ihrer Gesamtübersicht – insgesamt zehn oder wenn Sie in der Vier-Quadranten-Methodik gearbeitet haben (siehe Übung 10), fünf pro Quadrant, das heißt in Summe 20.
- Gehen Sie innerhalb der vier Quadranten durch die Werte: Welche können Sie noch clustern? Welcher Wert beinhaltet einen anderen? Belassen Sie etwa fünf Werte pro Quadrant.
- Oder: Erstellen Sie eine Rangliste durch Vergleiche.

Notieren Sie Ihre Werte auf Metaplan-Karten oder wahlweise großen Haftnotizen. Diese pinnen Sie entweder an die Wand oder legen sie gut sichtbar vor sich. Mehr als 20 sollten Sie nicht auswählen. Gehen Sie bitte intuitiv vor, wenn Sie diese Wertekarten nun in eine erste Reihenfolge bringen.

- Schauen Sie sich jetzt die beiden untersten Werte an und fragen Sie sich, welcher von beiden Ihnen in Ihrer jetzigen Situation (im Beruf) wichtiger ist. Der wichtigere Wert wandert anschließend eine Position nach oben und wird nach demselben Prinzip mit dem darüberliegenden verglichen.
- Gelangt ein Wert nach dem Vergleich eine Position weiter nach unten, muss er entsprechend mit dem darunterliegenden verglichen werden.
- Das führen Sie so lange fort, bis jeder Wert mit den benachbarten Werten verglichen wurde und einen endgültigen Platz erhalten hat.
- Davon nehmen Sie dann die ersten zehn Werte als Ihre »Top Ten«.

Sind Sie überrascht, was Ihnen im Leben beziehungsweise in Ihrer jetzigen Situation am wichtigsten ist? So wurde mir selbst einmal an der Entscheidungssituation, mich wieder selbstständig zu machen, bewusst, wie groß der Wert »Unabhängig meine Arbeitsumstände gestalten zu können« für mich ist. Er wurde zur Haupttriebfeder für mich, schließlich gemeinsam mit meinem Geschäftspartner ein Unternehmen vollständig zu verantworten. Dies ist für mich die beste Garantie, dass ich meine Arbeitsumstände wirklich selbst beeinflussen kann. Natürlich muss nicht jede Person, die den Wert »Unabhängigkeit« für sich ausgeprägt hat, Unternehmer/-in werden, aber bei vielen stellt dies eine Triebfeder dar. So auch bei Christina, die ihr eigenes Sozialunternehmen gründete, als ihr alter Arbeitgeber gegen ihre zentralen Werte verstieß.

Das Erarbeiten einer Rankingliste macht Werte nicht nur bewusster, sondern erleichtert das Treffen von Entscheidungen und erhöht die Wahrscheinlichkeit, die Weichen in die richtige Richtung zu stellen. Sollten Sie herausgefunden haben, dass ein bestehender Konflikt oder Ihr Wunsch zur Veränderung darauf zurückzuführen ist, dass Ihre persönlichen Werte wahrscheinlich von denen Ihres Arbeitgebers, Geschäftspartners oder Teams abweichen, müssen Sie diese eindeutig benennen. Vages Wissen reicht nicht, damit Sie in Ihrem Prozess weiterkommen und zur richtigen Entscheidung gelangen. Sie müssen den Dingen klar ins Auge sehen.

Die letzte Werteübung wird dies ganz deutlich machen: der Erfüllungsgrad Ihrer zentralen Werte.

Die Werteerfüllung

Abschließend finden Sie heraus, inwieweit sich die einzelnen Werte in Ihrer aktuellen Lebenssituation erfüllen. Man könnte auch sagen, wie diese Werte gelebt werden können. Bei vielen meiner Klienten stellt sich im gemeinsamen Gespräch heraus, dass das nicht in ausreichendem Maße geschieht oder »früher anders war«. Auslöser dafür können äußere Ereignisse sein, etwa der Umzug in eine andere Stadt oder weil es einen Wechsel im Unternehmen und dem direkten Arbeitsumfeld gegeben hat.

Mit der Methode der »Werteerfüllung« erfassen Sie für Ihre zentralen Werte den Grad der Abweichung des aktuellen Erfüllungsmaßes zum angestrebten. Denn daraus lässt sich eine ganze Reihe von Schlüssen ziehen. Wie viel »Zeit für Sport« haben Sie, wie viel brauchen Sie oder wünschen Sie sich? Was definieren Sie als »hundertprozentige Erfüllung«? Welchen Anteil machen »fachlich interessante Projekte« an Ihrem derzeitigen Arbeitsalltag aus, und wie viel müsste es sein, um Sie aus Ihrem Dornröschenschlaf bei der Arbeit wach zu küssen?

Übung 13: Werteerfüllung visualisieren mit dem Werterad

Zur Visualisierung der Werteerfüllung nutze ich das »Werterad«.[16]

Was Sie brauchen:

- eine Kopie des Werterades in DIN-A4- oder DIN-A3-Größe, wahlweise auch die Zeichnung des Werterades auf einem Flipchartpapier[17]
- eine überschaubare Anzahl von Werten

Arbeitsblatt »Werterad«

Name: .... Datum: ....

Thema: ....

....

....

....

....

Für die Arbeit mit dem Erfüllungsgrad von Werten ist es notwendig, eine überschaubare Zahl von Werten auszuwählen; es sollten maximal fünf bis acht Werte pro Quadrant sein, wenn Sie die Vier-Quadranten-Wertearbeit gemacht haben. Bewährt haben sich insgesamt 25 bis maximal 30 Werte. Die Auswahl kann intuitiv erfolgt sein oder mit einer der oben geschilderten Rankingmethoden wie der Wertehierarchie.

Das Werterad besteht zunächst einfach aus einem gezeichneten Kreis auf einem DIN-A4-Blatt. Innerhalb des Kreises sind die zwei Dimensionsachsen des Vier-Quadranten-Modells eingezeichnet (siehe Wertearbeit mit dem Vier-Quadranten-Wertechart). So wird der gesamte Kreis in vier gleich große »Tortenstücke« visuell aufgeteilt und markiert so die vier Quadranten der Lebensrealität aus der Wertearbeit. Wenn Sie nicht mit dem Vier-Quadranten-Modell gearbeitet haben, können Sie Ihre Werte einfach in beliebiger Reihenfolge in den Kreis einzeichnen.

In das Werterad tragen Sie die ausgewählten Werte ein. Dazu unterteilen Sie den Kreis in die notwendige Anzahl von »Tortenstücken«. In jedes »Tortenstück« schreiben Sie den Wert, entweder in die Fläche oder oben an den Rand des Kreises. Jetzt schauen Sie sich jeden Wert einzeln an und fragen sich: Zu wie viel Prozent ist dieser Wert derzeit in meinem Leben erfüllt?

- Bleiben Sie bei Ihrem subjektiven Empfinden – es gibt hier kein »objektives« Maß.

- Tragen Sie den Istzustand der Erfüllung als Prozentmarkierung in das »Tortenstück« ein.

- Nutzen Sie als Orientierung die eingezeichneten Hilfslinien im Werterad, die als zwei Innenkreise jeweils den Erfüllungsgrad ein Drittel (33 %) und zwei Drittel (66 %) markieren.

- Malen Sie den Füllstand aus. Bei 100 % wäre das gesamte Tortenstück vom Mittelpunkt bis zum Kreisrand ausgefüllt, bei 50 % nur zur Hälfte usw.

- Fragen Sie sich nun: Welchen Erfüllungsgrad wünsche ich mir für diesen Wert? (Das muss nicht 100 % sein!)

- Tragen Sie mit einer gestrichelten Linie (oder einer anderen Schattierung der Farbe) diesen Wunsch- oder Sollwert ein.

Wiederholen Sie diesen Vorgang für alle ausgewählten Werte. Zum Abschluss lassen Sie das ausgemalte Werterad auf sich wirken:

- Welche spontanen Gefühle und Gedanken haben Sie?
- Erlauben Sie sich, einen Wunscherfüllungsgrad zu definieren?
- Definieren Sie zunächst, wie Ihr Wunschgrad sein soll – Kompromisse können und werden Sie eventuell nachher ohnehin noch machen.
- Gibt es eine innere Stimme: »Aber das Leben ist doch kein Wunschkonzert?« Untersuchen Sie solche und andere Überzeugungen im Kapitel *Innere Mentoren und Saboteure.*

Auswertung Erfüllungsgrad von Werten – nächste Ziele

Eine erste Grundregel bei der Werteerfüllung ist, dass die Werte mit dem niedrigsten Erfüllungsgrad in der Regel die größte Beachtung und Aufmerksamkeit verdienen. Je nach Persönlichkeit und Situation besteht hier die höchste Spannung, die sich entweder als Motivation für Veränderung oder in Form von Frustration und Resignation äußert. Weiterhin können sich aus nicht oder wenig erfüllten Werten neue Coachingziele ergeben oder klare nächste Schritte. So wie bei meiner Klientin, die sich das Ziel setzte, zunächst ihre körperliche Fitness und Energie zu stärken, bevor sie sich ernsthaft auf die Suche nach einem neuen Job machte.

Die zweite Grundregel bei der Werteerfüllung ist noch wesentlicher: Nicht alle Werte müssen zu 100 Prozent erfüllt sein, damit wir zufrieden sind! Leicht abgewandelt formuliert: Nicht alle Werte können zu jeder Zeit hundertprozentig erfüllt sein. Unsere Werte haben ja auch unterschiedliche, zum Teil widersprüchliche Strebungen. Wer von Ihnen an die Babyphase der Kinder denkt, weiß, dass der Wert »ausreichend Schlaf« in dieser Zeit definitiv zu kurz kommt. Das Gegenteil gilt in diesem Beispiel für solche Werte, die mit der Erfüllung eines Kinderwunsches einhergehen. Diese Balance aus dem Erfüllungsgrad unterschiedlicher Werte sollte insgesamt stimmig sein für Sie und Ihr Umfeld, damit Sie zufrieden in Beruf und Privatleben sind.

Und es gibt Werte, die einen gewissen Erfüllungsgrad nicht unterschreiten dürfen, damit Sie sich in Balance fühlen und gesund bleiben. Ein gewisses Maß an Erholung und Regenerationszeit braucht jeder Mensch, um leistungsfähig zu bleiben, auch wenn sich der individuelle Erfüllungsgrad unterscheiden mag, den muss jeder für sich selbst festlegen. Zeit für soziale Kontakte gehört ebenso zu den Grundwerten und Grundbedürfnissen des Menschen wie das Streben, seinen Lebensunterhalt mit anständiger Arbeit zu verdienen. Niemand möchte von sich sagen müssen, dass er in einer Branche arbeitet, die auf schlechten Geschäftspraktiken beruht. In der Finanzkrise hat der Ansehensverlust des Bankengewerbes viele der dort arbeitenden Menschen auf der Werteebene sehr negativ berührt – und das wurde nicht dadurch aufgehoben, dass das Gehalt befriedigend geblieben ist. Wenn berufliche Verpflichtungen Grundwerte verletzen, kann es wirklich Zeit sein, etwas zu verändern.

Manchmal braucht es allerdings auch ein wenig Detektivarbeit, um herauszufinden, was sich hinter einem Wertedefizit eigentlich genau verbirgt. Bei einer meiner Klientinnen tauchte als zentraler individueller Wert »Entwicklung« auf. Diesen Wert empfand sie außerdem als zu wenig erfüllt. In Ihrem KAIROS-Datenchart wurde klar, dass sich die Klientin immer – oft unbewusst – berufliche Stationen gewählt hatte, die eine menschliche, fachliche oder führungsrelevante Entwicklung beinhalteten. Nun war sie auf einem Karriereplateau angekommen. Was genau sich aber jetzt noch in ihrem Leben »entwickeln« sollte, mussten wir erst noch bestimmen. In immer neuen Erkenntnisschritten konnten wir schließlich herausfiltern, dass es um nicht gelebte Kompetenzen ging, die schon eine längere Zeit brachlagen. Und nun war der Zeitpunkt, wo offensichtlich wurde: Entweder ich mache jetzt so weiter, dann wird dieser Teil von mir weiter brachliegen, oder ich ändere etwas. Die Problemlösung hätte auch die menschliche oder soziale Dimension betreffen können, zum Beispiel durch eine ehrenamtliche Tätigkeit. »Das mache ich, wenn ich mal in Rente bin«, war die Klientin zuversichtlich, denn auch dieser Aspekt von »Entwicklung« war für sie attraktiv.

Der nächste Schritt von Entwicklung in ihrem Leben war jedoch fachlicher Natur und lag im Lebensstrang des Berufslebens.

Resümee aus der Wertearbeit: Die Stunde der Wahrheit ...

Jetzt kennen Sie Ihr persönliches Wertesystem. Sie können Ihre Top-Ten-Werte benennen und für insgesamt etwa 20 Werte aus allen Lebensbereichen (Individuell und Kollektiv/Innerlich und Äußerlich) den Erfüllungsgrad benennen. Mit anderen Worten: Sie haben ein Gefühl für Ihre Werte entwickelt und sie in Beziehung zueinander gesetzt, sodass am Ende eine Wertehierarchie und die Werteerfüllung beziehungsweise -abweichung stehen. Daraus können Sie auch die nächsten Ziele für Ihre berufliche Weichenstellung ableiten. Damit die Schritte klar bleiben und fokussiert, rege ich für Ihr KAIROS-Biografie-Coaching an, dass Sie am Ende nur vier Ihrer Topwerte herausfiltern und zwar zwei für die »innerliche« Dimension und zwei für die »äußerliche«, die harten Fakten. Übertragen Sie diese in die dafür vorgesehenen Felder in der KAIROS-Gesamtauswertung. Am linken Rand finden Sie dort zwei Felder für die innerlichen Werte, am rechten Rand zwei Felder für die Werte, die sich auf die äußerlichen, objektiven Lebensbedingungen beziehen. Es ist absolut wichtig, dass Sie diese Werte auch mit einbeziehen. Denn nur so wird Ihre berufliche Veränderung real und bodenständig sein. Schließlich wollen Sie nicht in ein Wolkenkuckucksheim einziehen.

Die Auswahl Ihrer vier Werte hängt von Ihrer Fragestellung ab. Sie können auswählen:

- Vier Werte mit der größten Abweichung – als Motivation, dies zu verändern
- Vier Werte, die auf jeden Fall auch in Ihrer nächsten beruflichen Situation erfüllt sein müssen
- Vier Werte, die in Ihrer jetzigen Lebensphase eine neue, stärkere Rolle spielen sollen

Als abschließende Reflexion Ihrer Wertearbeit schauen Sie nun, was eine Erfüllung beziehungsweise Nichterfüllung eines Werts beeinflusst und verursacht. Gibt es einen konkreten Auslöser? Sehen Sie sich die Lebensstränge Ihres KAIROS-Datencharts an, das Ihre Gesamtsituation in dieser Lebensphase abbildet. Oder ziehen Sie Menschen aus Ihrem Umfeld hinzu, die Sie und die jeweilige Situation entweder gut kennen oder in irgendeiner Form involviert waren/sind. Diese Menschen sollten die Situation beurteilen können, dürfen allerdings in keinem Fall Teil oder Auslöser des Konflikts sein.

Horchen Sie also genau in sich hinein: Wie haben Sie sich gefühlt, als Sie zu diesem Buch gegriffen haben? Welcher Wertekonflikt steckte möglicherweise dahinter? Hatten Sie Lust auf etwas Neues? Vielleicht hatten Sie ja auch schon eine vage Vorstellung, wohin die Reise in Zukunft gehen könnte. Oder waren Sie genervt und ratlos, hatten das Gefühl, nicht weiterzukommen, gekoppelt mit latenter Unzufriedenheit und Ärger?

Wenn es einen Wertekonflikt mit anderen Personen gibt, machen Sie sich ruhig einmal die Werte anderer bewusst. Dabei können Sie ähnlich vorgehen wie bei der Ermittlung Ihrer eigenen Werte. Sie können dadurch beispielsweise Ihr Wertesystem mit dem Ihres Arbeitgebers vergleichen und mögliche Abweichungen ausmachen. Aus dem Ergebnis lassen sich für Sie wiederum konkrete Handlungsschritte ableiten, die Sie weiterbringen.

Erinnern Sie sich daran, dass ich zu Anfang dieses Kapitels die Wertearbeit auch als »Stunde der Wahrheit« bezeichnet habe? Nachdem wir uns einmal den Spiegel vorgehalten und Klarheit im Wertesystem geschaffen haben, ist das »vage Bauchgefühl« der Unzufriedenheit einer Klarheit gewichen: Ja, ich möchte wirklich wieder direkter mit Kunden arbeiten. Nein, ich will einfach nicht mehr 70 Stunden nur noch für die Firma da sein. Ja, ich will meinen MBA oder Doktortitel machen und ein Jahr Auszeit nehmen. Nein, ich werde die Raubritter-Firmenpolitik der neuen Geschäftsführung nicht mittragen. Lieber verdiene ich bei der Konkurrenz etwas weniger. Die aus der Wertearbeit folgenden Veränderungen liegen oft auf der Hand. Aber nicht immer ist es der richtige Zeitpunkt – der Kairos –, um diese Veränderungen jetzt sofort auch schon umzusetzen.

Dies werden Sie für sich im Auswertungsschritt der KAIROS-Rhythmusanalyse herausfinden. Und schließlich kann es auch generell in Ordnung sein, nach der Werteanalyse alles beim Alten zu lassen. Vielleicht fällt Ihnen bei der Abwägung der Werte auf, dass Ihre Lebenssituation in Summe gar nicht so schlecht ist. Es ist Ihr Leben, niemand drängt Sie, sich zu verändern.

Aus eigener Erfahrung weiß ich allerdings, wie belebend es sein kann, wenn man wieder Eigenverantwortung für seine volle berufliche Zufriedenheit übernimmt, aktiv handelt und motiviert mit den Vorbereitungen für den ersten Schritt beginnt. In Umbruchsituationen in meinem beruflichen Leben wurden auch mir selbst durch eine intensive Wertearbeit jeweils die notwendigen Ansatzpunkte offenkundig. Und es war eine regelrechte Wohltat, sinnvolle Ziele anzusteuern und mein eigentliches Potenzial auszuschöpfen.

Fallbeispiele: Die Werte von Christina, Stefanie und Thomas

Stefanie

Innerliche Werte:

1. »Anerkennung«. Derzeit ausreichend erfüllt – aber für die »falschen« fachlichen Tätigkeiten (Bilanzbuchhalterin statt Kommunikationstrainerin).
2. »Kommunikation in Gruppen verbessern helfen« – derzeit nur indirekt und wenig erfüllt.

Äußerliche Werte:

1. »Projekte mit dem Fachinhalt Kommunikation und Kultur umsetzen« – derzeit überhaupt nicht erfüllt!
2. »Materielle Sicherheit durch Festanstellung«. Derzeit erfüllt, soll auch im neuen Jobprofil Bestandteil sein. »Ich will keine freiberufliche oder selbstständige Trainerin sein«, weiß Stefanie ganz klar.

Thomas

Innerliche Werte:

1. »Wahrhaftigkeit« – Wahres nach außen bringen. War als Schauspieler eine Zeit lang erfüllt, jetzt aber stark untererfüllt (30%, soll auf 70%). »Im Filmbusiness geht es nicht mehr um die Charaktere, die man darstellt. Es geht nur um den Profit, den man damit machen kann.«
2. »Familienleben«. »Ich bin einfach ein »Family-Man«, sagt Thomas von sich. »Meine Arbeit muss sich da einpassen.« Ein Wert, der in Zukunft zu mindestens 80 Prozent erfüllt sein soll.

Äußerliche Werte:

1. »Sein Auskommen haben«. Das ist derzeit erfüllt und soll auch so bleiben. »Ich brauche keine Millionen auf dem Konto, aber ich möchte auch kein Hungerleider in idealistischen Theaterprojekten sein. Das mache ich dann lieber ehrenamtlich. Wenn ich etwas beruflich verändere, muss das auch meine Familie ernähren können.«
2. »Nachhaltig leben«. Für Thomas ist dieser Wert durch seine Lebensweise weitgehend erfüllt. Er würde allerdings auch jede berufliche Entscheidung daraufhin überprüfen, ob es hier zu unvereinbaren Gegensätzen kommen würde.

Christina

Innerliche Werte:

1. »Anerkennung für Leistung«
2. »Fairness«. Beide Werte sind durch den Konflikt bei ihrem Arbeitgeber unter die »tolerierbare Grenze« gefallen, so Christina.

Äußerliche Werte:

1. »Unabhängigkeit« (Entscheidungsspielräume durch die Position in der Organisation).

2. »Familie ernähren können«. Christina definiert sich ähnlich wie Thomas als Ernährerin der Familie. Ihr Hauptaugenmerk bei dem Gedanken, sich selbstständig zu machen, lag ganz klar auf einem »robusten Businessplan«. Daher engagierte sich Christina auch bei einem offiziellen Businessplan-Wettbewerb. »Ich will wissen, ob das, was mir vorschwebt, Hand und Fuß hat«, sagt die Sozialmanagerin.

Lebensthemen entdecken:
Vom roten Faden und von dem,
was *jetzt* aktuell ist

M it der Auswertungskategorie »Lebensthemen« beleuchten Sie ein Element, das in keiner anderen mir bekannten Methode des Karrierecoachings so angewendet wird. Es ist ein spezifisches Merkmal des KAIROS-Biografie-Coachings.

Lebensthemen sind psychische Wachstumsprozesse, die ein Mensch im Verlauf seiner Entwicklung in unserer westlichen Gesellschaft durchlaufen wird, allgemein und auch ganz individuell. Sie verbinden Sie ganz tief mit dem, worum es in Ihrem Leben »wirklich« geht, und sie können Sie auch bei Ihrer momentanen Berufsentscheidung in eine entscheidende Richtung weisen.

Woher kommt die Vorstellung, dass Menschen bestimmte »Lebensthemen« haben und bearbeiten? Letztlich gibt es mindestens drei Quellen und Wissenschaften, die sich damit beschäftigen: die Entwicklungspsychologie, die Soziologie und letztlich auch die Religionswissenschaften, die die großen Lebensthemen des Menschen seit vielen Jahrtausenden beschreiben. Auf den ersten Blick könnte es scheinen, als wenn Lebensthemen ausschließlich zur persönlichen Entwicklung gehören und nicht direkt etwas mit der beruflichen Orientierung zu tun haben. In meiner Erfahrung als Coach sind Lebensthemen jedoch gerade in beruflichen Umbruchphasen höchst bedeutsam. Sie können hilfreich sein, aber auch in die Irre führen, was den beruflichen Kurs angeht. Näheres dazu erfahren Sie im Kapitel *Die Berufungs- und die Karrierefalle.*

Wie oft haben wir uns schon gefragt, worum es bei einer Sache geht, was das eigentliche Anliegen ist. In Meetings mit Kollegen und Vorgesetzten, aber auch im privaten Bereich, wenn es etwa zur Aussprache kommt, fällt häufig die Aussage: »Das ist jetzt nicht das

Thema.« Man redet aneinander vorbei oder der Kern, der »Punkt« eines Sachverhalts ist noch nicht richtig erfasst. Ähnlich ist es, wenn Sie am Thema Ihres Berufslebens vorbeileben. Sie haben dann das Gefühl, etwas ganz Zentrales nicht zu verwirklichen. Andererseits ist es hochbefriedigend, »sein Thema zu finden«.

Bei Lebensthemen muss man differenzieren zwischen universellen Themen, die für alle Menschen mehr oder weniger relevant sind, und solchen, die ganz individuell in einzelnen Biografien vorkommen. Beide können die Berufsbiografie entscheidend prägen. Manche universelle Lebensthemen beziehen sich dabei ganz explizit schon auf den Lebensstrang »Beruf«, zum Beispiel »Eine berufliche Identität finden«, »Eine Existenz aufbauen«, »Ein Karriereplateau erreichen«. Andere Lebensthemen fußen eigentlich in den persönlichen Lebenssträngen, beeinflussen aber dennoch die Berufsbiografie. In den Biografien unserer Protagonisten Thomas und Christina sind es die Themen von Elternschaft und Familie, die ihren beruflichen Weg entscheidend mitprägen. Bei Stefanie ist das Thema der beruflichen Identititätsfindung bei ihrer ersten Jobwahl nicht gelungen; sie hat eher eine »berufliche Fassade« gewählt. Damals aus guten Gründen, aber nun kann es Zeit sein, dies zu ändern.

Folgend stelle ich Ihnen zunächst die Kategorien von Lebensthemen vor, die Sie in Ihrer Biografie finden werden, und zeige Ihnen, wie Sie sie aufspüren. Eine Beispielliste mit Lebensthemen finden Sie im Anhang. Wenn Sie gerne mit den Lebensthemen in Ihrem Alltag arbeiten möchten, empfehle ich Ihnen die Materialbox »Lebensthemen«, die Sie beim Coaching Center Berlin bestellen können (siehe Anhang »Literatur und weiterführende Adressen«).

Anthropologische und normative Lebensthemen Dies sind Lebensthemen, wie sie die Entwicklungspsychologie für Menschen der westlichen Industriegesellschaft gesammelt hat. Sie finden hier typische Themen, die Sie in Ihrem Leben bereits bewältigt haben oder die noch vor Ihnen liegen, zum Beispiel »Eigenständig werden« oder »Seine berufliche Identität finden«, »Eine Familie gründen«, »Kinder bekommen und versorgen«, später auch »Ein Erbe hinterlassen«, was nicht nur materielle Güter meint, sondern unter dem Stichwort

»Generativität« alles umfasst, was ein Mensch auch geistig und in Bindungen weitergibt.

Archetypische Lebensthemen Sie sind von der Tiefenpsychologie Carl Gustav Jungs abgeleitet, der Urbilder der menschlichen Kultur, eben sogenannte Archetypen, im Unbewussten aller Menschen benannte. Hier lassen sich Urthemen der Menschheit finden wie »Der/ Die Weise« mit dem Prinzip der Suche nach Weisheit, »Mütterlichkeit« beziehungsweise »Väterlichkeit«, das »Männliche« oder »Weibliche Prinzip« in jedem Menschen. Archetypische Figuren werden häufig in Märchen und Mythen ausgeformt, beispielsweise »Die Königin«/»Der König«, wenngleich die konkrete Art der Darstellung von Kultur zu Kultur variieren kann. Andere archetypische Aspekte wurden in neuerer Zeit durch die aufkommende Welle der Selbsterfahrung populär, zum Beispiel »Das innere Kind«.

Individuelle Lebensthemen Dies sind Themen, die ganz speziell Ihr Leben kennzeichnen und bestimmen. Hierin unterscheiden sich oft sogar Geschwister der gleichen Familie sehr. Individuelle Lebensthemen sind wie das Leitmotiv in einem Musikstück, das immer wieder in verschiedenen Tonarten anklingt, häufig über die gesamte Biografie hinweg.

Beispiele für solche individuellen Lebensthemen sind »Stetiger Wandel und Wechsel«, »Aufbrüche ohne Abschied«, »Immer als Erste aus einer Beziehung gehen«, »Flüchtlingskind«, »Verantwortung tragen müssen«, »Führung übernehmen«, »Früher Umgang mit Krankheit«. Diese Liste lässt sich beliebig fortsetzen.

Übung 14: Lebensthemen in der Biografie aufspüren

Im Coaching mit meinen Klienten nehme ich die Lebensthemen meistens schon beim Erzählen der Lebensgeschichte auf. Ich notiere sie auf Haftzetteln, während ich dem Coachee zuhöre, und hänge sie anschließend an die Pinnwand. Schauen Sie also bitte zunächst Ihre Stichwörter oder Aussagen an, die Sie nach dem Überblick Ihrer Biografie auf Haftzetteln notiert und neben dem Datenchart angebracht haben. Verbergen sich hier Lebensthemen? Gern können Sie auch noch einmal die Überschriften durchgehen, die Sie den einzelnen Lebensphasen gegeben haben. Was könnten in jeder Lebensphase Ihre Lebensthemen sein?

Im biografischen Coaching wird, wie bereits erwähnt, differenziert zwischen universellen Lebensthemen in der Entwicklungspsychologie sowie individuellen Lebensthemen. Es ist also normal, dass Sie manche Themen bereits durchlebt haben, etwa die erste Identitätsfindung in der Pubertät, die erste Berufswahl und eventuell auch die Frage nach dem Eingehen einer Lebenspartnerschaft. Für viele meiner Klienten ist es erleichternd, festzustellen, dass sie einiges im Leben bereits »abgehakt« haben. Folgende Fragen zum Aufspüren von Lebensthemen können Ihnen helfen:

- Sehe ich Themen, die sich für mich »erledigt haben«, die nicht mehr aktuell sind?

- Wiederholen sich bestimmte Situationen in meinem Leben immer wieder?

- Gibt es bei dem, was ich mache, oder bei den Menschen, mit denen ich mich umgebe, so etwas wie einen gemeinsamen Nenner?

- Was hat mich schon immer interessiert?

- Welche Frage ist seit jeher zentral?

Als Anregung können Sie jetzt einen Blick auf die Liste mit den Lebensthemen aus dem Anhang werfen. Viele meiner Klienten finden das in der Eigenarbeit hilfreich, um auf Themen zu kommen beziehungsweise diese in ihrem Datenchart zu entdecken.

Die Liste ist zweifach gegliedert, sowohl thematisch als auch zum Teil nach Lebensphasen, je nachdem, welcher Aspekt Sie gerade besonders anspricht. Daher sind manche Begriffe auch zweifach zugeordnet. Es gibt zum Beispiel typische Themen der Lebensphase ungefähr zwischen 30 bis 40, die sogenannte »Rush-Hour des Lebens«. In der Logik der Siebenjahresphasen sind dies die fünfte und die sechste Lebensphase von 28 bis 35 Jahre und von 35 bis 42 Jahre. Und es gibt eine Reihe von Lebensthemen, die alle mit dem Lebensstrang der Berufsbiografie zu tun haben.

Notieren Sie die »erledigten« und vor allem die aktuellen Lebensthemen auf Haftnotizzetteln und ordnen Sie diese jeweils einer Lebensphase in Ihrem KAIROS-Datenchart zu.

Lebensthemen in der Berufsbiografie: Auswertungsbeispiele

Unsere Lebensthemen prägen unsere Berufsbiografie häufig wie eine Signatur. Und manchmal möchten wir diese Signatur verändern. Im Kapitel *Innere Mentoren und Saboteure* wird es darum gehen, dass unerwünschte Lebensthemen in Ihrer Biografie entweder keinen Raum mehr einnehmen oder erheblich verändert werden.

Ebenso wichtig bei der Betrachtung der berufsbiografischen Lebensthemen ist die Vermischung von Lebensthema und Lebensstrang. Dazu kommt es, wenn ein Lebensthema der persönlichen Entwicklung, wie zum Beispiel »Seine Innerlichkeit entdecken«, »Bindungen eingehen« oder »Eigenständig werden«, sich unbemerkt in die Berufsbiografie einschleicht. Das kann gutgehen und eine neue Perspektive eröffnen, etwa als Heilpraktikerin, Ladenbesitzerin oder auch als Coach. Aber es kann auch ein Irrtum sein, sein Hobby oder ein aktuelles Bedürfnis zum Beruf zu machen. Geht das schief, sind Sie in die »Berufungsfalle« geraten. Näheres dazu finden Sie im gleichnamigen Kapitel. Auf den folgenden Seiten schildere ich Ihnen einige Beispiele, wie ich in Coachingfällen in der Auswertung mit Lebensthemen gearbeitet habe.

Auswertung universeller Lebensthemen der Berufsbiografie

Dass ein weiteres Lebensthema für sie hinzugekommen war, erkannte Christina, als sie vor ihrem biografischen KAIROS-Chart stand. Mit Anfang vierzig hatte sie die aussichtsreiche Bewerbung um den nächsthöheren Posten der Geschäftsführung zugunsten einer jüngeren Bewerberin verloren. »Ich bin eben kein ›Talent‹ mehr«, brachte sie es nicht ohne Bitterkeit auf den Punkt. Bis dahin war Christina oft die Jüngste oder eine Überfliegerin gewesen, egal auf welcher Position. Erstmals in ihrer beruflichen Laufbahn war sie jetzt übertroffen worden, noch dazu von einer jüngeren Mitbewerberin. Eine ganz neue Erfahrung für die ambitionierte und erfolgreiche Sozialmanagerin Christina, mit der sie lernen musste umzugehen. Berufliche Lebensthemen sind hier »Erstes Scheitern«, »Jüngere vorlassen« oder »Stagnation der Karriere«. Diese beruflichen Lebensthemen treffen typischerweise Berufstätige mit Anfang vierzig. Manchmal tritt dies auch schon früher ein, zum Beispiel in Branchen wie der Werbung, die extrem durch Jugendlichkeit dominiert werden. Für Christina stand fest, dass sie gehen wollte. Aber nicht im Zorn. »Man sieht sich immer zweimal«, sagte Christina, die außerdem einen ausgeprägten Wert von Fairness besitzt.

Im Coaching begaben wir uns mit Christina auf die Suche nach einer vergleichbaren Erfahrung, die sie in anderen Lebensbereichen erfolgreich gemeistert hatte und auf die sie in der jetzigen Situation zurückgreifen konnte. Und tatsächlich fand sich ein gelungener »Abschied« im Bereich ihres Privatlebens. Als ehemalige Leistungssportlerin im Hockey hatte Christina wegen ihrer Karriere schon mit 28 Jahren den Status als Semi-Profi aufgegeben. Ein Abschied, der ihr nicht leichtgefallen war, doch inzwischen konnte sie gut damit leben, dass sie danach nur noch an zwei Abenden der Woche in der Halle beim Training war. Und seit die Pflegekinder da sind, sagt sie, »bin ich nur noch Zuschauerin«.

Der Übergang zur Hobby-Hockeyspielerin war Christina gelungen; sie konnte ohne Bitterkeit zurückschauen. Gemeinsam erarbeiteten wir, welche Strategien sie dafür angewendet und auf welche Ressourcen sie dabei zurückgegriffen hatte sowie welche konkreten Schritte sie gegangen war. Wichtig war Christina zum Beispiel, dass sie ein sehr bedeutsames letztes Spiel mit ihrer Mannschaft gewonnen hatte: ein Highlight am Ende der Sportkarriere, das sie in ihrem KAIROS-Datenchart explizit als »Das letzte Spiel« erwähnte. Christina definierte für sich, was dieses »letzte erfolgreiche Spiel« in ihrer aktuellen Berufssituation sein könnte. »Ich will mich jetzt in dem aktuellen Projekt noch einmal richtig reinhängen. Ich will das als Erfolg übergeben. Und dann gehen«, beschloss Christina energisch. Vorher war sie eher demotiviert und lustlos mit diesem Projekt gewesen, nachdem Ihre Bewerbung abgelehnt worden war.

Kurz und bündig war die Auswertung der universellen Lebensthemen in der Berufsbiografie für Stefanie. Bereits in der Übung »Karriereanker« hatte sie ja erkannt, dass sie sich niemals bewusst und willentlich für ihre fachliche Ausrichtung im Controlling und Buchhaltungsbereich entschieden hatte. Das Lebensthema »Berufliche Identität aufbauen«, das meist zwischen 21 und 28 Jahren absolviert wird, war bei Stefanie in einer »beruflichen Notlösung« oder auch »Fassade« geendet. Mit dieser hatte sie sich zwar einige Jahre einigermaßen arrangiert. Aber durch den Kontakt mit ihrer wirklichen Begabung, dem Kommunikationstraining mit Gruppen, konnte sie diesem Thema nun direkt ins Auge sehen. Deutlich zeigte sich die Wahl zwischen »Fassade« oder »Authentizität«.

Auswertung archetypischer Lebensthemen

Archetypische Lebensthemen umfassen Aspekte wie: »Weisheit finden«, »Mütterlichkeit«/»Väterlichkeit«, »Das männliche und/oder weibliche Prinzip in sich leben«. Auf den ersten Blick mag es sich dabei um eher abstrakte Kategorien handeln; das heißt jedoch nicht, dass diese Themen eine untergeordnete Rolle spielen. Häufig lassen sie sich in Mythen, Dramen und heute in Filmen finden und diese auch in uns lebendig erfahrbar werden. Schon vor Jahren haben Figuren aus Dramen von Shakespeare Einzug in Führungstrainings gehalten. Zurückzuführen ist dieses Interesse darauf, dass in solchen Figuren typische und wichtige Krisensituationen sowie Ressourcen beispielhaft gebündelt zu sehen sind. Wenn man die Geschichten erzählt bekommt, kann man gut mit ihnen arbeiten, da sie einerseits nicht trivial sind und andererseits in der Bildlichkeit der Geschichte nachvollziehbare Lösungen abgebildet werden.

Ich habe die Erfahrung gemacht, dass sich nicht alle Coachingklienten dieser mythologisch-bildlichen Dimension öffnen können. Einen Versuch ist es jedoch in jedem Fall wert, denn durch sie werden diese Themen oft besser vermittelt als durch trockene Kompetenzlisten und Fragebögen. Lassen Sie sich also ruhig einmal inspirieren von Filmen und Erzählungen. Welche Lebensthemen entdecken Sie dabei auch für sich?

Tatsächlich ist es möglich, über bildhafte Geschichten auf die Charakterstärken einer Figur gezielt zuzugreifen und einzelne unterentwickelte Lebensthemen zu stärken. Biografisches Coaching bietet einen hervorragenden Boden, um solche Stärken und andere Kompetenzen im eigenen Lebensweg aufzuspüren und als Ressource neu zu aktivieren, wie das folgende Beispiel zeigt:

Robert arbeitete als Stationsarzt in einer orthopädischen Klinik. Durch den Wechsel der Pflegeleitung war es zu Spannungen auf der Station gekommen, für die er sich gegenüber dem ihm vorgesetzten Oberarzt verantworten musste. Allerdings hatte Robert das Thema »Konflikte führen« in seiner bisherigen Biografie nie besonders gut leben können. Zufällig las er kurz vor dem Gespräch einen Zeitungsartikel, in dem ein mythologischer Held erwähnt wurde, der ihm in seiner Jahrzehnte zurückliegenden Schulzeit schon einmal begegnet war. Diese Erinnerung förderte in dem Arzt neue Kräfte zutage, die er in der Auseinandersetzung für sich nutzte. Robert nahm nicht nur die aufrechte Körperhaltung des Helden ein, sondern auch dessen innere Haltung kam in ihm zum Vorschein. Dazu musste er nicht den Umweg über Verstand und Ratio nehmen. Durch sein verändertes Auftreten konnte er seinem Vorgesetzten überzeugend vermitteln, worauf die Dissonanzen im Team eigentlich zurückzuführen waren und was er brauche, um ein Thema effektiv zu lösen. Sein Umfeld war – das sagte er mit sichtbarer Genugtuung – vor allem völlig konsterniert, wie der bisher so zurückhaltend wirkende Robert mit einem Mal so durchsetzungsstark auftreten konnte.

Auswertung individueller und intergenerationaler Lebensthemen

Darunter zu verstehen sind in der Regel Varianten allgemeiner Lebensthemen, die eine sehr persönliche Prägung aufweisen und in der

Biografie des Einzelnen von großer Bedeutung sind. Von Erfahrungen, die damit einhergehen, ist eigentlich niemand ausgenommen; ich denke hier insbesondere an Themen wie »Abschied«, »Wandel und Wechsel«, »Früh Verantwortung tragen«, »Lernen aus Krankheit«. Immer wieder spielen solche Lebensthemen dann auch in der Berufsbiografie eine Rolle.

Individuelle Lebensthemen stellen auch sehr stark einen »roten Faden« in der Berufsbiografie her. So war es bei Thomas, als er das verbindende Thema fand zwischen seinem ersten Beruf, der Schauspielerei, und seinem neu gewählten Beruf, der Logopädie und der Sprecherziehung für Kindersynchronsprecher und Erwachsene. Sein individuelles Lebensthema, das er »Wahrheit zum Ausdruck bringen« nannte, ergänzt sich mit »Wahrhaftigkeit« als zentralem Wert von Thomas. Das findet sich in seinen beruflichen Entscheidungen wieder. Aufgewachsen in der DDR hatte der sensible Thomas schon in seiner Jugend bemerkt, dass es bestimmte Themen gab, die »nicht ausgesprochen werden durften«. Die Bühne bot gewisse Freiräume, solche Themen über Kunstfiguren zu transportieren. Diesen Figuren »wahrhaftigen Ausdruck zu verleihen« stellte für Thomas eine frühe Motivation dar, als er den Beruf des Schauspielers in Betracht zog. Zwei Jahrzehnte später erkannte er, dass nun wiederum dieses Lebensthema wunderbar in seinem neuen beruflichen Betätigungsfeld zum Ausdruck kam. »Heute unterstütze ich Menschen darin, dass Sie sich wahrhaftig und authentisch zum Ausdruck bringen können.« Der gemeinsame Bezugspunkt zu seinem zentralen Lebensthema befriedigte Thomas sehr. Er konnte die Kontinuität im Wechsel erkennen und sehen, dass er seinen zentralen Lebensthemen treu blieb.

Intergenerationale Lebensthemen

Eine Sonderform der individuellen Lebensthemen hat gerade in der letzten Zeit wieder mehr Aufmerksamkeit erhalten. Es sind sogenannte intergenerationale Lebensthemen, also Themen, die von einer Generation zur nächsten weitergegeben werden. Dies ist einerseits besonders relevant bei Familienunternehmen, denn manche Familienmitglieder fühlen sich gefesselt und geknebelt von solchen Vermächtnissen. Ebenso weitreichend sind die Lebensthemen der Generation, die noch Krieg und Vertreibung miterlebt hat. Mehrere Forschungsrichtungen haben sich in jüngerer Zeit mit der Frage befasst, wie solche traumatischen Erfahrungen als Lebensthemen auch an die Kinder- und Enkelgeneration weitergegebenen werden. Im Anhang finden Sie spezielle Literaturhinweise zu diesem Thema. Falls Sie, wie ich selbst, noch Eltern oder Großeltern haben, die von Krieg und Vertreibung betroffen waren, dann empfehle ich Ihnen, einmal zu untersuchen, ob manche Ihrer Lebensthemen eigentlich solche der vorigen Generation sind – und ob Sie dieses Päckchen nicht endlich ablegen können. Sollte sich ein wirkliches Trauma in Ihrer Familie ereignet haben, rate ich Ihnen, sich an darauf spezialisierte Therapeuten zu wenden.

Doch intergenerationale Lebensthemen können auch positiv wirken oder positiv verarbeitet werden. Ich selbst erlebe das so in meiner eigenen Berufsbiografie und sehe es auch in meiner Coachingpraxis des Öfteren. Manche Klienten nehmen ein Ehrenamt auf, um Themen der Eltern- und Großelterngeneration zu verarbeiten, zum Beispiel im interkulturellen Dialog mit Ländern aus dem Zweiten Weltkrieg.

Im Coaching wirkt die Benennung von Lebensthemen oft befreiend. Viele meiner Klienten sprechen von einem Gefühl der Klarheit, das für sie damit einhergeht, zu wissen, »worum es geht«. Vor allem wird oft deutlich, dass sich bestimmte Lebensthemen aus dem privaten Bereich auch auf den beruflichen Lebensweg übertragen. Oder dass gerade ein neues Lebensthema hinzukommt und ein Wechsel der Lebensthemen eintritt, wenn sich die Lebensphase ändert. »Erfolg zu haben, ist jetzt nicht mehr mein Thema«, sagte mir einmal eine sehr erfolgreiche Klientin. »Jetzt frage ich mich eher, was Erfolg eigentlich für mich bedeutet.«

Lebensthemen sind Weggefährten, Aufgaben und manchmal auch Ballast im Lebensrucksack. Unerledigte Lebensthemen fühlen sich an wie eine unerledigte Hausaufgabe des Lebens. Manche Karrierefrauen in meiner Praxis merken mit Ende dreißig, dass sie das Lebensthema »Partnerschaft/Bindung eingehen« unbewältigt mit sich herumschleppen. So ähnlich wie Stefanie, bei der sich dieses Thema zusammen mit der Kinderfrage langsam in den Vordergrund drängt. Mancher gestandene Manager trauerte in meiner Praxis schon einem verpassten offiziellen Abschluss eines Studiums nach oder der nicht gelebten »Zeit der Experimente«. Was immer es ist, das Sie bewegt, für Lebensthemen gilt: »Love it, leave it or change it.« Haken Sie Themen endlich ab oder starten Sie durch! Als ich mit Anfang vierzig merkte, dass eine Dissertation zu schreiben ein Lebenstraum und ein Lebensthema für mich war (auch eines meiner Familie, meines Vaters), das mich nicht losließ, legte ich einfach los. Manche hielten mich für verrückt. Andere, die mich kannten, meinten: Du musst das machen. Tatsächlich fühle ich mich heute »komplett«. Natürlich geht das Leben auch weiter, wenn man ein Lebensthema nicht bewältigt. Aber wenn Sie die Gelegenheit haben, etwas Aufgeschobenes nachzuholen, rate ich Ihnen dies zu tun. Sie werden an Energie gewinnen und an Selbstachtung.

Übung 15: Fazit der Lebensthemen

Schauen Sie sich nun noch einmal an, was Sie bisher an Informationen zu Ihren Lebensthemen zusammengetragen haben. Legen Sie besonderes Augenmerk auf die Lebensphasenwechsel, denn diese sind oft aufschlussreich. Haben Sie ein Lebensthema mitgeschleppt, unerledigt gelassen? Spukt Ihnen ein Traum noch durch den Kopf? Lassen Sie sich die unterschiedlichen Arten und Beispiele für Lebensthemen durch den Kopf gehen.

Fragen Sie sich:

- Welches Lebensthema oder welche Themen sind derzeit bei mir zentral?
- Finden sich Themen der persönlichen Lebensstränge im Berufsstrang wieder?

- Gibt es Themen, die ich nicht bewältigt habe, aber noch mit mir »rumschleppe« (zum Beispiel das Thema »Partnerschaft oder wirtschaftliche Unabhängigkeit«)?
- Gibt es energievolle Lebensthemen und solche, die meine beruflichen Pläne unterstützen?

Tragen Sie abschließend Ihre beiden zentralen Lebensthemen in Ihre KAIROS-Gesamtauswertung in die dafür vorgesehenen Felder ein.

Unsere Protagonisten beschäftigten zum Teil sogar mehr als nur zwei Themen. Sehr verwandte Themen sind daher zusammen aufgelistet:

Christina: Laufbahn-Plateau; Macht/Einfluss gewinnen wollen

Stefanie: Berufliche Identität (vs. Fassade)/Neustart; Ungewolltes Single-Leben/Partnerschaft eingehen

Thomas: Integration der Lebensstränge Familie und Beruf; Meisterschaft in Serie erwerben/Roten Faden finden in der Berufsbiografie

Zum Abschluss dieses Kapitels noch ein Tipp: Wenn Sie Interesse gefunden haben an der Beschäftigung mit Lebensthemen, möchte ich Ihnen empfehlen, sich diesen auch intuitiv und bildlich zu nähern:

- Lassen Sie sich von Bildern inspirieren, die Ihr Lebensthema darstellen: Postkarten, Werbefotos, Fotografien ...
- Sprechen Sie mit Gleichgesinnten: »Wie bist du mit XY umgegangen?«
- Lesen Sie Geschichten, Märchen, Mythen, aber auch Biografien von realen Persönlichkeiten, die Ihr Lebensthema durchlebt haben.

Solche Geschichten beinhalten einen Schatz an Haltungen, Werten und Handlungsstrategien für den Umgang mit zentralen Lebensthemen. Und viele davon sind eben universell, also betreffen uns alle früher oder später einmal. In der Literaturliste am Ende des Buches gebe ich einige Anregungen dafür.

Charakterstärken aufspüren:
Was mir hilft, voranzugehen

So wie jeder Mensch seine ganz eigenen Werte und Kompetenzen mitbringt, zeichnet er sich auch durch spezielle Charakterstärken aus. Wenn wir sagen, jemand habe »Charakter«, meinen wir damit etwas Positives, Starkes und ganz Typisches für eben diese Person. Neben Werten, Talenten und Kompetenzen, die wichtig für eine berufliche Neuorientierung sind, gibt es im Bereich der Persönlichkeit also auch noch die Charakterstärken eines Menschen. Dabei handelt es sich um die psychologischen Eigenschaften des Einzelnen, die unabhängig von der jeweiligen Kultur als Teil eines guten und wünschenswerten Charakters weltweit geschätzt werden (siehe Kasten). Zu solchen Charakterstärken gehören zum Beispiel Fairness, Durchhaltevermögen, aber auch Neugier, der Sinn für das Schöne und Exzellenz und soziale Intelligenz.

Wenn Sie eine berufliche Änderung planen, die Ihnen einiges an Mut und Kraft abverlangen wird, lohnt es sich besonders, sich mit Ihren Charakterstärken zu beschäftigen. Unsere Top-5-7-Charakterstärken (die Sie anschließend für sich gleich herausfiltern werden) sind nämlich so etwas wie der Treibstoff für unseren Veränderungsmotor. So untersuchten wir auch bei Stefanie sehr genau ihre Charakterstärken, damit sie ihre Kraftquellen anzapfen konnte, um ihren sicheren Job als Bilanzbuchhalterin aufzugeben und ihre wirklichen Kompetenzen in den Mittelpunkt ihres Berufs zu stellen.

Charakterstärken sind einerseits relativ stabile Faktoren unserer Persönlichkeit, andererseits können sie sich aber im Laufe des Lebens durch Erfahrungen entwickeln und verändern – und trainiert werden. Charakterstärken ähneln insofern den Kompetenzen mehr als anderen unveränderlichen Persönlichkeitsmerkmalen wie Introvertiertheit oder unseren angeborenen Motivationsfaktoren. Aller-

Die Positive Psychologie

Bei der Entwicklung der KAIROS-Methode habe ich unter anderem auf die wissenschaftlichen Erkenntnisse der Positiven Psychologie zurückgegriffen (nicht zu verwechseln mit dem »positiven Denken«). Ihren Vertretern geht es darum herauszufinden, welche Faktoren und Prozesse es dem Einzelnen und Gemeinschaften ermöglichen, ein »gutes« Leben zu führen und diese zu unterstützen. In einem weltweiten Forschungsprojekt zu individuellen Fähigkeiten trugen die Experten schließlich 24 Charakterstärken zusammen, die zu insgesamt sechs »Tugenden« gebündelt werden können: Weisheit und Wissen, Mut, Menschlichkeit, Gerechtigkeit, Mäßigung sowie Transzendenz.[18] Während die Tugenden als übergeordnete Kategorien eher abstrakt bleiben, lassen sich die zugeordneten Charakterstärken hingegen konkret im Verhalten beobachten.

dings liegen sie näher an dem Kern unserer Persönlichkeit als Kompetenzen, die wir hauptsächlich nur erlernen. Bei Charakterstärken können wir wohl davon ausgehen, dass manche uns eher »in die Wiege gelegt« sind als andere.

Der zweite Grund, warum die Beschäftigung mit Charakterstärken für Ihre berufliche Orientierung wichtig ist, liegt in den Berufsfeldern selbst. Ganz bestimmte Charakterstärken sind in bestimmten Berufszweigen häufiger als in anderen vertreten. Beispielsweise schreibt man Lehrern oft andere typische Merkmale zu als Ärzten, diesen wiederum andere als Vertriebsmitarbeitern und so weiter. Vergleichbar ist das mit Positionen und Titeln, die jemand im Laufe seines Lebens erreicht und erwirbt: Je nach Beruf und Branche muss man einfach etwas Bestimmtes mitbringen.

Übung 16: Charakterstärken »sichten«

Es hat sich herausgestellt, dass von den 24 Charakterstärken bei jedem von uns etwa fünf bis sieben besonders stark ausgeprägt sind. Man spricht auch von den »Signaturstärken« einer Person, also einer Art »persönlicher

Unterschrift«. In der ersten Übung lade ich Sie ähnlich wie bei den Kompetenzen ein, zunächst ganz intuitiv nach Ihren persönlichen Stärken Ausschau zu halten. Die folgenden kurzen Beschreibungen aller 24 Charakterstärken sind jeweils einer sogenannten »Tugend« zugeordnet. In der Überschrift ist für jede Tugend zunächst in einem Satz beschrieben, was sie als Gesamtes umfasst. Die Zuordnung wurde statistisch ermittelt, es spielt für diese Übung also keine Rolle, ob Sie gegebenenfalls eine Stärke unter einer anderen Überschrift einordnen würden. Entscheidend ist allein, ob Sie sich in den kurzen Beschreibungen wiederfinden. Markieren Sie in dieser Liste fünf bis sieben Stärken, die auf Sie besonders zutreffen oder notieren Sie sie auf einem separaten Blatt.[19]

1. **Weisheit und Wissen:** Kognitive Stärken, die den Erwerb und den Gebrauch von Wissen beinhalten

- Kreativität: neue und effektive Wege finden, Dinge zu tun
- Neugier: Interesse an der Umwelt haben
- Urteilsvermögen: Dinge durchdenken und von allen Seiten betrachten
- Liebe zum Lernen: sich neue Techniken und Wissen aneignen
- Weisheit: in der Lage sein, guten Rat zu geben

2. **Mut:** Emotionale Stärken, die mittels der Ausübung von Willensleistung internale und externale Barrieren zur Erreichung eines Ziels überwinden

- Tapferkeit: sich nicht Bedrohung oder Schmerz beugen, Herausforderungen annehmen
- Ausdauer: das zu Ende führen, was man begonnen hat
- Authentizität: die Wahrheit sagen und sich natürlich geben
- Enthusiasmus: der Welt mit Begeisterung und Energie begegnen

3. **Menschlichkeit:** Interpersonale Stärken, die liebevolle menschliche Interaktion ermöglichen

- Bindungsfähigkeit: Nähe unter- und zueinander herstellen können
- Freundlichkeit: anderen einen Gefallen tun und gute Taten vollbringen
- Soziale Intelligenz: sich der eigenen Motive und Gefühle sowie der anderer bewusst sein

4. Gerechtigkeit: Stärken, die das Gemeinwesen fördern

- Teamwork: als Mitglied eines Teams gute Arbeit leisten
- Fairness: alle Menschen nach dem Gleichheits- und Gerechtigkeitsprinzip behandeln
- Führungsvermögen: Gruppenaktivitäten organisieren und ermöglichen

5. Mäßigung: Stärken, die Exzessen entgegenwirken

- Vergebungsbereitschaft: denen verzeihen, die einem Unrecht getan haben
- Bescheidenheit: Erreichtes für sich sprechen lassen
- Vorsicht: nichts tun oder sagen, was später bereut werden könnte
- Selbstregulation: das eigene Handeln und Fühlen steuern

6. Transzendenz: Stärken, die uns einer höheren Macht näher bringen und Sinn stiften

- Sinn für das Schöne: Schönheit (und Exzellenz[20]) in allen Lebensbereichen erkennen und schätzen
- Dankbarkeit: sich der guten Dinge im Leben bewusst sein und sie wertschätzen
- Hoffnung: das Beste erwarten und alles dafür tun, es auch zu erreichen
- Humor: Lachen und humorvoll sein, andere gerne zum Lachen bringen
- Spiritualität: sinngebende, zusammenhängende Überzeugungen über einen höheren Sinn des Lebens haben[21]

Was denken Sie, nachdem Sie diese Liste von Charakterstärken angeschaut haben? Welche sind typisch für Sie? Kamen Ihnen bestimmte Situationen in den Sinn? Fielen Ihnen Momente ein – vielleicht sogar ein im Datenchart festgehaltenes Ereignis –, in denen Sie diese Charakterstärken eingesetzt haben? Wenn es wirklich Stärken von Ihnen sind: Sollte dies so sein?

Vielleicht haben Sie auch Bezugspunkte zu Ihren Kompetenzen gefunden. Tatsächlich fördern und verstärken sich Charakterstärken und Kompetenzen. Charakterstärken sind oft ein Teil unserer personalen Kompetenzen. Haben Sie die Charakterstärke Ausdauer ausgeprägt, weisen Sie wahrscheinlich eine personale Kompetenz auf, die man als Zähigkeit oder Hartnäckigkeit bezeichnen könnte. Falls Sie jetzt nach Ihrer Selbsteinschätzung bereits das Gefühl haben, dass Sie Ihre Top-5–7-Charakterstärken herausgefunden haben, können Sie sofort zu den beiden letzten Übungen in diesem Kapitel übergehen. Dort werden Sie Anregungen finden, wie Sie Ihre Charakterstärken in Ihrer beruflichen Orientierungsphase nutzen können.

Übung 17: Charakterstärken per Fragebogen ermitteln

Wenn Sie Ihre persönlichen Charakterstärken neben einer Selbsteinschätzung noch präziser ermitteln wollen, hat sich der Fragebogen VIA-IS (»Values-In-Action – Inventory of Strengths«) bewährt, der vom amerikanischen Values-In-Action (VIA) Institute entwickelt wurde. Die deutsche Version setze ich regelmäßig im Coaching ein. Sie können das VIA-IS ganz einfach online bearbeiten. Dazu nutzen Sie das Fragebogenportal des Psychologischen Instituts der Universität Zürich (www.charakterstaerken.org). Zunächst müssen Sie sich dort anmelden, dann einloggen und das VIA-IS auswählen. Der Zugang ist kostenfrei, demografische Daten wie Alter und Geschlecht dienen dazu, dass Ihre Ergebnisse in eine vergleichbare Stichprobe eingeordnet werden. Ihre Angaben bleiben anonym, und die Auswertung der anonymisierten Daten dient ausschließlich Forschungszwecken.

Zur Fragebogen-Durchführung: Der VIA-IS-Test umfasst in der ursprünglichen Langversion 240 Fragen, zehn für jede Charakterstärke. Eine kürzere Version wird demnächst ebenfalls auf Deutsch zur Verfügung stehen.[22] Die Fragen sind fast ausschließlich positiv formuliert, da sie ja positive Eigenschaften erfassen. Außerdem ist jeweils die volle Ausprägung angegeben, zum Beispiel »Ich helfe immer, wenn ich kann ...«, wie dies jemandem entspräche, der diese Charakterstärken voll entwickelt hat. Sie können jeweils auf der Zahlenskala Ihre individuelle Ausprägung ankreuzen. Zögern Sie jedoch nicht, einer Formulierung auch ganz zuzustimmen, wenn eine

Stärke bei Ihnen ganz ausgeprägt ist! Besonders wenn bei Ihnen die Charakterstärke Bescheidenheit in hohem Maß vertreten ist, wird es Ihnen vielleicht nicht leichtfallen, sich selbst so positiv einzuschätzen!

Erlernt oder wirklich »meins«? Signaturstärken versus erlernte Stärken

Nun kennen Sie also laut Testergebnis (oder Selbsteinschätzung) Ihre Charakterstärken. Schauen Sie auf die ersten fünf bis sieben Stärken. Finden Sie sich darin wirklich wieder? Wie schon bei der Analyse Ihrer Kompetenzen ist es nun wichtig, diejenigen Stärken herauszufiltern, die wirklich ein typischer Teil von Ihnen sind. Daneben gibt es auch Stärken, die wir nur »erlernt« haben, wenn zum Beispiel in unserer Familie Mäßigung gefordert war, wir selbst aber eher der Draufgängertyp sind. Oder Sie haben einen Beruf, der ständig eine bestimmte Charakterstärke erfordert. Wenn jemand zum Beispiel an der Hotelrezeption arbeitet, wo Gäste Freundlichkeit erwarten, heißt dies noch lange nicht, dass die Person tatsächlich ein freundliches Gemüt hat. Es kann sich auch um eine rein erlernte Stärke handeln. Sind Ihnen nicht auch schon solche Servicekräfte begegnet, denen man deutlich anmerkt, dass sie ihre Freundlichkeit nur einsetzen, weil ihr Beruf es erfordert? In Wahrheit ermüdet es solche Menschen jedoch, immer nett, höflich und zuvorkommend zu sein. Andere jedoch scheinen im Servicegedanken völlig aufzugehen, sie brennen regelrecht darauf, ihre Freundlichkeit zu demonstrieren, und ziehen Energie daraus.

Die wirklichen Kernstärken eines Menschen nennen wir auch Signaturstärken. Sie sind vergleichbar mit der persönlichen Unterschrift. Signaturstärken äußern sich im Handeln und werden nicht nur angestrebt wie etwa Werte. Auch andere Personen nehmen diese Stärken an uns wahr. Und umgekehrt können wir bei anderen Menschen solche Stärken als »typisch« wahrnehmen. »Mir anzubieten, einen Kaffee aus der Kantine mitzubringen, ist typisch Susanne. Nie würde sie in die Cafeteria gehen, ohne mich vorher gefragt zu haben.

Wie aufmerksam!«, – so oder ähnlich haben Sie vermutlich auch schon einmal von einer Kollegin oder einer Freundin gedacht.

Dieses Beispiel zeigt, dass Stärken nicht nur gut, sondern auch gern eingesetzt werden. Zudem sind sie situationsübergreifend, werden oft quasi automatisch angewendet. Und das an manchen Abenden unbefriedigende Gefühl, der Tag sei einfach so verstrichen, ist darauf zurückzuführen, dass man seine Stärken nicht zum Einsatz gebracht hat. So ein Tag ist dann »ein verlorener Tag«, man hat das Gefühl, dass man nicht richtig gelebt hat. Es mag sein, dass Sie genau dieses Gefühl in Ihrer aktuellen beruflichen Situation verspüren. Letztlich möchten Sie die Weiche im Beruf neu stellen, weil Ihre Stärken derzeit zu kurz kommen. Denken Sie an Stefanie, die über soziale Intelligenz, Enthusiasmus und Neugier verfügt, aber diese Stärken zählen wenig in ihrem Hauptberuf oder werden bestenfalls als »nice to have« wahrgenommen. »Typisch Stefanie«, schmunzelt ihr Chef, wenn die Bilanzbuchhalterin ein Meeting einberuft, um Begeisterung für die neueste Prozessänderung im Team anzufachen.

Es ist natürlich schade, wenn unser derzeitiger Beruf unseren Charakterstärken wenig Raum einzuräumen scheint. Andererseits können Sie durch die konsequente und bewusste Nutzung Ihrer Charakterstärken Ihre Zufriedenheit jeden Tag auch jetzt schon steigern. Dazu bieten Ihnen die Übungen 19 und 20 noch einige Anregungen.

Übung 18: Signaturstärken ermitteln

Mithilfe des Fragebogens (oder in der Selbsteinschätzung) haben Sie bereits Ihre Stärken ermittelt. Jetzt geht es um die Unterscheidung zwischen wirklichen und rein erlernten Charakterstärken. Darum, herauszufinden, welche Ihnen wirklich entsprechen, also Ihre Charakterstärken sind, und welche Sie erlernt haben.

Sie brauchen:

- Die Rangfolge Ihrer Charakterstärken
- Ihr KAIROS-Datenchart

Gehen Sie die Top-5–7-Stärken, also die potenziellen Signaturstärken, einzeln durch. Wenn nötig, können Sie hier auf die Kurzbeschreibung der Stichwortliste zurückgreifen.[23] Untersuchen Sie nun, inwieweit Sie diese Stärke in Ihren Handlungen erkennen. Dabei helfen Ihnen folgende Fragen:

- Wie genau setzen Sie die Stärke in unterschiedlichen Situationen ein?
- Setzen Sie diese Stärke gern ein?
- Schöpfen Sie regelrecht Kraft daraus, diese Stärke einzusetzen?
- Setzen Sie diese Stärke situationsübergreifend, oft, quasi »unvermeidlich« ein?
- Würden auch andere Personen diese Stärke als typisch für Sie bezeichnen?
- Könnten Sie die Stärke eher »gelernt« haben?
- Ist diese Stärke sehr geschätzt/wenig geschätzt in Ihrem Umfeld?

Die beiden letzten Fragen sind besonders bei Stärken des Tugendclusters »Mäßigung« wichtig. Denn solche Stärken werden zum Teil durch das Umfeld entweder besonders gefördert, sind dann eher erlernte Stärken oder im Gegenteil auch zensiert. Ich erinnere mich an eine Klientin, die »Vorsicht« als eine ihrer Signaturstärken wenig akzeptieren konnte, weil dieser Charakterzug in ihrem gesamten Umfeld als »uncool« galt. »Aber irgendwie bin ich nun einmal eine eher vorsichtige Person«, gestand sie zögernd ein. Stehen Sie dazu, wenn Sie über solche wenig »sexy« erscheinenden Charakterstärken verfügen. Charakterstärken müssen nicht unbedingt immer gut ankommen – und sind dennoch anerkannte Tugenden! Stärken lassen einen Menschen nicht in jedem Umfeld unbedingt attraktiv erscheinen, können aber trotzdem zur Persönlichkeit gehören.

Übernutzung und Unternutzung von Charakterstärken

Manchmal ist es aber auch einfach »zu viel des Guten«. Es ist tatsächlich nicht auszuschließen, dass Sie eine Ihrer Stärken zu einseitig oder nicht im Kontext adäquat nutzen. Humor ist eine Stärke, doch Humor ausgerechnet bei der Beerdigung von Onkel Otto offen anzubringen vielleicht eine andere Sache. Zeichnen Sie sich beispielsweise durch Authentizität (Ehrlichkeit) aus, so kann es im Job dennoch unangemessen sein, dem Chef direkt auf den Kopf zuzusagen, was Sie von seiner Micky-Maus-Krawatte oder von dem neuen Projekt wirklich halten. Man spricht dann von Übernutzung einer Stärke. Es fehlt dann häufig auch an der notwendigen Balance zwischen zwei komplementären Charakterstärken. Christina war ein gutes Gegenbeispiel dafür, wie man durch die Kombination von Stärken solche Einseitigkeiten vermeidet. So wird ihre »Authentizität« balanciert durch »soziale Intelligenz« und »Urteilsvermögen«. »Ich habe keine Scheu, offen meine Meinung zu sagen«, meint Christina, »aber im beruflichen Kontext ist es einfach oft besser, auf die langfristige Beziehung zu schauen und dem Gegenüber nicht sofort jeden Eindruck gleich eins zu eins ins Gesicht zu schleudern.«

Umgekehrt gibt es die Unternutzung von Charakterstärken. Sie ist gegeben, wenn Umfeldbedingungen dazu führen, dass ein Mensch einige seiner Stärken nicht voll nutzen kann. Da Sie vermutlich derzeit beruflich unzufrieden sind, könnte dies bei Ihnen der Fall sein. In diesem Fall habe ich einen Tipp für Sie: Nutzen Sie zumindest Ihre drei ausgeprägtesten Stärken jeden Tag ganz bewusst. Dies wird für Sie bereits Ihre jetzige Aufgabe wieder attraktiver machen.

Abschließend möchte ich Ihnen zwei weitere Übungen für die Nutzung ihrer Charakterstärken mitgeben. Erinnern Sie sich daran, dass ich eingangs in diesem Kapitel gesagt habe, dass Charakterstärken besonders für die Phase der beruflichen Orientierung selbst wichtig sind, weil sie in Phasen der Veränderung unseren Treibstoff darstellen.

Übung 19: Nutzung von Signaturstärken in der beruflichen Orientierung

Im Coaching führe ich eine Abschlussreflexion der VIA-Charakterstärken beziehungsweise Signaturstärken durch; danach erstellen meine Klienten für sich einen konkreten To-do-Plan. Sie können diese Schritte hingegen allein machen. Auch hier bietet es sich an, die gewonnenen Erkenntnisse schriftlich festzuhalten.

Mit den folgenden Fragen fokussieren Sie zunächst darauf, wie Sie Ihre Signaturstärken noch wirkungsvoller nutzen können:

- Wie kann ich meine Stärken auf neue, andere Weise als bisher noch nutzen (in neuen Situationen und Kontexten, auf andere Art und Weise, zum Beispiel schriftlich statt verbal, in Gruppen statt allein oder zu zweit etc.)?
- Welche Kombinationen von Stärken kann ich nutzen, um meine Schritte bei der beruflichen Orientierung voranzutreiben?
- Welche neuen Stärken habe ich kennen gelernt? Welche sind/waren mir ganz fremd (zum Beispiel wenn ich sie bei anderen Personen erlebe)? Besteht bei mir eine Neugier auf diese Stärken?

Die letzten beiden Fragen waren besonders für Christina interessant. Sie gab zu, manche »weichen« Charakterstärken bei anderen Menschen nicht so gut würdigen zu können. »Ich neige dazu, Menschen schnell als ›Weicheier‹ oder ›Schöngeister‹ abzutun. Meine Frau macht mich öfter mal kritisch darauf aufmerksam.« Christinas Top-5-Charakterstärken: Mut, Authentizität, soziale Intelligenz, Urteilsvermögen und Durchhaltevermögen.

Zunächst erbrachte für Christina die Charakterstärkenanalyse eine ähnliche Bestätigung wie die Kompetenzanalyse: In puncto Selbstständigkeit war sie gut ausgerüstet. Allerdings wurde ihr auch bewusst, dass sie zur Übernutzung der eher »härteren« Charakterstärken Mut, Authentizität und Durchhaltevermögen neigte. »Ich bin halt eine Hockey-Frau, die weiß, wie man abräumt, was kann ich sagen?«, lachte sie. Aber als zukünftige Unternehmerin würde sie wesentlich mehr Führungsaufgaben übernehmen müssen und Mitarbeiter auswählen, motivieren und halten müssen. Christina wurde klar, dass ihr ein sofortiges Trainingsprogramm in »sozialer Intelligenz« nicht schaden konnte. Kombiniert mit ihrem »Urteilsvermögen« konnte sie zu ausgewogenen Entscheidungen in Beziehungen kommen, die nichts mit »Weichheit« zu tun hatten – ein Aspekt, der ihr einfach nicht lag. Christina beschloss, vom nächsten Tag an alle Übungssituationen in »sozialer Intelligenz« mit Kollegen und Geschäftspartner zu nutzen. »Warum erst darauf warten, bis ich Mitarbeiter habe?«, sagte sie zu Recht.

Zum Abschluss der Arbeit mit Ihren Charakterstärken lade ich jetzt auch Sie ein, konkrete Commitments, das sind Handlungsaufforderung an sich selbst, aufzustellen.

Übung 20: Einen Stärkenplan aufstellen

Der folgende Entwurf Ihres Stärkenplans setzt sich aus mehreren kurzen Einzelübungen zusammen. Die Umsetzung kann auf einen mittelfristigen Zeitraum bezogen sein, zum Beispiel die kommenden drei Wochen. Allerdings sollten Sie konkret notieren, womit Sie in den nächsten 48 Stunden als erste Aktion starten möchten. Aus der Verhaltenspsychologie wissen wir, dass die ersten 48 Stunden nach einem »guten Vorsatz« darüber entscheiden, ob wir einen Vorsatz überhaupt umsetzen oder er im Sande verläuft. Schreiben Sie also Ihre Schritte auf. Insbesondere wenn am Ende eines Prozesses wie diesem ein Vorsatz oder fester Plan steht, wird er dadurch verbindlicher. Ich persönlich finde es immer schön und befriedigend, ein konkretes Ergebnis vorliegen zu haben.

Überlegen Sie bitte als Erstes, in welchen Situationen Ihre Signaturstärken in den kommenden Tagen oder der nächsten Woche hilfreich sein könnten und notieren Sie sich das. Notieren Sie sich dann, wie Sie die Signaturstärke nutzen werden.

Übung 21: Übungen aus der Positiven Psychologie

Die folgenden beiden Übungen sind Klassiker aus der Forschung der Positiven Psychologie, die eine allgemein gute Wirkung auf Ihre Effektivität und auf Ihr Wohlbefinden haben werden.

1. Nutzung von Neugier in einer nicht angenehmen Aufgabe, Situation oder gegenüber einer für uns unangenehmen Person. *Anmerkung:* Stärke »Neugier«. Interesse an der Umwelt zu haben hilft besonders, unangenehme Aufgaben besser und schneller zu erledigen und dabei noch zu lernen. Diese Übung war besonders für Christina hilfreich, um Interesse an Personen zu finden oder zu behalten, die sie eigentlich schnell ablehnte. *Ideen:* Notieren Sie im ersten Schritt, worauf Sie Ihre Neugier richten können. *Was ich tun werde:* Notieren Sie eine Aktion in den kommenden 48 Stunden.

2. »Three good things«: drei gute Dinge des Tages aufschreiben, über drei Wochen. *Anmerkung:* Stärke »Dankbarkeit«. Diese Übung erhöht das Wohlbefinden für drei Wochen dauerhaft.

Übung 22: Sich von Bildern, Filmen und Romanen inspirieren lassen

Eine weitere sehr wirksame Übung, weil sie bildhafte Methoden mit unseren Stärken verbindet: Lassen Sie sich auch von Bildern, Filmen und Romanen inspirieren. Eine meiner Klientinnen assoziierte spontan im Coaching Charakterstärken mit den Eigenschaften von Filmfiguren oder Fantasyromanen. Tatsächlich hat ein Vertreter der Positiven Psychologie Filme daraufhin untersucht, welche Charakterstärken die Filmhelden verkörpern.[24]

Überlegen Sie: Welche Filme oder Romane könnte ich mir zur Inspiration in den nächsten drei Wochen ansehen?

Fallbeispiele: Die Charakterstärken von Stefanie und Thomas

Zum Abschluss präsentiere ich Ihnen noch, was unsere Protagonisten Thomas und Stefanie nach der Analyse ihrer Charakterstärken umsetzten.

Thomas half die Analyse dabei, mehr Frieden mit seinem Abschied von der Schauspielwelt zu finden. Seine Top-3-Stärken: Authentizität und soziale Intelligenz (zwei Stärken, die er mit Christina gemeinsam hat) sowie Dankbarkeit. Bei seiner dritten Stärke machte es »klick«. »Statt damit zu hadern, dass ich von einem ›Traumberuf‹ Abschied nehmen muss, liegt es mir eigentlich viel mehr, dankbar für alles zu sein, was ich erleben durfte, und dann weiterzugehen.« Mit Blick auf sein KAIROS-Datenchart fuhr er fort: »So habe ich das beim Abschied von der DDR gemacht und beim Abschied von zu Hause und tatsächlich auch bei jedem Abschied in einer Beziehung, bis ich meine Frau traf. Hinterherweinen ist gar nicht mein Ding«, erkannte Thomas, lächelte und führte mit Begeisterung die Übung »Three good things« für drei Wochen durch.

Stefanie machte nach der Analyse ihrer Charakterstärken ganz bewusst Gebrauch davon, um ihr potenzielles Arbeitsfeld zu explorieren. Sie fühlte sich bestärkt darin, dass die Charakterstärken Enthusiasmus, Neugier und soziale Intelligenz wirklich nicht nur »typisch« für sie waren, sondern sehr nützlich für den Trainerberuf. Und nicht nur geduldete »Eigenheiten«, wie ihr jetziger Chef das wohl sah. In der Orientierungsphase setzte Stefanie ihre Charakterstärken konkret dazu ein, mit viel Neugier sich über alle Aspekte des Trainerberufs zu informieren; dazu setzte sie sich jede Woche einen festen Recherchetermin. Ihr Enthusiasmus befeuerte sie derart, dass sie meist viel mehr Zeit als geplant damit verbrachte.

Mit viel Fingerspitzengefühl – ihrer sozialen Intelligenz – ging Stefanie vor, um den Kontakt mit dem Trainingsinstitut aufrechtzuerhalten, bei dem sie als interne Co-Trainerin mitgearbeitet hatte. Über zwei soziale Netzwerke blieb sie in Kontakt, chattete über alle möglichen Themen und gab immer wieder selbst auch gute Tipps in Bezug auf Ihre Branche oder »Finanzer« als Zielgruppe von Trainings. Sie machte Essenstermine mit den Trainern, wann immer diese in ihrer Gegend waren. Langsam und ohne aufdringlich zu wirken, brachte sie in Erfahrung, wie die Bedingungen für eine Aufnahme in die Firma waren. Zunächst war sie erschrocken über manche Hürden, zum Beispiel den eigentlich notwendigen Studienabschluss, der ihr fehlte. Ihre Neugier ließ sie nach Ausnahmen von der Regel forschen, und tatsächlich fand sie heraus, dass Branchenerfahrung mindestens ebenso viel wie ein Studienabschluss zählte. Kaum ein Trainer konnte in ihrer Branche so viel Kenntnisse aus erster Hand mitbringen wie sie, noch dazu mit Führungserfahrung. »Solche Leute sind bei uns Gold wert«, verriet ihr eine Beraterin bei einem Mittagessen, »die meisten von uns sind doch richtige Inzuchtgewächse und haben außer Beratung und Training wenig andere Erfahrung.« Stefanie fasste sich ein Herz und eröffnete einer Trainerin, der sie vertraute (erinnern Sie sich an Stefanies Kompetenz der Menschenkenntnis), dass sie sich vorstellen könnte, auch einmal Vollzeit als Trainerin zu arbeiten. »Dann komm doch mal vorbei und führ ein Gespräch mit meiner Vorgesetzten«, war die prompte Antwort, »ich glaube, wir suchen gerade wieder jemanden.« Stefanie wurde ein wenig blass. So schnell?

Womit wir beim letzten Schritt der KAIROS-Biografie-Analyse angelangt wären: der Frage nach dem eigenen Rhythmus.

Den eigenen Rhythmus erkennen: Von günstigen und anderen Momenten

D as ist doch eigentlich seltsam: Als die Trainerin ihr sagte: »Komm doch vorbei, sprich einmal mit meiner Chefin über eine Stelle«, zögerte Stefanie – das geht so schnell! Ist diese Reaktion ernst zu nehmen oder einfach nur unbegründete Angst?

Ein ähnliches Zögern fühlte Tanja, eine Vertriebsmanagerin, mit der ich im Coaching zum Thema Führung gearbeitet hatte. Ihr bot sich plötzlich zwei Jahre früher als ursprünglich vorgesehen eine Aufstiegsmöglichkeit zur nächsten Führungsebene. Vom Kopf her sprach vieles dafür, diese Stelle anzunehmen: Doch etwas in Tanja schien dagegen zu sprechen, auf das frühzeitige Angebot einzugehen, ihr Bauchgefühl sagte: »Nein.«

Kairos heißt, das Richtige zum richtigen Zeitpunkt zu tun. Natürlich steht es jedem frei, sich gegen seinen Lebensrhythmus zu entscheiden und berufliche Veränderungen auch gegen das eigene Bauchgefühl anzugehen. Manchmal mutet einem das Leben auch einfach Veränderungen zu, auf die wir nicht immer Einfluss haben. Leichter wird das Leben allerdings, wenn wir in unseren eigenen Fluss kommen. Genau das meint es, dem KAIROS-Prinzip zu folgen.

Das KAIROS-Prinzip zu kennen, hilft auch, mit vermeintlichen Verzögerungen ins Reine zu kommen. So saß ich einmal am Ende eines mehrstündigen Coachingprozesses mit einer Klientin vor ihren Ergebnissen und wir waren beide ein wenig unzufrieden mit dem Stand der Umsetzung von nächsten Schritten. Wir hatten viel herausgefunden, was für die Klientin zentral wichtig war. Sie wusste, welches Berufsprofil und welche Arbeitsform »eigentlich« richtig für sie waren. Aber so recht ins Handeln kam sie nicht. »Ich fühle mich so ›dazwischen‹«, meinte sie. »Ich bin mir sicher, dass ich etwas verändern werde, aber irgendwie gerade jetzt nicht. Und das macht mich auch etwas ungeduldig.« Ich schlug ihr vor, dass wir noch einmal einen Blick auf ihre Lebensrhythmen werfen könnten. Vorher waren andere Auswertungsschritte in ihrem KAIROS-Coaching wichtiger gewesen, doch nun war der Moment gekommen, in dem die Rhythmusanalyse vielleicht eine Einsicht bringen konnte, die bisher fehlte. Der Methode folgend (die Sie gleich noch durchgehen werden) untersuchte die Klientin jedes ihrer sieben Zyklusjahre über ihre gesamte Biografie nach den Gemeinsamkeiten, die ein Zyklusjahr aufwies, das erste, das zweite und so fort. Für jedes Jahr fand sie passende Namen. Wir schauten in ihr aktuelles Zyklusjahr, es war das zweite des Siebenerzyklus. Und dann hatten wir es schwarz auf weiß: Als typisch für dieses zweite Zyklusjahr über alle Lebensphasen hinweg identifizierte meine Klientin den Begriff »Dazwischen«. »Das ist ja schon ein wenig unheimlich«, meinte sie. »Ist das bei anderen Ihrer Klientinnen auch so, dass das Leben in solchen Rhythmen verläuft?«

Tatsächlich erlebe ich häufig, dass sich Lebenszyklen wiederholen. Das Leben, wenn man es denn fließen lässt, scheint sich in spezifischen, individuellen Rhythmen einzupendeln. Auf Jahre des Aufbruchs folgen Jahre der Ruhe. In manchen Zyklusjahren stehen berufliche Veränderungen im Vordergrund, in anderen sind es eher private Wachstumsphasen.

Ich habe vor vielen Jahren meine eigenen Lebensrhythmen selbst analysiert, als ich mit einem inzwischen vergriffenen Biografiebuch gearbeitet habe.[25] Ich war davon fasziniert, zu erleben, wie sich aus der Vielzahl meiner biografischen Fakten ein Muster, ein Rhythmus herauskristallisierte. Daraus ergab sich ein Gefühl von Ordnung und von Eingebundensein. Brüche in diesem Rhythmus erklärten recht genau mein Unbehagen in früheren Situationen – manche Ereignisse kommen eben zur »Unzeit«. Unser Leben mit anderen Menschen, Organisationen und der Gesellschaft entspricht eher dem, was man in der Musik Polyrhythmik nennt. Ein Polyrhythmus ist »eine Schichtung von Rhythmen von gleicher Gesamtdauer; er erlaubt die Darstellung komplexer musikalischer Zeitstrukturen im allgemeineren Sinn des Rhythmus«[26]. Eine solche komplexe »Schichtung« stellt wohl auch unser Leben dar. Wenn Sie eine Entscheidung wie Ihren beruflichen Wechsel jedoch selbst beeinflussen können, dann ermuntere ich Sie, dass Sie Ihrem eigenen KAIROS-Rhythmus folgen. Dabei beinhaltet das KAIROS-Prinzip immer auch den Bezug zu den übergreifenden Zeitrhythmen. Einen individuellen, vom restlichen Leben abgetrennten Kairos-Moment gibt es nicht. Das KAIROS-Prinzip meint vielmehr, dass wir uns in einem intuitiven Einklang mit dem befinden, was gerade geschehen soll, was am einfachsten fließt. Und diesen Moment gilt es, intuitiv zu erfassen.

»Ich bin irgendwie aus dem Takt gekommen«, sagen wir, wenn es nicht rund läuft in unserem Leben. Wir haben unseren Lebensrhythmus verloren. Es ist interessant, sich die Bedeutung dieser Begriffe einmal näher anzuschauen. Ein Takt ist eine Maßeinheit für Rhythmus. Rhythmus wiederum ist definiert als Abfolge von Einheiten unterschiedlicher Länge, und dazu gehören auch die Pausen. In unseren Lebensrhythmen können wir unterschiedliche Zeiteinheiten betrachten, die unser Leben gliedern. Der Tagesrhythmus, der durch den Lauf der Sonne mit 24 Stunden beschrieben ist. Der Wochenrhythmus, der unsere Arbeitszeit – einstmals – gegliedert hat. Monatsrhythmen, die den Mondphasen unterliegen sowie Vierteljahresrhythmen, die durch die veränderten Jahreszeiten gekennzeichnet sind. Schließlich wird der Lebensrhythmus einmal rund, wenn ein Jahr um ist. Diesen besonderen Tag feiern wir im Jahresrhythmus als Silvester, als Jahresrhythmus unseres Lebens als Geburtstag. Siebenjahreszyklen wiederum oder auch 14 Jahre, wie in griechischen Biografiesystemen gezählt wird, markieren größere Entwicklungseinheiten, die wir auch Lebensphasen nennen.

Viele Phänomene, die wir heute als »Burnout« bezeichnen, basieren auch nach Meinung der Forschung auf einfachen Rhythmusbrüchen in unserem Leben, die tiefgreifende Spuren hinterlassen. Oft haben wir kein rhythmisiertes, gegliedertes Leben mehr, in dem Pausen Orientierung geben und dem Organismus Zeit für Regeneration bieten. Viel zu häufig leben wir gehetzt und sind im wahrsten Sinne des Wortes pausenlos im Einsatz. Klosteraufenthalte sind nach meiner Erfahrung auch deshalb so wohltuend, weil dort alles einem natürlichen und sehr regelmäßigen Rhythmus folgt. Hier kommen wir wieder »in sync«, wie es im Englischen heißt, werden synchronisiert mit uns und unserem Leben. Genauso können Sie auch in den Rhythmus Ihres Lebens für berufliche und private Lebensentscheidungen zurückfinden.

Die 7 Elemente der KBC-Methode

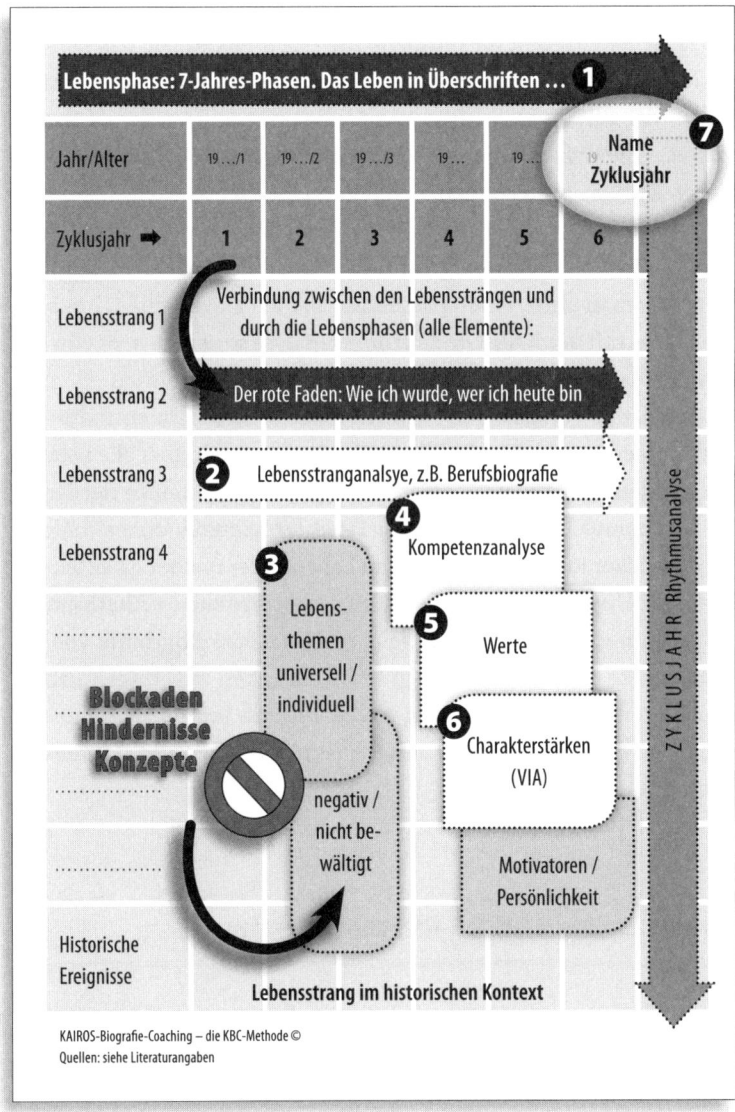

KAIROS-Biografie-Coaching – die KBC-Methode ©
Quellen: siehe Literaturangaben

Diesen Rhythmus herauszufinden, darum geht es im letzten Schritt Ihrer Datenchart-Analyse. Damit das Vorgehen für Sie anschaulich wird, füge ich hier noch einmal die Grafik *Die 7 Elemente der KBC-Methode* ein. Die Rhythmusanalyse ist das siebte Element der KAIROS-Auswertung. Für jedes Datenblatt im Datenchart ist die Siebenergliederung als ordnendes Prinzip zunächst vorgegeben. Die Erfahrung zeigt, dass diese Einteilung psychologisch betrachtet und in grafischer Hinsicht die optimale Übersicht bietet. Um das Muster, *Ihr* Muster, innerhalb dieser Siebenerphasen zu finden, betrachten Sie bei der Rhythmusanalyse jeweils die Spalten eines jeden Datenblattes – die Zyklusjahre – über alle Lebensphasen. Dann geben Sie diesen Zyklusjahren Namen.

Das Verfahren der KAIROS-Rhythmusanalyse ist sehr einfach, aber es erfordert ein wenig Intuition, Überblick und die Fähigkeit, dem, was man sieht, einen passenden Namen zu verleihen. Ein bisschen ist es mit der KAIROS-Rhythmusanalyse so, wie man es von der Weisheit sagt: leicht zu erkennen, aber schwer zu erreichen.

Auch ist es so, dass sich nicht in allen KAIROS-Datencharts ein vollkommen eindeutiger Rhythmus finden lässt, der über alle Lebensphasen durchgängig ausgeprägt ist. Jedoch stößt man in der Regel auf bestimmte Trends. Und häufig ist es frappierend, dass sich doch ein deutlicher innerer Rhythmus im Leben vieler meiner Klienten finden lässt. Und noch einmal: Es ist Ihr ganz persönlicher Rhythmus!

In den folgenden Übungen geht es darum, die Rhythmik von Ereignissen zu erarbeiten, die sich in Ihrem Leben zugetragen haben. Nach einer kurzen Einführung in die Technik werde ich Ihnen anhand der Rhythmusanalyse unserer Protagonisten die Namensgebung erläutern.

Übung 23: Die KAIROS-Rhythmusanalyse

Für die Rhythmusanalyse müssen Sie die Aufhängung Ihres Datencharts verändern. Statt nebeneinander hängen Sie die Blätter jeder Lebensphase nun bitte untereinander. Und zwar so, dass die Spalten möglichst präzise aneinander anschließen, also Spalte eins unter eins, Spalte zwei unter zwei und so fort. Wenn eine Reihe auf der Pinnwand oder Zimmerwand ausgeschöpft ist, machen Sie eine weitere Reihe daneben auf.

Durch die Art der Aufhängung können Sie nun all das, was sich in einem Zyklusjahr zugetragen hat, miteinander vergleichen. Was hat sich beispielsweise im ersten Zyklusjahr jeder Lebensphase ereignet, im zweiten, dritten, …? Jedes Zyklusjahr betrachten Sie also über alle Lebensphasen hinweg: die Ereignisse des ersten Zyklusjahrs für die Lebensphase 1 bis 7 Jahre, 8 bis 14, dann auf dem Blatt mit der Lebensphase 15 bis 21 und so weiter – immer nur das erste Zyklusjahr, also die Spalte mit der Zahl 1 im Zyklusjahr, wie im Datenchart angegeben.

Versuchen Sie nun nacheinander für jedes einzelne Zyklusjahr dessen ganz spezifische Natur zu erfassen. Dabei hat es sich bewährt, zunächst die Lebensphasen ab 15 oder 21 Jahren bis heute zu betrachten und dann nochmals in Kindheit und Jugend zurückzugehen, um das Typische zu überprüfen. Da wir in unseren ersten 14 Lebensjahren weitgehend von unseren Eltern gesteuert sind, bildet sich unser eigener Rhythmus am deutlichsten ab dem Zeitpunkt aus, ab dem wir unser Leben selbst gestaltet haben. Allerdings zeigt sich auch immer wieder, dass der Rhythmus von Kindheit und Jugend manchmal bereits einen Grundstein für die späteren Rhythmen gelegt hat.

Aus meiner Erfahrung gibt es typische Färbungen von Zyklusjahren: solche des Aufbruchs, des Ankommens, der Ruhe, des Verabschiedens und so weiter. Um diese spezifische Färbung abzubilden, hat es sich bewährt, jedem Jahr einen »Namen« zu geben.[27]

Folgende Fragen können Ihnen bei Herausarbeitung der Namen von Zyklusjahren helfen:

- Welche Art von Ereignissen häuft sich in diesem Jahr?
- Häufen sich Ereignisse in einem Lebensstrang in diesem Jahr (zum Beispiel vieles im Berufsleben oder im privaten und gesundheitlichen Bereich)?
- Gibt es ein erkennbares Thema dieses Zyklusjahres?

Die Benennung der Zyklusjahre kann sich an Metaphern anlehnen (Jahreszeiten, Pflanzen oder Ähnlichem) oder ganz frei gewählt werden. Auf diese

Weise verfahren Sie mit jedem Zyklusjahr und tragen seinen Namen in das dafür vorgesehene Feld in den Kopfzeilen Ihres Datencharts ein.

In der folgenden Liste finden Sie eine Anregung von Synonymen für solche Zyklusjahre. Dabei sehen Sie Begriffe aus den Datencharts unserer Protagonisten und anderer Charts aus meiner Coachingpraxis:

- Jumpstart, Aufbrechende Unruhe, Fulminanter Start, Neugeburt
- Suchbewegung, Orientierung, Unruhe
- Zeit des Dranbleibens, Zeit des Abwartens, Dazwischen-Zeit
- Fahrt aufnehmen, Flitterwochen, Begeisterung, Dolce Vita
- Vorläufiger Gipfelsturm, Ende der Flitterwochen, Zwischenbilanz
- Wieder-Anfänge, Ja-Sagen, Bestätigung, Quittungen
- Ernte, Bestätigung, Erfolge feiern, Großreinemachen

Die Namensgebung kann bei der Beantwortung von Fragen helfen wie: Was ist in meinem Leben als Nächstes dran? Wie ist die Rhythmik meines Lebens? Wie wird sich eine Entscheidung in diesem Zyklusjahr anfühlen? Welche Färbung wird diese Entscheidung bekommen?

Bei der Interpretation der Zyklusjahre kann auch Ihr Geburtsmonat eine Rolle spielen, und zwar insofern, dass in den kalendarischen Jahren jeweils zwei Zyklusthemen nacheinander zum Tragen kommen. Biologisch gesehen startet ihr Zyklusjahr mit Ihrem Geburtstag. Wenn Sie, wie ich zum Beispiel, Ende Februar geboren sind, dann läuft das vorige Zyklusjahr-Thema im Allgemeinen noch bis Ende Februar des neuen Kalender-/Zyklusjahres weiter. Der Einfachheit halber halten Sie sich aber bei der Namensgebung an die Kalenderjahre. Beobachten Sie doch einfach einmal selbst, wie Zyklusjahre hinsichtlich ihrer Stimmung noch bis zum tatsächlichen Geburtstag weitergehen.

Ausnahmen von der Regel: Rhythmusbrüche und -verschiebungen

In manchen Fällen können Klienten einen Rhythmus in ihren Datencharts nicht durchgängig erkennen. Es ist in dem Fall möglich, dass der individuelle Rhythmus, in dem Zyklen sich wiederholen, vom Siebenerschema abweicht (zum Beispiel dass ein Zyklus alle fünf Jahre statt alle sieben Jahre wieder von vorn beginnt). Im KAIROS-Biografie-Coaching gebe ich der individuell erkennbaren Rhythmik meiner Klienten den Vorrang vor dem Siebenerschema, das lediglich einen Anhaltspunkt für Lebensphasen bietet. Wenn sich in einem Zyklusjahr ein Muster erkennen lässt und dieses dann abbricht, schauen wir, in welchem Jahr eine Wiederholung dieses Themas eintritt. Sofern Sie Ihr Datenblatt in einer Datei angelegt haben, könnten Sie die Umbrüche in den Spalten der Seiten demgemäß auch so verändern, wie es Ihrem Rhythmus entspricht. In diesem Fall wären dann gegebenenfalls acht oder zehn Zyklusjahre auf einem Datenchartblatt zusammengefasst. Meiner Erfahrung nach kommt dies sehr selten vor. Eher ist es so, dass es einen erkennbaren thematischen Schwerpunkt in einem Zyklusjahr gibt, der durch einzelne Ereignisse »gestört« wird. Dann sprechen wir von einem Rhythmusbruch.

Die individuellen Rhythmen innerhalb der Zyklusjahre können durch eigene Entscheidungen oder äußere Ereignisse gebrochen werden. Dies kann zum Beispiel durch berufliche Wechsel, Umzüge, die Geburt eines Kindes oder einschneidende historische Veränderungen geschehen, denken Sie an den Fall der Berliner Mauer. Wenn Sie selbst einen solchen Rhythmusbruch in Ihrer eigenen Biografie erkennen, dann werden Sie sehen, dass häufig auch die folgenden ein, zwei Jahre davon tangiert sind. Aus den folgenden Zyklusjahren ergeben sich dann jedoch häufig Hinweise darauf, wie man seinen Rhythmus wieder aufnehmen kann beziehungsweise was als Nächstes »dran« ist.

Fallbeispiele: Die Zyklusjahre in den Datencharts der Protagonisten

Bei unseren Protagonisten Thomas, Stefanie und Christina bedeuteten die Zyklusjahre in mehrfacher Hinsicht eine Bestätigung oder Erklärung für ihren emotionalen Zustand. (Das komplette Datenchart von Christina finden Sie im Anhang). Am deutlichsten konnte

Christina erkennen, dass sie mit der abgelehnten Bewerbung um die Geschäftsführung wirklich »eine Bruchlandung« hingelegt hatte. Sie erlebte einen klassischen Rhythmusbruch in ihren KAIROS-Zyklen. Christina taufte ihr erstes Zyklusjahr »Jumpstart«, womit sie einen energievollen Neubeginn zu jeder Lebensphase meinte. In den ersten beiden Lebensphasen war dieses Startjahr zwar auch mit familiären Belastungen verbunden, wie dem Streit der Eltern und dem Auszug des Vaters. Aber in Christinas erste Zyklusjahre gehören eben auch wundervolle Ereignisse wie die erste (heimliche) Liebe zu einer Frau, fast alle ihre geplanten Umzüge und Neuanfänge in Studium und Beruf. Besonders prägend und positiv waren die ersten Zyklusjahre mit 22 Jahren, der Umzug nach Berlin sowie der aufregende Neubeginn in Brüssel sieben Jahre später. Auch mit 35 standen die Zeichen mit dem erneuten Umzug nach Berlin, der Projektleitung im neuen Unternehmen und natürlich der großen Liebe zu ihrer späteren Frau, auf Erfolg.

Ihr jeweils siebtes Zyklusjahr nannte Christina bezeichnenderweise »Sprungbrett«. Die Bewerbung für die Geschäftsführung war in den Jahreswechsel von Zyklusjahr sieben auf eins gefallen. »Diesmal«, so meinte sie inzwischen mit einem Anflug von Humor, »bin ich dann wohl von einem Sprungbrett in ein leeres Becken gesprungen. Das tut natürlich weh.« Ihre Enttäuschung und ihren emotionalen Schmerz konnte sie nun besser akzeptieren – und damit auch besser loslassen. Außerdem war es für sie beruhigend zu sehen, dass ihr in den Folgejahren nach dem »Jumpstart« eine Phase der »Orientierung« und der »Festigung« oft Zeit für Korrekturen gelassen hatte. Sie nutzte ihr auf das Coaching folgende Jahr der »Orientierung« diesmal sehr aktiv, um die Gründung ihrer Firma vorzubereiten. Die darauf folgende »Festigung« gelang, das erste Geschäftsjahr (in ihrem dritten Zyklusjahr) verlief bereits äußerst erfolgreich. »Vom Jumpstart, zum Start-up«, lachte die energievolle Neu-Unternehmerin, als ich sie zwei Jahre nach unserem Coaching zum Nachgespräch traf.

Bei Stefanies Rhythmusbetrachtung bestätigte sich, dass Klienten häufig ins Coaching kommen, wenn ihre Zyklusjahre Themen wie »Suche« und »Orientierung« beinhalten. Das sechste Zyklusjahr, in dem Stefanie ihr Coaching startete, trug den Namen »Orientierung«. Und die folgenden zwei Jahre schienen sehr gut geeignet, um einen beruflichen Wechsel im Fluss ihrer KAIROS-Zyklen einzuleiten. Stefanies siebtes Zyklusjahr »Großreinemachen« konnte den Abschied von ihrem Arbeitgeber beinhalten. Und die Aussicht auf ein erstes Zyklusjahr mit dem Namen »Fulminanter Neustart« sprach zumindest dafür, dass Stefanie bisher mit Wechseln zu diesem Zeitpunkt immer gute Erfahrungen gemacht hat. So war es denn auch gekommen, als ich ein Nachgespräch mit ihr führte.

Weniger spektakulär, aber beruhigend fühlte sich die Rhythmusanalyse für Thomas an. Sein typischer Rhythmus, um Neues anzufangen, beginnt jeweils im Jahr eins seiner Zyklen mit »Aufbrechender Unruhe«. In diesem Jahr hatte er vor dem Coaching mit 36 Jahren das Praktikum bei einem Logopäden absolviert und so die nötige »Suchbewegung« im Zyklusjahr zwei angeworfen. In diesem Jahr war er dann zu mir ins Coaching gekommen, um diese Suchbewegung professionell zu unterstützen. Bisher war Thomas erfolgreich bei beruflichen Veränderungen mit dem Dreischritt »Anfänge – Dranbleiben – Bestätigung«. Er bereitete sich also auf drei »Lehrjahre« vor, die er seiner Ausbildung zum Logopäden widmete. Aufbauend auf all seinen bereits erworbenen Fähigkeiten wie Synchronsprechen und dem Sprechtraining von Kindern konnte Thomas dabei das berufliche Lebensthema »Meisterschaft in Serie« bearbeiten und aus der Kombination seiner Fähigkeiten eine lukrative Nische mit seiner Logopädischen Praxis besetzen. »Ich werde wohl ein Suchender bleiben, zeit meines Lebens«, meinte Thomas sinnierend, als er auf sein KAIROS-Datenchart schaut. »Aber inzwischen«, fügte er sichtlich berührt hinzu, »habe ich ja einen Anker in meiner Familie – und – in mir!«

Das Jobangebot annehmen oder nicht?
Ein Beispiel aus der Coachingpraxis

Die Frage nach dem Entscheidungszeitpunkt stand für meine Klientin Tanja in einer Sitzung Ihres Coachingprozesses im Mittelpunkt. Sie hatte das Coaching bei mir begonnen, um sich längerfristig auf eine nächste Führungsposition vorzubereiten. Als Führungskraft im Vertrieb eines internationalen Technikkonzerns war sie für eine bestimmte Sparte zuständig. Ihr Team zählte 25 Mitarbeiter, die an vier Standorten weltweit agierten. Neben ihrer Personalverantwortung hatte die Ingenieurin viel Kontakt zu Kunden und war in strategische Prozesse eingebunden. Für eine 37-Jährige hatte Tanja schon eine Menge Erfahrung, weswegen man ihr erst vor ein paar Monaten in Aussicht gestellt hatte, dass sie in zwei Jahren die Position ihres Vorgesetzten einnehmen könnte, der dann in Ruhestand gehen würde. Nun aber war eine andere Position plötzlich sofort freigeworden, weil die dortige Führungskraft gesundheitsbedingt früher ausscheiden musste. Das Management hatte Tanja diese Stelle angeboten, mit dem Hinweis, dass die Nachfolge ihres Chefs in zwei Jahren aus internen Gründen vielleicht anders nachbesetzt werden würde. Jetzt musste Tanja schnell eine Entscheidung treffen. Generell gefiel ihr der Gedanke, zukünftig mehr Führungsverantwortung zu haben. Doch irgendetwas ließ sie gerade jetzt zögern.

Ich kann mich noch gut daran erinnern, wie wir vor Tanjas Datenchart standen. Ich bat Tanja zunächst, mir ihren Werdegang unter dem Aspekt beruflicher Veränderungen zu erzählen. Während ich ihr zugehört habe, fiel mir ein Muster in ihren bisherigen Entscheidungsprozessen auf. »Früher haben sich die Entscheidungen ›so ergeben‹, haben Sie mehrmals gesagt. Sie haben nicht ›bewusst‹ entschieden. Was ist jetzt anders?«, will ich von ihr wissen. »Ich müsste plötzlich aktiv eine Entscheidung treffen und mich gegen meine alte Stelle entscheiden. Es wird mir einerseits offengelassen, ob ich mich entscheide, aber ich spüre auch einen deutlichen Erwartungsdruck, dass ich die neue Stelle annehme. Und es besteht das Risiko, dass ich dadurch den Aufstieg auf längere Sicht hin verpasse. Aber mit diesem Zeitdruck ist mir nicht wohl dabei«, gibt Tanja zögernd zurück. »Wie äußert sich denn dieses Unwohlsein? Wo spüren Sie das?«, ermuntere ich sie, dem Gefühl weiter nachzugehen. »Da ist so ein Knoten im Bauch.« »Was sagt der ›Knoten‹?«, führe ich die Körperempfindung weiter. »Es ist nicht richtig, zu früh, lass es lieber ...«, forscht Tanja nachdenklich ihrem Bauchgefühl nach. »Aber dabei erwarten doch alle, dass ich annehme! In zwei Jahren sollte ich doch sowieso in die höhere Position wechseln. So ist es vereinbart, ich habe bisher einen sehr guten Job gemacht, alles scheint zu passen und dafür zu sprechen!«, schaltet sich jetzt ihr Kopf ein. Ich gebe ihr Recht, doch es handelt sich um rein rationale Argumente. Das, was sich vage andeutet und meine Klientin zögern lässt, ist der bislang weniger bewusste Anteil der Entscheidung. Dieses unbewusste, intuitive Bauchgefühl versuche ich nun Tanja zugänglich zu machen, indem ich stärker darauf eingehe: »Aber Ihr Bauch warnt Sie«, gebe ich diesem Anteil Gewicht. »Lassen Sie uns einmal schauen, ob wir in Ihren beruflichen Veränderungen einen Rhythmus finden.«

Tanja war sofort einverstanden, wir hängten ihre Datenchart-Blätter zur Rhythmusanalyse untereinander. Gemeinsam schauten wir uns nun den Rhythmus der bisherigen Wechsel in Tanjas beruflicher Karriere an: Alle drei Jahre hat ein kleinerer Wechsel stattgefunden, alle fünf Jahre machte Tanja einen größeren Karrieresprung, der jeweils deutlich mehr Verantwortung bedeutete. Und da fällt es auch meiner Klientin auf: Der nächste größere Sprung wäre exakt in zwei Jahren »dran«. Ihr Bauchgefühl war also sehr akkurat mit seiner »Zu-früh«-Aussage.

Die höhere Position jetzt schon anzunehmen, hätte also nicht Tanjas natürlichem Rhythmus entsprochen. Bei genauem Hinsehen gab es außerdem ganz objektiv auch einen weiteren negativen Faktor. Denn Tanja hätte bei dem sofortigen Wechsel einen neuen Vorgesetzten, der anders als ihr jetziger Chef kein wohlwollender Mentor für sie sein würde.

Tanja musste sich nun die Frage beantworten, ob sie sich dieses Mal bewusst gegen das bisherige Zeitmuster entscheiden und den nächsten größeren Sprung zu diesem Zeitpunkt wagen wollte.

Ich schlug ihr vor, gemeinsam ihre Biografie auf persönliche Fähigkeiten und Ressourcen hin zu untersuchen, die sie früher schon bei beruflichen Wechseln eingesetzt hatte. Außerdem schauten wir sehr genau, was die unterstützenden Faktoren bei Tanjas früheren Wechseln waren. Zeigten sich die objektiven Rahmenbedingungen diesmal ebenso günstig? Könnte sie einen anderen Mentor aktivieren, der sie in der neuen Position unterstützen könnte? Außerdem kam es auch auf die Werte und die Lebensthemen an, die in Tanjas aktueller Lebensphase entscheidend waren. Dieses Mal stand sie nämlich gerade an dem Punkt, eine Familie zu gründen, dafür war es jetzt schließlich »höchste Zeit«, wie sie selbst anmerkte, also Kairos! Dieses Lebensthema war also ebenfalls zu beachten bei der anstehenden beruflichen Veränderung. Da Tanja einen Partner hatte, der ihren Kinderwunsch unterstützte, handelte es sich nicht um reine Luftschlösser.

Durch die Biografieanalyse erhielt Tanjas Bauchgefühl also eine nachvollziehbare Logik. Und durch die Umfeldanalyse weitere Argumente. Die dadurch gewonnene Klarheit ermöglichte es ihr schließlich, eine souveräne Lebensentscheidung zu treffen – gegen den Aufstieg zum jetzigen Zeitpunkt. Innerlich in ihrer Überzeugung gestärkt, konnte Tanja diese Entscheidung vor allem auch gegenüber dem Management souverän vertreten. Es fiel ihr leicht, glaubhaft zu vermitteln, dass sie mit zwei Jahren mehr Erfahrung in ihrem jetzigen Job später reif für einen Wechsel wäre. So kam es schließlich auch. Sie trat zwei Jahre später eine andere verantwortungsvolle Position an – übrigens als Mutter eines einjährigen Kindes!

Fazit aus der KAIROS-Rhythmusanalyse

Natürlich haben nicht alle beruflichen Entscheidungen ein kurzzeitiges Happy End. Es gibt auch »verpasste Chancen« im Leben, also Momente, die unwiederbringlich verloren erscheinen: das Stipendium in den USA, das man mit Mitte zwanzig leichtsinnigerweise nicht antrat, das abgebrochene Studium, das nie wieder aufgenommen, und die im Sande verlaufene Promotion, die nie zu Ende gebracht wurde. Es ist ein heilsamer Teil des KAIROS-Biografie-Coaching, sich auch diesen Dingen zu stellen und sich womöglich von ihnen zu verabschieden. Das kann auch bedeuten, einen Trauerprozess anzunehmen, bevor man wieder nach vorn blicken kann. Die bittersten Tränen in meinen Coachings erlebe ich dabei allerdings in persönlichen Belangen. Bei Frauen, die sich eingestehen müssen, dass sie eine – rückblickend – einmalige Chance, ein Baby zu bekommen, verstreichen ließen oder sogar aktiv beendet hatten. Oder bei beruflich erfolgreichen Männern, deren einseitiges Karrierestreben sie zu Fremden in ihrem eigenen Haus gemacht hat, in erkalteten Ehen, in denen es sich nichts mehr zu sagen gibt, mit Kindern, die sie kaum kennen. Die KBC-Methode bringt durch die Kombination von objektiven Fakten – den Daten der Biografie – mit dem subjektiven Faktor – dem Benennen von Lebensthemen, Lebensphasen und Zyklusjahren – solche emotionalen Realitäten ins Bewusstsein.

Manchmal sind solche »Momente der Wahrheit« auch ein heilsamer Schock für einen Neuanfang. »Noch einmal passiert mir das nicht«, sagen Klienten dann, oft mit einer gewissen Erleichterung. Geht es Ihnen auch so, wenn Sie Ihre Rhythmusanalyse betrachten?

Notieren Sie nun in Ihrer KAIROS-Gesamtauswertung auf den vorgesehenen Feldern zentral in der Mitte zwei Zyklusjahre: das aktuelle und das nächste Zyklusjahr. Was sagen Ihnen die Zyklusnamen in Bezug auf Ihre berufliche Orientierungsphase – wofür ist es gerade jetzt »Zeit«?

Glücklicherweise kann ich aus eigenem Erleben und aus der Arbeit mit meinen Klienten bestätigen, dass der Gott des günstigen Augenblicks, Kairos, ein gütiger Vertreter seiner Zunft ist. Er schaut doch öfter mal vorbei und gibt einem die Chance, das aus dem Takt gekommene Lebensgefühl wieder in Ordnung zu bringen.

Teil 2
Von der Zielvision zur Handlung

»Wer den Hafen nicht kennt,
in den er segeln will,
für den ist kein Wind der richtige.«

Seneca – römischer Philosoph
und Dichter (1 – 65 n. Chr.)

Bestandsaufnahme und erste Zielvision

Wissen Sie noch, warum Sie zu diesem Buch gegriffen haben? Hat sich Ihnen eine konkrete Frage gestellt, gibt es in Ihrem beruflichen Umfeld ein akutes »Problem«? Oder ist vielleicht ein Headhunter mit einem interessanten Angebot auf Sie zugekommen? Möglicherweise haben sich auch Ihre Prioritäten verschoben, Privates ist jetzt wichtiger für Sie und Sie denken über eine längere Auszeit nach oder wollen mehr Zeit mit Ihrer Familie verbringen.

Ich kann mir vorstellen, dass es Ihnen anfangs wie vielen meiner Klienten ging, die sich an mich wenden: Sie müssen entweder wie Stefanie eine Entscheidung für einen tollen neuen Job, aber mit einem Risiko verbunden, treffen, oder Sie verspüren den Wunsch nach Veränderung wie Thomas. Oder Sie haben die Nase voll von Ihrem alten Laden wie Christina. Das heißt nicht, dass das, was Sie bislang beruflich gemacht haben, nicht das Richtige gewesen ist. Aber die Zeit hat sich verändert. Es ist Zeit – Kairos – für etwas anderes. Ihr alter Job mag Sie vielleicht nicht mehr ausreichend ausfüllen, eventuell hat Ihre Tätigkeit für Sie auch an Bedeutung verloren, weil etwas anderes Neugier in Ihnen hervorgerufen hat. Manche von Ihnen haben durch Zufall eine neue Seite an sich entdeckt oder gemerkt, dass Sie ein wesentliches Bedürfnis oder Talent aus dem Blick verloren und vernachlässigt haben. Nun gilt es, dieses Neue, ins Auge zu fassen. Dazu stelle ich Ihnen in diesem Kapitel drei Methoden vor:

- Das KAIROS-Gesamtchart mit der Zufriedenheitskurve der Berufsstationen
- Die Visionsreise »Der ideale Tag, die ideale Woche, das ideale Jahr«
- Die Formulierung eines motivierenden Zielsatzes

Es kann sein, dass eine Übung aus dem ersten Teil bereits Ihre dringendste Frage zum Abschied vom alten Job beantworten konnte. Gerade dann ist es wichtig, dass Sie jetzt an einer klaren und motivierenden Zielvision feilen und dann konkrete Schritte mit sich vereinbaren. Bei Christina beispielsweise war nach der Wertearbeit bereits klar, dass sie ihre alte Firma verlassen würde. Aber wohin? Das Thema Selbstständigkeit und Firmengründung war nach der Karriereanker-Übung eine echte Option. Daran arbeitete sie in der Zielvision und dann der Umsetzungsphase (die Sie in den folgenden Kapiteln durchgehen werden). Für Thomas war entscheidend, dass er in den Lebensthemen seinen »roten Faden« von der Schauspielerei zu seinem neuen angestrebten Beruf, der Logopädie, finden konnte. Stefanie sammelte in allen Übungen der KAIROS-Methode wichtige Aspekte, die wie Mosaiksteine ein neues Bild ergaben. So fand sie den Mut und die Sicherheit, von dem neuen Beruf als Trainerin zu träumen und den Schritt des Berufswechsels wirklich anzugehen.

Das KAIROS-Gesamtdatenchart

Zuallererst sollten Sie einen Überblick aller Ergebnisse der KAIROS-Methode herstellen. Wenn Sie es noch nicht während der Übungen gemacht haben, bitte ich Sie nun, die Informationen über sich im KAIROS-Gesamtdatenchart zusammenzutragen. Sie sehen im Anhang die Gesamtcharts unserer drei Protagonisten als Beispiele und finden dort auch eine Kopiervorlage. In den Feldern des Gesamtdatenchart werden die zentralen Ergebnisse aller Übungen und Auswertungsschritte der KAIROS-Methode abgebildet:

- Überschriften der Lebensphasen
- Karriereanker
- Lebensthemen
- Werte
- Kompetenzen
- Charakterstärken
- KAIROS-Zyklusjahre

Beachten Sie in jedem Fall, dass Sie bei den Werten auch die »hard facts« eintragen. Dazu finden Sie am rechten Rand die Felder für »Äußerliche Werte/Lebensbedingungen«. Dabei handelt es sich um objektive Faktoren der Arbeitssituation. Diese Anforderungen sind Teil unserer Werte, sollten aber separat aufgeführt werden. Hinsichtlich unserer sozialen Werte können wir mit einer Stelle zufrieden sein, hingegen können die objektiven Gegebenheiten unseren Vorstellungen zuwiderlaufen, sodass ein wesentlicher Teil unserer Werte wie das Bedürfnis nach Sicherheit beispielsweise nicht erfüllt ist. Das wäre also ein Ausschlusskriterium für einen Berufswechsel.

In der Mitte des Gesamtcharts finden Sie Platz, um Ihre aktuelle Lebensphase einzutragen (Überschrift) sowie die zwei KAIROS-Jahre, das aktuelle und das kommende, wenn Sie sich gerade in einer Umbruchsituation befinden.

In der zentralen Grafik ist Platz, um Ihre berufliche Laufbahn, Ihren Berufsstrang einmal im Überblick abzubilden und zu bewerten. Dazu lädt die folgende Übung ein. Sie dient dazu, die zurückliegenden und die aktuelle Berufsstation klar in den Blick zu bekommen. Ein Effekt kann sein, dass Sie sich mit Ihrer Vergangenheit aussöhnen und diesen alten Zielen nicht mehr nachlaufen müssen. Neben Frieden mit der Vergangenheit kann die notierte Zufriedenheit beziehungsweise Unzufriedenheit auch eine starke Motivation erzeugen, sich zu verändern.

Wenn Sie sich nach den Übungen aus dem ersten Teil bereits ganz sicher sind, wie Sie vorangehen möchten, und Sie auch keine »unerledigten« Themen aus alten Berufsstationen mit sich herumtragen, können Sie auch gleich zum zweiten Teil dieses Kapitels übergehen, der Visionsreise »Der ideale Tag, die ideale Woche, das ideale Jahr«.

Übung 24: Die Zufriedenheitskurve – Die Berufsstationen resümieren[28]

Diese Übung dreht sich um die Bestimmung des Erfüllungsgrads Ihrer Werte, Kompetenzen, Charakterstärken usw. an den unterschiedlichen Berufsstationen. Der Grad der Zufriedenheit/Unzufriedenheit gibt konkreten Aufschluss über Handlungsschritte, das heißt, Sie wissen, wo genau Sie ansetzen müssen und ob Sie Ihre Suche möglicherweise weiter verfeinern müssen oder ob Sie das, was Sie für sich herausgefunden haben, umsetzen können. Ausgehend von Ihrer Anfangsfrage soll am Ende dieses Kapitel eine erste Zielvision stehen, die Ihnen die Richtung weist.

Für die Übung »Die Zufriedenheitskurve« nutzen Sie die zentrale Grafik im Gesamtdatenchart.

Die Übung »Zufriedenheitskurve« ist leichter auszuführen, als es in der folgenden Beschreibung klingen mag. Das werden Sie sehen, sobald Sie sich einen Aspekt vorgenommen haben. Im Anschluss zeige ich Ihnen das Auswertungsbeispiel von Christina.

Tragen Sie auf der horizontalen Achse zunächst Ihre Berufsstationen in den jeweiligen Lebensphasen ein, aus Platzgründen am besten mit Abkürzungen. Wählen Sie drei bis vier Aspekte aus, die Sie pro Durchgang betrachten möchten (zum Beispiel Ihre innerlichen Werte und zwei Karriereanker, mehr wäre nicht übersichtlich), wiederholen Sie danach die Übung mit anderen Aspekten.

Methodentipps

- **Tipp 1:** Kopieren Sie Ihr Gesamtdatenchart auf DIN-A3 – ein größeres Format ermöglicht eine bessere Übersicht.
- **Tipp 2:** Fertigen Sie mehrere Ausfertigungen (Kopien) an, damit Sie bei Bedarf mehrere Durchgänge machen können. Eine gute Alternative ist auch Transparentpapier, das ähnlich wie Butterbrotpapier aussieht und im Schreibwaren-/Bürohandel erhältlich ist. Davon können Sie mehrere Blätter nacheinander über die zentrale Grafik legen und so mehrere Auswertungsgänge durchlaufen.
- **Tipp 3:** Da Sie für jeden Auswertungsaspekt eine separate Kurve einzeichnen werden, beschränken Sie sich bitte pro Durchgang aus Ihren Ergebnissen auf jeweils drei bis vier wichtige Punkte. Mehr Kurven gleichzeitig abzubilden geht auf Kosten der Übersichtlichkeit. Durchlaufen Sie also besser mehrere Durchgänge, in denen Sie Ihre Zufriedenheit zum Beispiel mit Ihren Lebensthemen, einzelnen Kompetenzen oder den Werten für die äußerlichen Lebensbedingungen betrachten.

- Wählen Sie für jede Kategorie, die Sie bewerten, eine separate Farbe oder eine andere Unterscheidung (durchgezogene Linie, Punkte, Strichelung etc.), in der Sie gleich die jeweilige Zufriedenheitskurve in die Grafik einzeichnen.

- Tragen Sie Ihre Zufriedenheit einzeln für jedes Auswertungselement pro Berufsstation anhand der vertikalen Achse ein (Prozentpunkte Zufriedenheit). Machen Sie dazu anhand der Skala am rechten Rand entsprechend einen Punkt bei jeder Berufsstation.

- Verbinden Sie die Punkte zu einer Zufriedenheitskurve pro Element – jedes separat in seiner Farbe oder Markierungsart. Weichen etwa zwei Werte, Karriereanker oder Kompetenzen stark voneinander ab, können Sie auch jeweils eine einzelne Kurve einzeichnen.

Die einzelnen Zufriedenheitskurven ermöglichen Ihnen, was die KAIROS-Methode für Ihre gesamte Biografie leistet: ein differenziertes Bild. Ihre Zufriedenheit oder Unzufriedenheit erleben Sie normalerweise als gesamten Eindruck, wie eine aus mehreren Strängen gedrehte Kordel. In den separaten Zufriedenheitskurven lösen Sie einzelne Fäden aus dieser Kordel heraus und können so eine genauere Diagnose stellen: Wo drückt der Schuh?

Das Beispiel von Christina

Christina betrachtete in einem Durchgang der Zufriedenheitskurve ihre Karriereanker (alle drei in Summe, da diese nicht gegenläufig sind) sowie ihre innerlichen Werte (das heißt die Werte für die Dimension Innerlichkeit/Kommunikation im Gegensatz zu den objektiven Lebensbedingungen, die separat zu betrachten sind). Die beruflichen Stationen von Christina waren der Start des Soziologiestudiums mit 20, der Start des FH-Studiums der Sozialpädagogik mit 22, das Anerkennungsjahr als Sozialpädagogin sowie die erste Berufsstation in der Verwaltung mit 27 und 28 Jahren, der Start in Brüssel mit 29, der Antritt der jetzigen Stelle in Berlin mit 36 sowie die Ablehnung der Geschäftsführung mit 42 Jahren.

Für das Soziologiestudium zeigen beide Kurven stark nach unten.

»Ein Horror«, erinnert sich Christina mit einem Schaudern. Nach dem Wechsel zur Sozialpädagogik ging es im FH-Studium etwas aufwärts, weil »Fairness« ein zentraler Wert vieler Kommilitonen und damit erfüllt war, allerdings zählte »Anerkennung für Leistung« in dem Umfeld weniger, daher gibt Christina in Summe für die Werte 50 Prozent. Die Karriereanker waren gemäß der Ausbildungssituation ebenfalls noch nicht voll erfüllt. Das Anerkennungsjahr und das erste Berufsjahr in der Verwaltung »dümpelten so vor sich hin«, beurteilt Christina diese Zeit. »Da gab es zu wenig Gestaltungsspielraum für meine unternehmerische Kreativität und ich hatte auch noch zu wenig Verantwortung (Minus im Karriereanker »General Management«). »In Brüssel ging dann die Post ab«, schmunzelt sie. Hier stimmt lange Zeit alles: Werte, Karriereanker und auch Kompetenzen. Anlass für den späteren Wechsel mit 36 Jahren zurück nach Berlin ist vor allem das Privatleben. Aber auch die Aussicht, dass sie ohne weitere formale Qualifikationen in Brüssel keinen weiteren Aufstieg schaffen wird. Und für Christina, mit dem Karriereanker »General Management«, ist mehr Verantwortung wichtig. Über einige Jahre ist der Berliner Job sehr gut für sie. Dann folgt ein kompletter Werteabsturz. »Wenn ich in einem fairen Wettbewerb die Stelle nicht bekommen hätte, wäre das für mich zwar schmerzhaft gewesen, aber akzeptabel. So aber geht das gar nicht. Es war einfach unbegründet und unfair.« Noch immer kocht sie förmlich vor Wut, wenn sie davon spricht. »Ehrlicherweise«, sagt sie mit Blick auf die fallende Kurve bei den Karriereankern, waren die letzten zwei Jahre in dem Berliner Job aber auch inhaltlich nicht mehr so zufriedenstellend. Vielleicht wollte ich mit der Geschäftsführung auch davon weg.

Christinas Zufriedenheitskurve beziehungsweise deren Absturz bringt den Handlungsbedarf klar auf den Punkt: Der nächste Job braucht auf jeden Fall Gestaltungsspielraum und muss ihre zentralen Werte bedienen. Christina ist kein Typ für Wertekompromisse. Dafür ist sie im Gegenzug auch bereit, Zeit und Energie zu investieren.

Wie entscheiden Sie sich? Finden Sie das heraus in der folgenden Fazit-Übung.

Übung 25: Ein Fazit ziehen

Was sagen die einzelnen Kurven über den Grad Ihrer Zufriedenheit mit Ihren früheren Berufsstationen oder dem jetzigen Job aus?

Zur Beantwortung dieser Frage bieten sich Ihnen verschiedene Möglichkeiten. Sie können Ihre summarische Gesamtzufriedenheit je beruflicher Station betrachten, also über alle relevanten Faktoren hinweg. Oder Sie schauen auf einzelne Faktoren, beispielsweise den Verlauf Ihrer Kompetenzen oder Werte. Spannungsreich sind oft gerade abweichende Kurven und Diskrepanzen, wenn Sie zum Beispiel Ihre Kompetenzen in einem Job einsetzen und entwickeln konnten, dies aber für Ihre Werte nicht gilt, wie es bei Christina der Fall war.

Letztlich ist es ganz allein Ihre Entscheidung, ob Sie nach der Betrachtung Ihrer Zufriedenheitskurven ein Fazit ziehen, das eine berufliche Veränderung beinhaltet.

Eine Option ist immer auch, dort zu bleiben, wo man ist. Wenn in Summe die Bilanz stimmt, können Sie sich vielleicht doch mit einigen weniger positiven Aspekten arrangieren? Auch das wäre ein gutes, nämlich stimmiges Ergebnis der Zufriedenheitskurve in der Gesamtbetrachtung.

Ein Fazit Ihrer beruflichen Gesamtzufriedenheit verleiht Ihrem Eindruck in jedem Fall Verbindlichkeit und motiviert zum Weitergehen. Oder bestärkt Sie eben darin, zu bleiben.

Folgende Fragen können Sie als Anregung nutzen, um ein Fazit aus Ihren Zufriedenheitskurven zu ziehen:

- Schließt Ihre jetzige Tätigkeit zentral wichtige Aspekte und Entwicklung mit ein? Wird es im jetzigen Job möglich sein, diese zu durchlaufen?
- Schließt die Summe Ihrer Kompetenzen und Werte diese Entwicklung aus?
- Sollte Letzteres zutreffen: Welche Alternativen bieten sich?
- Bieten Alltag, Freizeit und das private Umfeld einen Ausgleich, um in beruflicher Hinsicht zufrieden zu bleiben?
- Können Sie sich mit einzelnen Abweichungen in der Zufriedenheit arrangieren, wenn Sie in Summe die Vorteile der anderen Aspekte betrachten?

- Wo sind Sie bereit, Kompromisse zu schließen?
- Werden Sie in Ihrer jetzigen Situation gesund bleiben können?

Notieren Sie nun bitte Ihr Fazit.

Kreative Alternativen für die Darstellung Berufszufriedenheit

Nicht jedem liegt die Art der Darstellung von Berufszufriedenheit in einer Kurve, für manche meiner Klienten ist dies zu technisch. Im Folgenden möchte ich Ihnen noch andere Methoden vorstellen, die häufig auch eher summarisch funktionieren, das heißt, angeben, wie zufrieden Sie sich ganz allgemein in einer Station gefühlt haben.

Sie können für eine summarische Betrachtung Ihrer Zufriedenheit pro Berufsstation auch einen Kreis zeichnen, der dem Zufriedenheitsgrad entsprechend gefüllt ist. Weitere Alternativen sind ein Bild zu malen, ein Foto oder einen Song auszuwählen, das/der Ihre Stimmung in der jeweiligen beruflichen Situation ausdrückt. Ihrer Fantasie sind hier keine Grenzen gesetzt.

Wenn Sie nicht zum visuell veranlagten Typ zählen, können Sie eine summarische Betrachtung Ihrer beruflichen Zufriedenheit auch ausformulieren. Fragen Sie sich beispielsweise, welche Ziele Sie bei Aufnahme der Tätigkeit hatten und ob oder inwieweit diese sich im Laufe der Zeit verändert haben. Ähnliches bietet sich im Hinblick auf Ihre Werte an: Welche Werte haben Sie infolge Ihrer Berufstätigkeit ausgebildet? Auf welche möchten Sie nicht mehr verzichten? Hatten persönliche und private Veränderungen einen Einfluss auf Ihre berufliche Zufriedenheit? Bei allem handelt es sich um Optionen. Wichtig ist, dass Sie am Ende sagen können, welche der von Ihnen angestrebten beruflichen Entwicklungen für Sie am wichtigsten ist.

Wenn Sie den Eindruck gewonnen haben, dass Sie sich in einer Zwickmühle befinden, werden die Kapitel *Die Berufungs- und die Karrierefalle* und *Innere Mentoren und Saboteure* hilfreich sein.

Zunächst aber einmal lade ich Sie ein, dass Sie sich in die Zukunft begeben. Unser Geist kann das ja. Unser Gehirn ist dazu in der Lage, sich unabhängig von Zeit und Raum in Gedanken zu bewegen. Also, wie es in der Kult-Fernsehserie *Raumschiff Enterprise* heißt: »Beam mich hoch, Scotty.«

Erlauben Sie sich zu träumen: Mein idealer Job

Eine Vision, aus der am Ende Ihrer Reise ein klares Ziel – also der Job, der jetzt zu Ihnen passt – steht, setzt eine innere Zielvorstellung voraus. Damit man das Richtige zum richtigen Zeitpunkt erkennen kann, muss der innere Kompass stimmen. Kairos erkennt nur jemand, der intuitiv weiß, wonach er oder sie sucht. Ich weiß nicht, wie es Ihnen geht. Aber nach meiner Erfahrung sind Träume, Wünsche und Sehnsüchte verbunden mit einer klaren Vorstellung sehr wichtig für Veränderung, die uns weiterbringt. In diesem Zusammenhang fällt mir eine ganze Reihe von Sätzen ein: »Träume nicht dein Leben, sondern lebe deine Träume«, Martin Luther Kings »I have a dream«, aber auch das nüchterne »Wer Visionen hat, sollte zum Arzt gehen« des Altkanzlers Helmut Schmidt. Wo aber wären wir heute beispielsweise ohne Menschen wie Steve Jobs, der davon geträumt hat, dass wir eines Tages von jedem Ort in der Welt Zugriff auf unsere Daten haben? Die Welt braucht Ideen und Visionen – daher muss es erlaubt sein, zu träumen! Mit den weiteren Schritten in diesem und den nächsten Kapiteln werden Ihre Träume einen Boden bekommen, dafür ist gesorgt. Und auch die folgende Übung »Visionsreise« beinhaltet bereits alle Aspekte der Lebensrealität.

Übung 26: Visionsreise: Der ideale Tag, die ideale Woche, das ideale Jahr

Was Sie für die Übung brauchen:

- Ihr KAIROS-Gesamtchart mit Ihren Topkompetenzen, -karriereankern, -werten sowie Anforderungen an das Arbeitsumfeld und Angaben zu Ihrer persönlichen Situation

- Ihr Datenchart, gern auch nur ein einzelnes Blatt, um die wichtigsten Lebensstränge im Blick zu haben

Und jetzt versetzen Sie sich bitte einmal drei oder vier Jahre in die Zukunft. Es sollte ein Zeitraum sein, der noch nah genug dran ist, damit Sie sich verbunden fühlen, aber er sollte sich für Sie auch so anfühlen, dass Sie bis dahin Veränderungen erfolgreich umgesetzt haben können.

- Diese Zukunft ist *jetzt*. Schließen Sie die Augen, und erlauben Sie sich zu träumen.
- Stellen Sie sich vor, wie der ideale Arbeitstag in Zukunft verläuft.
- Beschreiben Sie, wie genau Ihr Arbeitsalltag an einem normalen Tag aussieht.

Beginnen Sie gleich mit dem Aufstehen. Wann sollte der Wecker klingeln, wie viel Zeit möchten Sie haben, um sich in Ruhe auf den Weg zur Arbeit zu machen? Wenn Sie eher langsam in die Gänge kommen, ist der Gedanke an eine gute Tasse heißen, starken Kaffee am Küchentisch mit der Tageszeitung sicher verlockend. Überlegen Sie dann, wie lange Sie bis zu Ihrer Arbeitsstelle maximal unterwegs sein möchten. Und ziehen Sie es vor, mit dem Rad zu fahren oder öffentliche Verkehrsmittel zu nutzen, weil Sie gern noch mal die Augen zumachen oder lesen wollen? Analog dazu malen Sie sich die Situation an Ihrem Arbeitsplatz aus. Folgende Stichpunkte können Ihnen als Anhalt dienen:

- Lage des Arbeitsorts (zentral und gut angebunden oder schön gelegen, Provinz oder Metropole – oder ist dies egal?)
- Konzern oder Mittelstand?
- Inhabergeführt oder mit neutralen Managern?
- Ansehen der Firma – weltweit bekannt oder geheimer Marktführer?
- Phase des Unternehmens: Start-up erste Phase, etabliertes Start-up, fest etabliert im Markt, Traditionsunternehmen?
- Hierarchische, klare Struktur oder informelle Berichtswege und Kultur?
- Größe des Teams, enge Zusammenarbeit mit Kollegen?
- Freie und flexible Zeiteinteilung oder geregelte Arbeitszeiten?
- Kontakt zu Kunden?

- Geschäftsreisen?
- Angemessenes oder überdurchschnittliches Gehalt?
- Regelmäßiger Austausch im Kollegenkreis möglich?
- Home-Office beziehungsweise allein arbeiten möglich?
- Ausgewogenes Verhältnis von Arbeit und Freizeit?
- Feierabendritual, abschalten und zu Hause ankommen?

Sie können das gern schriftlich machen. Entscheidend ist der nächste Schritt, wobei Sie folgende Fragen für sich beantworten:

- Wo liegt der Unterschied zu heute?
- Wo machen Sie Defizite aus? Sind in Ihrer jetzigen Situation Ihre Werte nicht erfüllt, entspricht Ihre aktuelle Tätigkeit nicht Ihren Kompetenzen oder liegt es vielmehr an den »hard facts«, die Sie unzufrieden machen?
- Welche persönlichen Bedürfnisse stehen hinter den Werten, die augenscheinlich nicht erfüllt sind?
- Sind diese eher im beruflichen oder privaten Bereich, sprich Lebensstrang, angesiedelt?

Wenden Sie das Ganze auf zwei weitere Zeitebenen an, die Woche und das Jahr. Das Verfahren und die Fragen sind dieselben. Auch hier liegt der Fokus auf den obigen Aspekten. Die Woche ist dabei das Maß, das unseren Arbeitsrhythmus strukturiert. Hier kommen Faktoren der Lebensbalance zum Tragen.

Folgende Faktoren sollten Sie bei dieser zweiten Visionsreise (die ideale Woche) mit betrachten:

- Bedürfnis nach Ruhe
- Wie ausgewogen ist das Verhältnis von Job und Privatleben?
- Gibt es Schicht- oder Wochenenddienste?
- Ist unregelmäßige oder konstante Arbeitsbelastung tolerierbar oder gar gewünscht?
- Freizeit, Partnerschaft und Familie?

Für die dritte Visionsreise betrachten Sie als Zeitspanne das Jahr. Hier sollten Sie auch Urlaube und Auszeiten berücksichtigen, denn der Jahresrhythmus beeinflusst maßgeblich unsere Regeneration und das Balancegefühl insgesamt.

- Gleichmäßige Arbeitsbelastung?
- Hohe Arbeitsbelastung – Ausgleich in Ferienzeiten und Sabbaticals?
- Urlaubszeiten?
- Erreichbarkeit während Urlaub notwendig?
- Jahresgehalt – ermöglicht es ebenfalls »Regeneration«?

Die Jahresbetrachtung bringt die typologischen Unterschiede zwischen Menschen richtig zum Vorschein. Viele Menschen können Spitzenzeiten über mehrere Monate gut wegstecken, brauchen das sogar, um richtig gefordert zu sein und dabei Spaß zu haben. Dem sollten Phasen der Ruhe folgen, um dauerhaft leistungsfähig zu bleiben. Der eher klassische Typ hingegen benötigt einen regelmäßigen Rhythmus, etwa Menschen, die forschen und lehren. Die Anforderungen insbesondere an Schulen sind heutzutage enorm, da wundert es nicht, dass sich Lehrer wie ihre Schüler auf die Ferien freuen. Denken Sie also darüber nach, welche Rolle Ihre Familie spielt, wenn Sie sich Ihr ideales Jahr erträumen. Wie verhält es sich mit Fortbildungen, welche Anregung brauchen Sie? Auch das sollte in Ihre Vision mit einfließen.

Visionsreisen der Protagonisten und mein eigenes Beispiel

Zum Abschluss sollen Sie noch erfahren, was unsere Protagonisten und auch ich selbst in den Visionsreisen erlebt haben.

Christina sah sich in ihrem Alltag vor allem andere Menschen anleiten – sie war der Chef, ganz klar. Thomas machte eine starke visuelle und kinästhetische Erfahrung des Raums, in dem er arbeiten würde. Dieser ähnelte stark der Logopädiepraxis, in der er bei seinem Bekannten ein Praktikum gemacht hatte, und er spürte, wie sehr ihn solch ein Ort berührte. Stefanie hatte immer wieder die

Szene im Kopf, wie sie vor einer Gruppe steht und gerade mit Humor und Enthusiasmus die Teilnehmer des Trainings mitreißt, um etwas auszuprobieren. Stefanie war ebenfalls sehr berührt von diesem Bild. »Das ist ja gar keine Vision«, sagte sie leise, mit Tränen der Berührung in den Augen. »Das habe ich ja schon erlebt! Ich weiß, wie sich das anfühlt!«

Auch mein eigenes Beispiel ist rückblickend betrachtet erstaunlich. Denn heute ist diese Vision zu 100 Prozent verwirklicht!

Als ich nach sechs Jahren in der Festanstellung meine Selbstständigkeit plante, habe ich mit einer Kollegin mit der Methode der Visionsreise gearbeitet. Folgende Bilder konnte ich sehen: Ich bin an einem Ort mit einem Wald in der Nähe. Das tiefe dunkle Grün der Bäume hat eine starke, beruhigende Ausstrahlung. Es ist auch Wasser in der Nähe. Der Arbeitsraum, in dem ich arbeite, ist ein Ort der Ruhe und der Inspiration. Menschen kommen aus vielen Himmelsrichtungen hierher, nehmen Wege in Kauf, um dort mit mir zu arbeiten (ich hatte immer das Bild, dass Menschen zu mir kommen und nicht, dass ich, wie bei Beratern, Trainern, Coachs häufig üblich, selber viel zu Kunden reise). Die Menschen erzählen mir von Ihren Problemen und Wünschen, und ich unterstütze sie dabei, für diese Probleme neue Lösungen zu finden. Die Verbindung nach innen, zu tragenden Werten und Sinn ist dabei zentral. Ich erlebe, dass Menschen bereit sind, für das, was sie bei mir finden, auch Geld zu bezahlen, gutes Geld. Ich habe Kunden, die dies aufbringen.

Für mich ergab sich kein Mottosatz aus dieser Visionsreise, aber ganz zentral dieser Blick auf die Bäume mit ihrem tiefen Grün. Er symbolisierte für mich alles, was ich im Beruflichen machen wollte.

Wenn ich heute, im Jahr 2013 auf diese Vision zurückschaue, ist es ehrlich gesagt beeindruckend, wie präzise manche Details eintrafen. Man könnte wirklich von der »sich selbst erfüllenden Prophezeiung« sprechen, im positiven Sinne. Zum Zeitpunkt der Visionsreise wohnte ich noch allein ohne meinen Mann in einem zentralen Bezirk von Berlin, also keineswegs so wie in meinem Visionsbild. Heute lebe und arbeite ich in Berlin-Tegel, mit dem Tegeler See und dem Tegeler Forst gleich um die Ecke – das tiefe Grün der Bäume beruhigt und inspiriert mich beinahe jeden Tag. Mein Arbeitsraum und meine

Arbeitsweise sind genauso eingetroffen wie in der Vision. Ich sah in dieser inneren Bilderreise tatsächlich auch eine Wohnung, die der, in der wir heute leben, einfach frappierend ähnlich war.

Und natürlich hat meine Vision auch Konsequenzen. Wer einen schönen Arbeitsraum hat und nicht viel zu Kunden reist, muss diesen Raum finanzieren. Auch in den Sommermonaten, wenn Klienten Ferien machen. Bin ich gern bereit, diesen Teil der Vision in Kauf zu nehmen? Ja!

Vision und Ziele – auf die richtige Formulierung kommt es an

Nun haben Sie per »Zukunftsvideo« einen Eindruck davon bekommen, wie der Job, der zu Ihnen passt, sich anfühlen kann. Am Ende dieses Buches soll ein Plan für Sie entstehen, wie Sie konkret weiter vorgehen. Dazu nutzen Sie dann wieder die einzelnen Elemente der KAIROS-Methode.

Wie ich in der Einleitung bereits geschildert habe, wollen manche Klienten sehr schnell zu konkreten Schritten übergehen, schreiben überhastet an ihrem Lebenslauf und posten diesen in diversen Foren. Nach einigen Sitzungen kommen solche Aktivitäten dann meistens erst einmal zur Ruhe. »Ich weiß eigentlich gar nicht recht, was ich will und ob ich dann eine Stelle nach einem Einstellungsgespräch auch annehmen würde«, gestand sich eine meiner Klientinnen ein. Aus dem Ziel »Bloß weg hier« wurde das mittelfristige Ziel »Ich orientiere mich in Ruhe neu, gemäß meinen Kompetenzen und Werten«. Für die kurzfristige Perspektive konnte sie die Herausforderung der derzeitigen Situation annehmen und für sich formulieren: »In der jetzigen Situation lerne ich, was für mich zu lernen ist, und finde einen guten Ausstieg.«

Was Sie als nächsten Schritt brauchen, um vom Status quo in konkrete Handlungen zu kommen, ist etwas, das ich Zielvision nenne. In dieser Zielvision bündeln Sie in einem energievollen Satz oder einem Bild, worum es im Kern Ihrer beruflichen Vision geht. Sie knüpfen also direkt an Ihrer Visionsreise des idealen Tages, der idealen Woche und des idealen Jahres an und formulieren dafür einen oder zwei Sätze. Häufig fallen diese Formulierungen sehr bildhaft aus. Christina zum Beispiel fand für sich den Satz: »Ich steuere das Schiff und gebe Orientierung für Projekte im Sozialmanagement.«

Eine solche Zielvision zeigt Ihnen, in welche Richtung es gehen soll, und sie leitet Ihren persönlichen KAIROS-Prozess. Sie werden jetzt vielleicht einwenden: Ist ein Bild denn ausreichend als Ziel? Meine Antwort: Zu Beginn einer Veränderungsphase sind ein Bild und ein prägnanter Satz sogar besser als ein konkretes Ziel. Denn in Bezug auf Ziele und deren Formulierung gilt es, einen wichtigen Punkt zu beachten, den die neuere Forschung herausgearbeitet hat und den ich Ihnen natürlich nicht vorenthalten möchte.

In der Zielarbeit nutze ich die neuesten Erkenntnisse aus den Neurowissenschaften und der Psychologie zur Ziel- und Motivationsforschung.[29] Dort unterscheidet man zwischen zwei Typen oder auch Arten von Zielen, nämlich, erstens, spezifische Ergebnis- oder Verhaltensziele und, zweitens, übergeordnete Haltungen, auch Haltungsziele. Letztere sind einer Vision näher, was ja der Phase entspricht, in der Sie sich gerade befinden. Eine Zielvision ist weniger konkret als ein Verhaltensziel, aber umso kraftvoller. Sie werden feststellen, dass ein gutes Visionsziel sich von unrealistischen und utopischen Zielen klar unterscheidet. Kein Visionsziel ist zum Beispiel eine Aussage wie: »Meine Chefin zahlt mir eine Million Euro im Monat für vier Stunden Arbeit in der Woche.« Zumindest müssten Sie dann definieren, worin denn Ihre wertvolle Leistung besteht, die jemandem eine Million Euro wert ist. Sie sehen, auch Visionsziele haben ganz konkret etwas mit Ihnen zu tun, mit dem, was Sie umsetzen können. Generell gibt es für die Formulierung von Zielen und der Zielvision sinnvolle Regeln. Ziele sollen

- frei von Verneinungen formuliert werden,
- realistisch und angemessen herausfordernd sein,
- eigenverantwortlich zu erreichen sein,
- respektvoll/achtsam gegenüber anderen und sich selbst sein,
- attraktiv/körperlich positiv verankert sein.

Warum sind Visionsziele für das KAIROS-Karrierecoaching überhaupt so wichtig?

Das KAIROS-Prinzip meint ja, das Richtige zum richtigen Zeitpunkt zu tun. Und damit auch, das Falsche zu lassen. Wer weiß, dass er einen roten Wagen sucht, wird die blauen Modelle im Katalog gelassen überblättern. Wer nicht weiß, welche Farbe gerade jetzt die passende ist, sucht stundenlang und gibt schließlich erschöpft auf oder greift zum nächstbesten Automodell – und ist dann unzufrieden.

Ein klares, sinnvolles Ziel motiviert und bietet Orientierung. Es ist verbunden mit den bestehenden Werten und Grundsätzen eines Menschen. Ihr eigenes Handeln bekommt durch Ihr Visionsziel eine Richtung, und Entscheidungsprozesse werden dadurch vereinfacht. Dadurch, dass Sie Ihr Visionsziel vor allem bildlich und metaphorisch formulieren, erhalten diese eine besondere Kraft.[30] Ihr Unterbewusstes mit seinem ganzen Reservoire an Gefühlen, Erfahrungen und Kompetenzen ist mit an Bord. Sie können nämlich gar nicht für jede einzelne Situation mit dem Kopf entscheiden, was jetzt gerade wichtig für Ihr Berufsziel ist und was Sie konkret tun sollten. Indem Sie also Ihre Vision ausrichten, entwickeln Sie ein besseres Gefühl für Situationen, in denen Sie entscheiden müssen. Sie können Ihre Energie besser bündeln und Optionen aussortieren. Sie erkennen den Kairos, indem Sie das Richtige zum richtigen Zeitpunkt auswählen und dann umsetzen. Ebenso können Sie bestehende Probleme oder potenzielle Schwierigkeiten leichter ausmachen, wenn Sie klar erkennen, dass diese Ihrer Zielvision im Wege stehen. Und nicht zuletzt werden so Lösungen schneller gefunden und erkannt.

»Ich will irgendwie wieder zufriedener im Job werden« ist häufig ein sehr allgemeines vages Ziel, mit dem meine Klienten in ein Coaching zur Berufsorientierung kommen. Manche pflegen auch eher den »Weg-von«-Ansatz: »Ich will raus aus diesem Unternehmen!« »Bloß weg von diesem Chef!« »Ich will nicht mehr so wenig Geld verdienen!«

Bei der Arbeit an Zielen ist es wichtig, neben der Motivation seine Werte sowie bereits vorhandenen Ziele zu beachten, damit diese nicht in Widerspruch mit- und untereinander stehen. Wichtig ist eine Stimmigkeit im gesamten Wertesystem, wobei mögliche Auswirkungen auf die unterschiedlichen Lebensbereiche berücksichtigt werden sollten. So haben Sie es bereits in Ihrer Visionsreise gemacht. Das Ziel »Ich verdiene ganz viel Geld im Job« lässt sich im Allgemeinen durchaus umsetzen, aber nicht jeder möchte die möglichen Konsequenzen einer solchen Lebensweise auch tragen.

Der Bezug zu den Ergebnissen aus dem ersten Teil dieses Buchs ist also ganz zentral, wenn Sie jetzt Ihre Zielvision erstellen. Der Fokus liegt hier auf Ihren Werten und damit der Sinnhaftigkeit Ihrer Ziele sowie der Stärke Ihrer Motivation hinsichtlich Ihrer Zielerreichung. Aber natürlich beachten Sie auch Ihre tatsächlichen Kompetenzen und die objektiven Fakten der Arbeitsbedingungen.

Vor allem müssen Sie Ihre Zielvision daraufhin überprüfen, ob es Ihre eigene ist (und nicht die Ihrer Freundin, Mutter, Ehefrau, Ihres Vaters oder Partners) und ob sie zu Ihrer Lebensphase passt. »Ich starte voll durch in der Karriere« ist vielleicht ein passendes Ziel für jemanden, der gerade aus der Ausbildung oder von der Uni kommt und loslegen möchte. Aber zehn Jahre später kommen andere Parameter hinzu, vor allem natürlich die Frage nach Familie und nach mehr Lebensbalance.

Ihre beruflichen Ziele müssen generell zu Ihrer Persönlichkeit, Ihren Fähigkeiten und zu Ihrer Lebensphase passen und sollten dementsprechend formuliert werden. Mit vielen Klientinnen habe ich beispielsweise an einer passenden Zielformulierung für einen nächsten Schritt in eine Führungsposition gearbeitet, sodass die Frauen nicht das Gefühl haben, sich zu verbiegen. Auch die Zielvision »Führen wie mein Chef« ist häufig eher abschreckend, denn es fehlt ihr an positiven Vorbildern. Auch in diesem Zusammenhang sind eigene Bilder hilfreich und wertvoll. Eine Klientin fand für sich das Bild des Yin/Yang-Symbols sehr treffend, denn es verkörperte für sie die Balance von traditionell »männlichen« und »weiblichen« Eigenschaften, die beide positiv sind. »Mein Führungsstil folgt dem Yin/Yang-Symbol« war für sie ein passender Satz, der als berufliche Zielvision sie selbst als Führungskraft tragen konnte.

Auch für Ihre Vision von dem Job, der jetzt zu Ihnen passt, schlage ich Ihnen daher eine bildliche Art der Zielformulierung vor. Diese

Zielart nennt man in der Psychologie wie oben erläutert »Haltungsziele«, ich nenne sie Visionsziele[31]. Solche übergreifenden Zielbilder
sind dann sinnvoll, wenn eine spezifische Zieldefinition (noch) nicht
möglich oder auch generell nicht sinnvoll wäre. Also zum Beispiel,
wenn Sie noch gar nicht genau wissen, in welches Unternehmen Sie
wollen oder ob Sie sich vielleicht selbstständig machen sollten. Berufliche Orientierung ist ein komplexes Szenario. Einfache Verhaltensziele wie »Ich schreibe 25 Bewerbungen in den nächsten zwei
Wochen« treffen hier einfach nicht den Kern der Dinge, gerade weil
sie viel zu konkret formuliert sind. Gut sind solche Ziele dann für die
nächsten Handlungsschritte.

Anders als Ergebnis- oder Verhaltensziele werden Haltungs- oder
Visionsziele allgemeiner formuliert, weil sie situationsübergreifend
wirksam werden sollen. »Ich segle im frischen Wind hin zu neuen
Ufern und ankere, wo es verlockend ist« könnte so ein übergreifend
formuliertes Visionsziel für den Aufbruch zu einem Praktikum sein.
Es ist stark motivierend – für die Person, die es so formuliert hat –
und löst in ganz unterschiedlichen Situationen automatische Hand-
lungsimpulse aus, ohne dass man konkret darüber nachdenken
müsste. Der »verlockende Ankerplatz« kann die Fahrt im Zug sein,
auf der sie ein interessantes Gespräch über Ihre Berufswünsche mit
einem Mitreisenden führen. Oder auch eine Jobmesse mit interessanten Angeboten. In ihrer Wirkung sind Haltungsziele mit einem
inneren Kompass oder einer Art Leitstern vergleichbar, der hinsichtlich eines Ziels Orientierung bietet. Als Leitsatz eröffnet Ihnen ein Haltungsziel automatisch und intuitiv Handlungsoptionen,
sodass Sie sich auf ein Ziel hinbewegen können. Die Psychologin
Maja Storch hat in diesem Zusammenhang auch den Begriff »Motto-
Ziel« geprägt, ein meiner Ansicht nach sehr passender Ausdruck
für diese Art Zielformulierung.[32] Sie gestalten für sich ein Motto,
das Ihre Zielvision auf unwiderstehliche Weise anziehend formuliert!

Im Coaching kommen Klienten und ich oft zu einer prägnanten
Aussage. Sie geht einher mit Bildern oder einer Metapher, die das
Ziel auf den Punkt bringen. Dieser Zielsatz kann auch aus einer Aus-
sage bestehen oder eine Affirmation (Bejahung) des Zielzustands

sein. Kriterium für die Wirksamkeit eines Haltungsziels sind immer die absolut positive Resonanz im ganzen Körper und die Motivation, die die Formulierung bei Ihnen im Selbstcoaching hervorruft.

Die erste Zielvision

Und jetzt formulieren Sie Ihre Zielvision. Breiten Sie dazu die über sich gewonnenen Erkenntnisse vor sich aus oder werfen Sie einen erneuten Blick darauf. Lassen Sie die Bilder Ihrer Visionsreise wieder vor sich aufsteigen.

Formulieren Sie jetzt Ihr Visionsziel. Versuchen Sie, Ihre damit verbundenen Emotionen und die Energie, die Sie bei der Zielerreichung höchstwahrscheinlich verspüren, darin abzubilden. Konkret können Sie folgende Optionen dafür nutzen:

- markieren Sie die am meisten energiegeladenen Wörter Ihrer Visionsreise
- formulieren Sie einen Satz daraus
- oder nutzen Sie ein Bild, das Ihnen zu Ihrer Visionsreise einfällt und bauen Sie dieses in Ihre Formulierung ein

Statt eines Bildes können Sie auch ein ganz bestimmtes Gefühl mithilfe einer prägnanten Formulierung ausdrücken. Folgen Sie dabei Ihrer Intuition und einem zu 100 Prozent positiven Körpergefühl!

Die Visionszielsätze unserer Protagonisten lauten:

- *Stefanie*: Ich lebe meine wahren Stärken in meinem Beruf voll und ganz.
- *Thomas*: Ich öffne den Raum für wahrhaftiges Sprechen.
- *Christina*: Ich steuere das Schiff und gebe Orientierung für Projekte im Sozialmanagement.

Ihr eigener Satz zu Ihrer beruflichen Vision kann gar nicht energie- und emotionsgeladen genug sein. Denn er muss Sie später sicher auch durch manches Tal und über manche Durststrecke tragen. Manchmal ist es auch eher ein stilles, ruhiges, aber sehr starkes Gefühl, das mit dem Bild oder dem Motto verbunden ist.

Horchen Sie in sich hinein und folgen Sie allein Ihrem Bauchgefühl. Es geht hier um Sie und nicht um das, was andere möglicherweise meinen oder denken.

An dieser Stelle kommt mir eine Klientin in den Sinn, die das, was sie mit dem für sie idealen Job verband, so auf den Punkt brachte: »Ich will einen Job, der wie Berlin ist.« Die Stadt symbolisierte für sie das, was sie sich wünschte und worin ihre Werte und Kompetenzen zum Tragen kamen: Unkonventionalität, Internationalität, Kreativität und ähnliche Dinge mehr. Ebenso drückte sie damit aus, was ihr nicht so wichtig war und was sie bereit war, in Kauf zu nehmen, Stichwort »arm, aber sexy«. Dieses »Berlin-Gefühl« war ortsunabhängig. Solange die neue Tätigkeit ihr das bieten würde, was sie darunter versteht, war auch eine räumliche Veränderung in eine Stadt wie Hamburg, Leipzig, Essen oder München eine Option. Ihr erschloss sich intuitiv, ob das »Berlin-Feeling« an der Arbeitsstelle zu finden war. Ich empfehle Ihnen, ebenso vorzugehen!

Notieren Sie nun Ihre motivierende Zielvision in einem Satz.

Überprüfung und Fazit zur Zielvision

Ich selbst habe schon die Erfahrung gemacht, dass man sich mit einem Zielsatz vor Augen etwa in beruflichen Situationen automatisch ganz anders verhält als vorher. Mit einem Satz wie »Ich will einen Job, der wie Berlin ist« beispielsweise müssen Sie sich nicht im Einzelnen vornehmen, was genau sie beim Vorstellungsgespräch anders machen werden, vielmehr geschieht es in der Situation angemessen und wie von allein, ohne Ihr bewusstes Zutun.

Voraussetzung ist, dass Sie den Visionszielsatz vorher oft genug wiederholen und ihn mithilfe mehrerer Anker (beispielsweise Bilder, die Sie aussuchen, Notizen oder ein bestimmter Duft) und in verschiedenen Situationen verinnerlicht haben.

Damit Ihre Ziele wirksam sind, überprüfen Sie Ihre Zielvision in jedem Fall noch einmal an den allgemeinen Formulierungskriterien von Zielen:

- frei von Verneinungen
- realistisch und angemessen herausfordernd
- eigenverantwortlich zu erreichen
- respektvoll/achtsam gegenüber anderen
- attraktiv/körperlich positiv verankert

Es mag unfair klingen, aber die unterbewussten Anteile eines Menschen ignorieren die in einer Zielformulierung enthaltene Verneinung. Aus dem Ziel »Ich will nicht mehr rauchen« wird das Gegenteil: »Ich will – mehr rauchen«. Wenn Negatives oder Destruktives auf inhaltlicher oder sprachlicher Ebene darin vorkommt wie etwa »Krankheit«, schließt nicht nur die Zielformulierung, sondern jegliche Art der Beschäftigung mit dem gewünschten Ziel auch den Anteil ein, der eigentlich überwunden oder vermieden werden soll.

In der Zusammenarbeit mit Klienten bilden häufig Negativformulierungen den Ausgangspunkt. Das liegt daran, dass Menschen das, was sie nicht mehr wollen, oft klarer ist als das, was sie anstreben. Ich unterstütze sie dann darin, ein positives Zielbild zu finden. Anstatt also zu sagen: »Ich will nicht mehr krank sein«, arbeiten wir gemeinsam auf Aussagen hin wie: »Ich will mich lebendig und voller Energie fühlen«, wobei es noch besser ist, die Gegenwarts- statt der Zukunftsform zu verwenden, also: »Ich fühle mich lebendig und voller Energie.« Solche Formulierungen sind kraftvoller. Man sollte jedoch achtgeben, dass man nicht zu schnell zu viel erwartet. Nicht selten besteht anfangs eine Ist-Soll-Diskrepanz, die mitunter zu Ablehnung des Ziels führen kann. Damit eine Zielerreichung so realistisch wie nur irgend möglich bleibt, kann ein konkreter Zeithorizont mit einfließen. »Ich werde mich bis Ende des Jahres lebendig und voller Energie fühlen« wäre eine Option.

Ein wesentlicher Punkt ist auch die bereits angesprochene realistische Zielsetzung. Im Coaching achte ich darauf, dass das Verhältnis von Herausforderungen und Fähigkeiten stimmt. »Ich möchte meine wahren Stärken ein bisschen mehr in meinen Beruf einfließen lassen« würde Stefanie sicher nicht hinter dem Ofen vorlocken. Bei »zu kleinen« Zielen fühlt man sich leicht unterfordert, Langeweile ist irgendwann die Folge. Zu große Ziele können hingegen unerreichbar erscheinen und damit destruktiven Stress oder Frustration auslösen. »Ich bin im kommenden Jahr der erfolgreichste Kommunikationstrainer Deutschlands« wäre für Stefanie ebenfalls nicht motivierend – dabei handelt es sich nicht mehr um ein Ziel, sondern um eine Utopie. Das Maß von Herausforderung und Fähigkeiten ist bei jedem Menschen und jedem neuen Ziel unterschiedlich und muss individuell erarbeitet werden: Ein Ziel, das angemessen herausfordert, löst den Wunsch aus »loszulegen«.

Ziele sollen eigenverantwortlich erreichbar und von anderen Personen unabhängig formuliert sein, sodass die Unterstützung von außen für den Erfolg nicht notwendig beziehungsweise minimal ist. »Ich will, dass mir mein Chef mehr Anerkennung gibt« ist eine weniger gute Formulierung als »Ich werde mir mehr Anerkennung von meinem Chef einfordern«. Alternativ könnte die Zielformulierung auch lauten: »Ich sorge dafür, dass mein Chef meine Leistungen zur Kenntnis nimmt und angemessene Rückmeldung gibt.« Je nach Kontext könnte auch folgende Zielsetzung herauskommen: »Ich freue mich an meinen Erfolgen – unabhängig von der Anerkennung meines Chefs.«

Bei der Zielsetzung ist weiterhin wichtig, darauf zu achten, welche Auswirkungen das Erreichen des Ziels auf Ihr Umfeld haben wird. »In einem Jahr werde ich ein erfolgreicher Coach sein, mit mindestens 30 Klienten jährlich. Dabei habe ich ausreichend Zeit für meine Familie« wäre eine Zielformulierung, in der diese Berücksichtigung zum Ausdruck kommt.

Das wichtigste Kriterium jedoch ist die hundertprozentige Zustimmung und Motivation, die eine Zielformulierung bei Ihnen auslöst. Von daher müssen Ziele attraktiv und körperlich positiv verankert sein – es muss bei Ihnen eindeutig »klick« machen. Beispielsweise durch lautes Vorlesen der eigenen Ziele sollten Sie in einen guten Zustand gelangen, der körperlich sichtbar und spürbar ist. Vielleicht haben Sie ja schon einmal erlebt, wie aufrecht Ihr Gang auf einmal war, nachdem Sie in einer Situation etwas ausgesprochen haben, das

Ihnen schon lange auf dem Herzen gelegen hatte. Oder wie gut und erleichtert Sie sich gefühlt haben, nachdem einer Ihrer Mandanten wider Erwarten seine Wertschätzung zum Ausdruck gebracht hat. Ich kann Ihnen nur empfehlen, auf Ihr Bauchgefühl zu hören, wenn Sie Ihr Visionsziel formulieren. Gibt Ihr Bauch Ihnen sein Einverständnis, ist das ein Zeichen dafür, dass ein Ziel widerspruchsfrei und wirklich motivierend formuliert ist.

Innere Mentoren und Saboteure

»Das Leben ist doch kein Wunschkonzert!« – »Wer sagt das?« Stefanie steht mit mir vor dem Flipchart. In großer Schrift habe ich ihren Zielvisionssatz dort aufgeschrieben: »Ich lebe meine wahren Särken in meinem Beruf voll und ganz!«

Stefanies Augen haben geleuchtet, als sie den Satz vorgelesen hat, ihr Bauchgefühl hat »ja« gesagt. Jetzt steht Stefanie auf einmal mit hängenden Schultern vor dem Flipchart. »Was ist denn?«, will ich wissen. »Na ja«, meint sie kleinlaut, »ich hab ja noch nicht mal Abitur! Was heißt hier ›meine Stärken leben‹? Ist doch alles utopisch!«, verzieht sie verächtlich den Mund. Es ist, als ob plötzlich eine andere Seite aus Stefanie spricht, sogar nonverbal in ihrer Mimik. Ich erkenne ein »inneres Teammitglied« in ihr, einen Saboteur, der Stefanies fundierter Zielvision nicht freundlich gegenübersteht – aber eben auch ein Teil von ihr ist. Daran, dieses Teammitglied in einen Unterstützer zu verwandeln, werde ich mit Stefanie eine Zeit lang arbeiten. Und zum Glück finden wir auch noch einige andere, unterstützende Stimmen, ihre inneren Mentoren.

Vielleicht haben Sie sie auch schon einmal oder öfter vernommen, Ihre inneren Stimmen zu Ihrer eigenen beruflichen Veränderung. Vermutlich hat eine von ihnen Sie sogar veranlasst und ermutigt, zu diesem Buch zu greifen: »Na los, mach schon. Den Leidensdruck, der durch die gegenwärtige Atmosphäre im Team hervorgerufen wird, kannst du nicht länger ignorieren. Und du weißt aus Erfahrung, dass Verdrängen und Aussitzen noch nie das geeignete Mittel der Wahl waren. Du schaffst es, hol dir Unterstützung, wenn du aktiv etwas verändern möchtest!« Hier hatten Sie einen guten Ratgeber, der sich eventuell gegen Ihre inneren Skeptiker durchgesetzt hat.

Aber sobald Sie Ihre Zielvision aufgeschrieben haben, melden sich auch die zweifelnden Stimmen wieder zu Wort.

Die Formulierung der ersten Zielvision diente zum einen der praktischen Anwendung dessen, was Sie im ersten Teil erfahren haben. Zum anderen ist sie eine Art Einstimmung beziehungsweise der Ausgangspunkt für die Karriereplanung in Form konkreter Schritte, wie Sie sie am Ende des Buches vorbereiten: damit Sie Ihr Ziel – die richtige Weichenstellung für den richtigen Job zum richtigen Zeitpunkt – auch erreichen. Nun ist es Zeit, dass Sie Ihre inneren Mentoren und Saboteure kennen lernen, die entlang Ihrer Wegstrecke lauern beziehungweise Sie unterstützen.

»Was spricht da alles in mir?« Bestandsaufnahme mit dem »Inneren Team«

Zunächst einmal ist es völlig normal, dass wir zu einer so komplexen Sache wie einer beruflichen Veränderung mehrere »Stimmen« in uns haben. Das kennen Sie sicher schon in weit einfacheren Situationen, zum Beispiel morgens, wenn Sie aufwachen und eine Stimme sich meldet: »Och, noch keine Lust aufzustehen«, aber eine andere meint: »Na los, nun mach schon!« Diese unterschiedlichen Stimmen in uns hat der Kommunikationspsychologe Friedemann Schulz von Thun »Inneres Team« genannt.

Sie selbst haben aus einem ganz bestimmten Grund zu diesem Buch gegriffen. So mag es ein »strenger Lehrer« gewesen sein, der Sie dazu angetrieben hat; ein »Zauderer« hat vielleicht warnend den Zeigefinger erhoben, weil Sie in Erwägung ziehen, Ihre Komfortzone zu verlassen; ein »Förderer« hat Sie zu diesem ersten Schritt ermutigt. Jedes Mitglied dieses »Teams«, das auf unterschiedliche Anteile in Ihrem Innern zurückgeht, hat seine eigene Meinung zu Ihrem Vorhaben und äußert sich dazu, wobei sie sich einander auch durchaus widersprechen können. Gelingt es uns, mit diesen unterschiedlichen Stimmen bewusst umzugehen, sorgt das hinsichtlich Kommunikation und Entscheidungen für Klarheit nach innen und außen.

Manche innere Stimmen unterstützen ein Vorhaben, andere sprechen dagegen, wieder andere verhalten sich neutral. All diese »Saboteure« und »Mentoren«, wie ich sie nenne, gehen zurück auf Menschen, die im Laufe Ihres Lebens Autoritätspersonen waren – manches ist auch gesellschaftlich geprägt. Typische Aussagen haben Sie in Gestalt sogenannter Glaubenssätze verinnerlicht, die ganz bestimmte Konzepte ausdrücken – etwa wie wir die Welt sehen, was geht und was nicht. Wieder andere Stimmen lassen sich auf Vorbilder zurückführen. Die entsprechenden Glaubenssätze sind positiver Natur, weil sie Sie unterstützen. Und auch Charakterstärken, Werte oder Kompetenzen tauchen manchmal als eigene Anteile, als Stimmen im Chor unseres Inneren Teams auf. Das Innere Team ist somit eine Möglichkeit, ganz plastisch unsere Stärken und Ressourcen zu erleben.

Achtung Gefühle!

Bevor Sie die folgende Übung zum »Inneren Team« machen, möchte ich Sie noch darauf hinweisen, dass diese Übung auch starke Gefühle hervorrufen kann. Handeln Sie also eigenverantwortlich und wenden Sie sich gegebenenfalls an einen professionellen Coach, der Sie bei diesem Schritt unterstützen kann.

Im Coaching stellt die Methode des Inneren Teams eine Möglichkeit dar, unterschiedliche Facetten der Innerlichkeit zu einer Fragestellung, einem Problem oder einem Ziel bewusst zu machen und damit zu arbeiten. Dabei können je nach Kontext und Fragestellung unterschiedlich tiefe Schichten der Persönlichkeit erreicht werden, bis hin zum Wesenskern eines Menschen. Manchmal kommen sehr persönliche und emotionale Prozesse in Gang. Ziel ist es, Mitglieder des Inneren Teams bildlich und emotional als Träger von mentalen und emotionalen Konzepten erlebbar zu machen. Sie sind deshalb auch mit körperlichen Reaktionen verbunden, auch wenn dies nicht immer bewusst ist.

Wenn Sie sich also der Hauptaussagen Ihres Inneren Teams bewusst werden, kann dies möglicherweise körperliche Reaktionen hervorrufen, positiv wie negativ. Sie werden die Statements auch körperlich verorten können. Beispielsweise hat der einschränkende Satz »Schuster, bleib bei deinem Leisten« – so er auch in Ihrer Biografie gefallen ist – Ihnen vielleicht aufgrund seiner mahnenden Wirkung die Kehle zugeschnürt. Hören und fühlen Sie also genau in sich hinein. Es ist wichtig, dass Sie in und mit dieser Übung achtsam mit sich sind.

Übung 27: Das Innere Team zu meiner Zielvision

Um für sich selbst und in der Auseinandersetzung mit anderen Personen auf Ihrem Weg zum richtigen Job Klarheit zu gewinnen, müssen Sie Ihr Inneres Team zunächst kennenlernen. Kein Mitglied soll im Hinblick auf eine anstehende Entscheidung übergangen werden, sonst könnte es passieren, dass man hinterher die getroffene Wahl bereut oder im schlimmsten Fall den falschen Entschluss gefasst hat. Diese Übung soll Ihnen helfen, sämtliche Mentoren und Saboteure ausfindig zu machen und an einen Tisch zu bringen, wenn es um das Herausfinden der Tätigkeit geht, die jetzt zu Ihnen passt. Ich empfehle Ihnen, sich Notizen zu machen, damit Sie den Überblick über die verschiedenen Teammitglieder und Aussagen behalten.

Was Sie brauchen:

- Ein DIN-A4- oder besser noch DIN-A3-Blatt. Sie können eine Figur mit einem großen Bauch darauf zeichnen, der fast das gesamte Blatt einnimmt – in ihn schreiben Sie dann die Sätze und die Namen der Teammitglieder.
- Größere Haftnotizen oder Pinnkarten für Aussagen und Namen der Figuren. Schreiben Sie auf eine Karte jeweils nur ein Figur und ihre Aussage, da Sie die Figuren nachher umgruppieren werden.

Schritt 1: **Teammitglieder einladen, sich zu zeigen.** Ausgangspunkt der Übung ist Ihr Zielvisionssatz. Bei Stefanie war dies: »Ich lebe meine wahren Stärken in meinem Beruf voll und ganz!«

Nun stellen Sie sich die Frage:

- Wenn ich diesen Satz lese oder ausspreche, was meldet sich da in mir?

Schließen Sie eventuell die Augen und haben Sie Ihren Stift griffbereit. Notieren Sie einfach bitte den Satz, der Ihnen als erster in den Sinn kommt, welche Stimme sich als erste meldet, wenn Sie an den Zielvisionssatz denken: »Hast du nicht schon lange Lust auf etwas Neues?«

Ich leite Sie durch den Prozess mit Stefanie. Diese hörte gleich hintereinander zwei äußerst kritische Sätze: »Du? Du hast nicht mal Abitur!«, und »Schuster, bleib bei deinem Leisten.«

Schritt 2: **Teamspieler erkunden.** Nun geht es darum, sich jedem einzelnen Teamspieler der Reihe nach zuzuwenden. Ziel ist es, sich mit den Teamspielern so weit vertraut zu machen, dass Sie ihnen einen Namen geben, ihre Hauptaussage notieren und vielleicht sogar ein konkretes Bild vor Augen haben. Folgende Fragen/Anregungen können Sie darin unterstützen:

- Was ist seine Hauptaussage? Vielleicht »Ich zeig's euch allen«?
- Von wem kommt denn die Aussage, dass …?
  Wie sieht er/sie aus?
- Wie könnte ich denn dieses Teammitglied nennen? Passt eventuell die Bezeichnung »der Enthusiast«?
- Hat er oder sie vielleicht Ähnlichkeiten mit jemandem aus meinem Umfeld? Gib es Ähnlichkeiten? An wen erinnert er/sie mich?
- Wie alt ist dieses Teammitglied?

Stefanie fand Folgendes heraus über die ersten beiden Aussagen, die sie sofort hörte, sowie über zwei weitere Stimmen:

»Du? Du hast nicht mal Abitur!« Dieses Teammitglied nannte Stefanie »Der unbarmherzige Kritiker«. Sie sah einen alten grantelnden Mann – ihrem Vater nicht unähnlich. Und von ihrem Vater kannte sie auch den Satz selbst. Jetzt aber lebte der »unbarmherzige Kritiker« in ihr.

Den zweiten Satz »Schuster, bleib bei deinem Leisten« ordnete Stefanie einer Figur zu, die sie »Der Traditionelle« nannte. Dieses Teammitglied war weniger beißend sarkastisch, sondern eher väterlich besorgt. »Wie ein

Großvater in mir, der mich liebevoll ermahnt, dass ich keinen Unsinn machen soll«, sinnierte sie.

Zum Glück meldeten sich gleich auch noch zwei andere Stimmen, als Stefanie ein weiteres Mal an Ihren Zielvisionssatz dachte:

»Wow, das ist es!«, – diese Stimme nannte Stefanie »Die Enthusiastin«. Dann gab es noch eine Stimme, die sagte: »Ich wünsche dir, dass du glücklich wirst« – die den Namen »Die Mütterliche« bekam.

Ich schrieb für Stefanie jeweils die Aussage und den Namen der Figur auf Haftnotizen und klebte diese auf das vor uns liegende Blatt. Dabei folgte ich Stefanies Angaben, wie sie die Anordnung der Figuren haben wollte.

Wie Sie sehen, können Sie sehr kreativ und intuitiv mit diesen inneren Stimmen arbeiten. Stellen Sie die einzelnen Teammitglieder also gern auch noch visuell dar. Gibt es ein Bild, eine Figur, die ihnen jeweils entspricht? Sie können sie auch zeichnen. Hängen Sie Abbildungen von ihnen gut sichtbar auf oder versammeln Sie die sie versinnbildlichen Gegenstände vor sich. Führen Sie das so lange fort, bis die wichtigsten Teamspieler erhoben sind. Schauen Sie dazu immer wieder auf den Zielvisionssatz und warten Sie auf eine innere Reaktion. Nach einer Zeit werden Sie merken, wie der Strom der inneren Stimmen langsamer wird, so als ob alles gesagt sei zu dem Thema. Warten Sie dann einen Augenblick und lesen Sie nochmals Ihren Zielsatz oder fragen Sie leise in sich hinein: »Und wer ist da noch?«

Schritt 3: **Weitere (leise) Teammitglieder ausfindig machen.** Wen gibt es noch »in Ihnen«? Hat Ihr eigener Enthusiast etwa Gegenspieler? Auch hier können Sie sich fragen:

- Was sagen diese Gegenspieler? Was genau ist ihre Aussage?
- Gibt es noch andere, die dem »mitreißenden Enthusiasten« etwas entgegnen?
- Jede Stimme darf und soll ihre ganz eigene Aussage machen. Sie wird ihren Grund haben, sich zu melden und einzumischen.

Geben Sie auch diesen Stimmen einen Namen, schreiben Sie ihre Kernaussagen auf und stellen Sie sie visuell dar. Wie gesagt, es ist wichtig, dass jede Stimme ihre eigene Meinung zum Thema vertreten darf und nicht von anderen inneren Stimmen »zensiert« wird.

Bei Stefanie waren die Stimmen in der zweiten Runde folgende:

»Du bist super!« – Der Fan

»Ich habe da Ideen, wen man ansprechen kann!« – Die Ideenreiche

»Vertrau dir doch – du kannst es« – Die Intuitive.

Und ganz zaghaft zuletzt noch: »Wirst du damit auch wirklich sicheres Geld verdienen?« – Die Vorsichtige

Wenn Sie zu den Menschen zählen, die bislang weniger in sich hineingehört haben, sollten Sie vor Schritt 4 die Bekanntschaft mit Ihrem Inneren Team und die gewonnenen Eindrücke zunächst nachwirken lassen. Auf manche warnenden Stimmen sollten Sie vielleicht wirklich hören, diese könnten auf Risiken aufmerksam machen. Andere Stimmen bringen Ideen, aber nur, wenn Sie diese auch auffordern und zulassen. Wieder andere tragen wirklich veraltete Botschaften in Ihnen mit sich herum. Dazu kommen wir im zweiten Teil dieses Kapitels, bei der Arbeit an Glaubenssätzen.

Sie sehen also, wie wichtig das Wissen um Ihre inneren Anteile in Anbetracht Ihrer bevorstehenden beruflichen Neuorientierung ist. Machen Sie sich miteinander vertraut – nehmen Sie sich bitte ausreichend Zeit dafür. Bedanken Sie sich bei den Teammitgliedern, dass sie sich gezeigt haben. Und verabreden Sie sich für weitere Treffen, vor allem dann, wenn es nötig und wichtig ist.

Die nächsten Schritte mit dem Inneren Team können Sie je nach Befinden entweder sofort weiter umsetzen oder zu einem späteren Zeitpunkt. Bewahren Sie daher Ihre Notizen auf.

Schritt 4: **Das Team strukturieren.** Wie Sie es aus beruflichen und privaten Zusammenhängen sicher kennen, unterliegen Teams einer gewissen Ordnung, sprich es gibt unterschiedliche Rollen und eine Hierarchie. So verhält es sich auch mit Ihrem Inneren Team. Wenn es nun darum geht, eine gute Entscheidung und kräftige Handlungsschritte für Ihr berufliches Ziel einzuleiten, müssen Sie quasi ordnend eingreifen.

Sie selbst werden dabei die Rolle des Moderators übernehmen.

- Gruppieren Sie nun die Stimmen, die zusammengehören und sich in ihren Aussagen unterstützen.
- … Stimmen, die Ihr Anliegen unterstützen.

- … Stimmen, die warnende Aspekte oder Risiken ansprechen.
- … Stimmen, die rundweg dagegen sind.
- … Stimmen, die … .

Stefanie unterteilte ihre Teammitglieder in vier Gruppen:

Die vorsichtig warnenden Stimmen:

- »Wirst du damit auch wirklich sicheres Geld verdienen?«
  – Die Vorsichtige
- »Schuster, bleib bei deinem Leisten«
  – Der Traditionelle

Die harte Kontra-Fraktion:

- »Du? Du hast nicht mal Abitur!«
  – Der unbarmherzige Kritiker

Die vollen Unterstützer:

- »Wow, das ist es!«
  – Die Enthusiastin.
- »Du bist super!«
  – Der Fan
- »Ich habe da Ideen, wen man ansprechen kann!«
  – Die Ideenreiche
- »Vertrau dir doch – du kannst es«
  – Die Intuitive

Die leisen Unterstützer:

- »Ich wünsche dir, dass du glücklich wirst«
  – Die Mütterliche

Gruppieren jetzt auch Sie Ihre Teammitglieder.

Schritt 5: **Gemeinsam handeln und entscheiden – der Innere Dialog.** Bei Ihnen geht es darum, dass Sie bezüglich Ihrer Zielvision ins Handeln kommen. Dazu brauchen Sie so weit eine Einigkeit im Inneren Team, dass nicht einzelne Stimmen das Vorhaben ganz blockieren oder ständig eine Pattsituation herstellen. Die Inneren Teammitglieder sind letztlich ja nur eine Metapher für innere psychische Anteile von Ihnen. Und insgesamt geht es darum, dass Sie als ganze Person handlungsfähig werden.

Um eine für alle Stimmen vertretbare Entscheidung zu treffen und mögliche Konflikte zu lösen, arbeiten Sie bitte nun mit einer Art innerem Dialog. Wenn Sie nicht sehr oft solche »inneren Dialoge« geführt haben, könnte Ihnen das komisch vorkommen. Probieren Sie es einfach einmal. Sie können verschiedene Wege nutzen. Ganz analog zu einer Situation in einem äußeren Team, werden Sie nun verhandeln.

1. Sprechen Sie über Ihr Visionsziel mit jeder Figur einzeln.

- Fragen Sie, was passieren müsste, damit die Figur Ihr Vorhaben auch unterstützt (wenn sie dagegen ist).
- Stellen Sie sich vor, was die einzelnen Teammitglieder sagen könnten.

2. Bringen Sie einzelne Teammitglieder miteinander in Dialog.

- Legen Sie dazu vielleicht die beiden Figuren oder Symbole dafür auf zwei Stühle vor sich.
- Was sagt der Kritiker zum Enthusiasten? Wie lässt er sich anstecken?
- Auf welche Ideen kommen Sie als »Oberhaupt«, wenn Sie den Stimmen zuhören?
- Notieren Sie Ihre Ideen.

Am Ende solch einer Übung haben Sie einen Überblick über das, was genau in Ihnen vor sich geht. Sie können daraus nächste Schritte für sich festlegen, beispielsweise:

- Mehr Informationen einzuholen, um die Bedenken kritischer Stimmen zu adressieren

- Gezielt die positiven Stimmen in Ihnen stärken: Was tut diesen Anteilen in Ihnen gut – also auch Ihnen als Person? (Zum Beispiel nicht mehr so viel mit der kritischen Freundin über Ihre Pläne zu reden …)
- Eine situative Kommunikationsstrategie festlegen. Es ist eine Sache, eine kritische Stimme in sich zu tragen, aber eine andere, ob diese sich nun gerade in einem Bewerbungsgespräch zu Wort melden muss. »Eigentlich mache ich das ja auch noch nicht so lange …«
- Vor wichtigen Gesprächen sich die wichtigsten Teammitglieder vor Augen rufen und die derzeit nicht benötigten temporär »beurlauben«. Das geht erstaunlich gut!
- Um die aktuelle Fragestellung zu beantworten oder das Ziel zu erreichen, muss allen »Beteiligten« klar sein, wer sich wann zu Wort melden darf, und zwar so, dass sich alle respektiert fühlen.

Generell gilt:

- Keine Stimme wird aus dem Team ausgeschlossen!
- Man kann aber mit Teammitgliedern zeitlich begrenzte Verabredungen treffen.
- Sie können eine vertiefte Arbeit mit einzelnen Stimmen – auch mit Unterstützung eines Coachs – angehen.

Stefanie entschied, sich mit dem »unbarmherzigen Kritiker« und dem »Traditionalisten« in ihr näher zu befassen.

Hinderliche Glaubenssätze als Saboteure

Wir Menschen sind komplexe Wesen. Jede Sekunde geschehen in uns tausende von biologischen Prozessen, um unsere vitalen Lebensfunktionen aufrechtzuerhalten, ohne dass wir einen bewussten Gedanken daran verschwenden müssen. Unser autonomes Nervensystem erledigt das ganz unbewusst für uns. Ähnlich ist es mit Gedanken und Gefühlen. In den wenigsten Fällen sind wir uns darüber bewusst, was wir gerade denken, geschweige denn, welchen Auslöser dieser oder jener Gedanke hatte und welche Gefühle damit verbunden sind. Denn neben flüchtigen Gedanken, die kommen und gehen, weist unser Gehirn auch relativ fest etablierte innere Strukturen auf. Das sind Nervenverbindungen, die wir oft benutzen und die daher funktionieren wie gut ausgebaute Autobahnen – schnell und automatisch.

Die menschliche Wahrnehmung und damit die Prozesse der Entscheidungsfindung werden in großem Maße von solchen unterliegenden inneren Strukturen beeinflusst. Ich bezeichne sie als innere Konzepte. Sie sind uns natürlich nicht bewusst, sondern funktionieren ähnlich unbewusst wie die Prozesse, die gerade Ihr Herz schlagen oder Ihr Blut zirkulieren lassen. Konzepte funktionieren wie getönte Brillen. Tragen wir die sprichwörtliche rosarote Brille, ist rosa Licht aktiviert und wirft ein optimistisches Bild auf unsere berufliche Zukunft. Solche Konzepte können wir – wenn wir uns wie in der letzten Übung darauf konzentrieren – eventuell als innere Stimmen, als Mitglieder unseres Inneren Teams hören. Stefanies »Wow, das ist es«-Stimme war getragen von so einem optimistischen Konzept.

Konzepte entstehen durch eindrückliche Erfahrung, entweder einzelne oder sich wiederholende Vorgänge meist im Kindes- und Jugendalter, aber auch später. Wie das Leben auch ist dies ein ständiger Prozess und Konzepte sind ein wesentlicher Bestandteil des Lernens. Wir können also auch umlernen, das ist wesentlich dabei. Und deshalb arbeiten wir auch im Coaching mit solchen Konzepten.

Wichtig zu wissen ist, dass es sich bei inneren Konzepten nicht nur um mentale Phänomene handelt, sondern um körperlich und emotional gespeicherte Erfahrungen. Man nennt sie auch Schemata, die ein automatisches Reaktionsmuster aktivieren.

Viele innere Konzepte oder auch Reaktionsschemata sind äußerst hilfreich für unser Leben. Ein Reaktionsmuster wie »Nur bei Grün über die Straße zu gehen, um heil über die Kreuzung zu kommen« oder der Gedanke »Ich helfe dir, dann hilfst du mir«, um in der Welt sozial akzeptiert zu sein, sind Beispiele für gut funktionierende Konzepte.

In Bezug auf Ziele und ihr Erreichen gibt es jedoch auch hinderliche Schemata. Beispielsweise gibt es stark verallgemeinerte Vorstellungen darüber, wie etwas im Leben ist oder nicht ist, sein kann oder darf oder auch nicht; diese gilt es zu bearbeiten. Manchmal, etwa als Aussage wie »Schuster, bleib bei deinem Leisten«, sind sie offensichtlich. In der Regel sind sie uns aber nicht bewusst, wobei sie unser Verhalten trotzdem steuern.

Wichtig ist außerdem zunächst die Erkenntnis, dass die individuelle Wahrnehmung immer von inneren Strukturen bestimmt wird. Wahrnehmung findet immer nur sozusagen hinter einer getönten Brille von Strukturen statt. Daher ist Wahrnehmung letztlich auch immer subjektiv. Erweist sich also ein Konzept als hinderlich, sollte es im besten Fall ersetzt werden. Die Bildung neuer Konzepte hängt aber von den vorhandenen ab. Das heißt, ich muss die Bestehenden erst verändern, bevor neue, besser geeignete Konzepte an deren Stelle treten, sodass ich am Ende mein Ziel erreiche.

Veränderung von Konzepten und Glaubenssätzen

Als Glaubenssatz bezeichne ich den Teil der inneren Konzepte, der sich in Worten ausdrücken lässt. Wobei immer gilt, dass diese Worte mit Emotionen und Körperreaktionen verbunden sind, daher sind sie auch so mächtig. Die Summe individueller Glaubenssätze ist ein System aller Konzepte und Überzeugungen, das sich im Laufe eines Lebens durch Lernen und aus Erfahrung herausgebildet hat. Es kommt immer auf den Zusammenhang an, ob ein Glaubenssatz positiv oder negativ ist. »Geh nur über die Straße bei Grün, denn dann kommst du heil an« mag in Deutschland ein sehr nützlicher Glaubenssatz sein, doch er ist in Italien vielleicht schon weniger und in einer afrikanischen oder asiatischen Millionenstadt überhaupt nicht mehr hilfreich, um sich zu orientieren. Hinsichtlich eines Ziels oder eines angestrebten Verhaltens kann er eine unterstützende/konstruktive oder hemmende/destruktive Funktion haben. »Schuster, bleib bei deinem Leisten – denn dann bist du sicher« ist in der alten Arbeitswelt des 20. Jahrhunderts vielleicht ein Sicherheitsgarant gewesen, heute gewiss nicht mehr.

Inzwischen ist wissenschaftlich nachgewiesen, dass Glaubenssätze über die Nervenverbindungen im Gehirn und die Körperzellen im menschlichen Körper verankert sind. Zellen sind in der Lage, unterbewusste Informationen und Emotionen zu speichern. Daher liegt es nahe, sämtliche Ebenen – die mentale, emotionale, physische sowie verhaltensorientierte – miteinzubeziehen, wenn an Glaubenssätzen gearbeitet wird. Egal, mit welcher Dimension man beginnt, jede für sich kann den primären Zugang liefern.

Wenn man sich wie Sie beruflich neu orientieren möchte, kann es hilfreich, wenn nicht sogar erforderlich sein, seine Glaubensätze zu erkennen, ihre Herkunft und Wirkung zu verstehen und sie bei Bedarf zu verändern. Spätestens wenn Sie das Gefühl haben, dass sie Sie beeinträchtigen, sollten Sie Ihre alten Annahmen kritisch hinterfragen und versuchen, sie durch neue, positive zu ersetzen.

Wenn ich mit Klienten ihre Glaubenssätze erarbeite, bitte ich sie zunächst, mir eine Situation ihres Datencharts zu beschreiben, in der eine oder mehrere Überzeugungen Wirkung zeigen. Ich halte mich zurück und höre ihnen erst einmal nur zu.

Manchmal hake ich nach, indem ich entweder eine Aussage wiederhole, wie etwa die Behauptung, jemand sei nicht musikalisch. Oder ich zitiere den Anfang eines Glaubenssatzes, den mein Gegenüber bereits ausgesprochen hat, zum Beispiel bei Stefanie der Satz »Schuster, bleib bei deinem Leisten«. Dann frage ich: »Weil ...?«, oder: »Was ist dann?«, um die gedankliche »Wenn-dann«-Aussage herauszuarbeiten, die den Glaubenssatz erst so wirksam macht. Stefanie stutzte und antwortetete: »Weil man dann auf der sicheren Seite ist und kein Risiko eingeht, zu scheitern.«

Anschließend möchte ich wissen, worauf die Annahme basiert, auf wen sie zurückgeht und warum der- oder diejenige das glaubt. Den einen oder die andere macht das bereits stutzig. Man nimmt plötzlich die Brille in die Hand, durch die man vorher durchgesehen hat. Stefanie wurde sofort klar, dass diese Aussage auf Ihren Großvater zurückging, den Stefanie gar nicht mehr kennen gelernt hatte. Ihre Mutter erzählte jedoch oft: »Und dann hat der Großvater immer gesagt: Schuster, bleib bei deinem Leisten.«

Ist der Satz in seiner »Wenn-dann«- oder »So-weil«-Form identifiziert, versuche ich den Klienten die mit dieser Aussage verbundenen Körpererfahrungen und Emotionen fühlen zu lassen. Ich frage dann direkt nach den Gefühlen und dem Ort im Körper, wo er oder sie den Gedanken spürt, und wie es ihm in dieser Situation geht. Stefanie spürte bei dem Satz eine schwere Last auf ihrer Brust. Sie war nicht motiviert, sich zu verändern. Sie fühlte sich eingesperrt und gefangen.

Schließlich wollte ich wissen, was diese Aussage so problematisch macht, was damit möglich oder eben nicht möglich ist. Bei Stefanie war deutlich, dass dieser vielleicht »liebevoll« gemeinte Satz ihres Großvaters keine Veränderung im beruflichen Leben zuließ. »Risiko ist in unserer Familie beruflich überhaupt nicht erwünscht. Alle ha-

---

Zusammenfassung Glaubenssätze

1. Glaubenssätze (der verbale Teil von Konzepten) entstehen durch Erfahrungen vor allem

   - unter Einwirkung von Autoritäten
   - bei hoher Emotionalität
   - wenn am Ende ein situationsbedingter Erkenntnisgewinn steht
   - in der Kindheit
   - während Lernprozessen

2. Glaubenssätze sind der mentale Anteil einer inneren Struktur und drücken sich auf allen Ebenen aus.

   - Sprachlich in Form von »Wenn-dann«- oder »So-weil«-Aussagen zu Sachverhalten
   - In der Stimmfärbung und Artikulation
   - In der Stimmung und Emotionalität
   - Non-verbal: in der Mimik und Körperhaltung
   - In der Energie und der Körperreaktion

3. Glaubenssätze haben häufig etwas Absolutes, Verallgemeinerndes.

4. Glaubenssätze können konstruktiv oder destruktiv sein, je nach Kontext und Ziel.

ben das immer vermieden. Es gibt ein schwarzes Schaf im weiteren Familienumfeld, darauf wurde dann immer hingewiesen.«

Danach arbeiteten wir an der Veränderung des Glaubenssatzes. Die Übung dazu stelle ich Ihnen gleich vor.

Überzeugungen auf den Grund zu gehen und mit ihnen aktiv zu arbeiten, ist eine zentrale Arbeit im Coaching. Aber auch Sie können sich Ihre Glaubenssätze bewusst machen, damit Ihr Ziel nicht nur eine Vision bleibt.

Übung 28: Die eigenen Glaubenssätze erkennen und verändern

Der Einstieg in diese Übung ist ähnlich wie der zum Inneren Team. Um loslegen zu können, rufen Sie sich bitte zunächst noch einmal Ihr Inneres Team in Erinnerung und dabei ein Teammitglied, das negativ zu Ihrem Ziel aufgestellt war. Ich erläutere den Prozess wieder an dem Beispiel von Stefanie.

Schritt 1: **Erkennen der relevanten Glaubenssätze.** Welche Überzeugungen und Grundsätze – bezogen auf sich und andere – kommen Ihnen in den Sinn, wenn Sie an besagte Situation denken? Welche Aussagen treffen Sie in diesem Zusammenhang über sich, andere oder über das Umfeld? Schreiben Sie sie bitte auf. Suchen Sie nach der »Wenn-dann«-Aussage oder einer ähnlichen Verknüpfung wie »Das muss so sein, weil ...«

Fragen Sie:

- Weil ... ?
- Denn ... ?
- Was ist, wenn nicht ... ? Ja, dann ...

Stefanies »Wenn-dann«-Verknüpfung für »Schuster, bleib bei deinem Leisten« war: »weil du dann dein Leben lang beruflich sicher bist und dein Auskommen hast«.

Schritt 2: **Hinterfragen des Wahrheitsgehalts, der absoluten Gültigkeit der einzelnen Glaubenssätze.** Um diese Überzeugungen zu überprüfen, hilft Ihnen vielleicht die Beantwortung der folgenden Fragen:

- Sind die jeweiligen Aussagen wirklich wahr?
- Vorausgesetzt, Sie haben die Frage mit Ja beantwortet, wie können Sie das wissen?
- Treffen die Aussagen immer und grundsätzlich zu?

Stefanie musste gleich lachen.»Mein Großvater war sicher ein sehr lieber Mann, aber den Arbeitsmarkt im 21. Jahrhundert hätte er gewiss nicht verstanden.«

Schritt 3: **Hinterfragen des Ursprungs der einzelnen Glaubenssätze.** Auch hier gibt es eine Reihe von Fragen, mit deren Hilfe Sie Näheres über die Herkunft Ihrer Überzeugungen erfahren:

- Worauf geht die Überzeugung zurück, wann ist sie entstanden?
- Von wem haben Sie das gelernt oder übernommen?
- Wer in Ihrem Umfeld hat es erstmals ausgesprochen oder immer so gesagt?
- Woher kann der- oder diejenige das wissen?

Hier fiel Stefanie die Antwort leicht: Es war ihr Großvater. Interessant war allerdings, dass sie ihn als Person nie kennen gelernt hatte. Der Glaubenssatz wurde allein durch ihre Mutter weitergetragen. Der Großvater hatte viel Autorität bei der Mutter besessen, daher gab diese seine Sätze bereitwillig und mit viel Überzeugung weiter.

Schritt 4: **Erfahrung und Beschreibung der Wirkung des Glaubenssatzes.** Dies fühlt sich nicht »gut« an, aber hier geht es darum, die Wirkung des Glaubenssatzes auf allen Ebenen zu spüren, um sich danach besser davon trennen zu können.

Überlegen Sie bitte,

- wie es Ihnen ergeht, wenn diese Überzeugungen im Einzelnen aktiv sind, die Glaubenssätze »wirken«,

- was Sie denken und fühlen, wenn Ihnen diese Überzeugungen bewusst werden und diese tatsächlich wahr sind,
- wie Sie reagieren. Wie werden andere auf Sie beziehungsweise Ihre Reaktion vermutlich reagieren?

Stefanie konnte spüren, wie beengend der Glaubenssatz auf sie wirkte. Mit ihm war eine berufliche Veränderung, wie sie sie plante, gar nicht denkbar. Körperlich wirkte Stefanie gedrückt, kleiner, wenig energievoll.

Schritt 5: **Erfahrung und Beschreibung wie man sich fühlt, wenn dieser Glaubenssatz die bisherige Überzeugungen gar nicht existieren würden.** Überlegen und schreiben Sie bitte auf,

- wie es Ihnen gehen würde, wenn eine Überzeugung, ein Konzept oder Glaubenssatz nicht mehr gültig wäre,
- was Sie dann denken und fühlen würden,
- inwiefern Sie sich verändern würden,
- welche Möglichkeiten Sie dann hätten und
- wie andere auf Sie reagieren würden.

Wichtig ist, dass Sie bei der Beantwortung der Fragen im Konjunktiv bleiben. So nehmen Sie sich selbst von vornherein den Druck, wenn Sie die Notwendigkeit einer Veränderung erkannt haben. Aber Sie versetzen sich in die Lage, einmal zu fühlen, wie es wäre, ohne diesen Glaubenssatz zu leben.

Jetzt atmete Stefanie hörbar auf. »Wow«, sagte sie, »das ist ja ein ganz neues Lebensgefühl. Ich sehe plötzlich viel mehr – auch gerade hier vom Raum. Ich habe plötzlich tausend Ideen, was ich tun könnte!«, sprudelte es aus ihr hervor.

Schritt 6: **Etablierung eines neuen, erweiterten, realitätsnahen Konzepts.** Hier reflektieren Sie bitte die Ergebnisse von Schritt 2, das heißt, hinterfragen Sie bitte den Wahrheitsgehalt beziehungsweise die absolute Gültigkeit der einzelnen Glaubenssätze. Ein Teil der Aussagen eines Glaubenssatzes kann ja richtig sein. An jeder Sache ist oft ein Körnchen Wahrheit. Es geht hier darum, eine Formulierung zu finden, die weniger absolut ist und die mehr Raum bietet, neue Handlungsweisen auszuprobieren.

Suchen Sie eine Formulierung, eine Aussage des Glaubenssatzes, die mehr der Wirklichkeit entspricht. Dies kann Aspekte beinhalten wie Aussagen über Sie selbst, über andere oder das Umfeld und Fakten des Lebens. Formulieren Sie bitte die Aussage und halten Sie sie schriftlich fest.

Stefanie überlegte. »Nun ja, wahr an dieser Aussage ist, dass man durch Übung gut in einer Sache ist und als Anfänger erst mal weniger geübt. Übung macht ja wirklich den Meister. Also insofern sollte ein Schuster, der umsattelt, auch in dem neuen Beruf wirklich gut werden.« Sie formulierte den Satz neu: »Schuster, wenn du deinen Leisten wechselst, dann übe recht viel in dem neuen Feld, dann wirst du auch dort erfolgreich sein«. Sie grinste. Der Satz gab ihr sichtlich Energie. Schließlich fand Sie eine Kurzform, die sich besser memorieren ließ: »Schuster, übe mit deinem neuen Leisten recht fleißig – so wird's gut!«

Schritt 7: **Überprüfen der Möglichkeit der Etablierung des neuen Konzepts.** Wenn alles für ein neues oder verändertes Konzept spricht, sollten Sie herausfinden, wie Sie es verankern und nutzen können. Dabei können Sie folgende Anhaltspunkte unterstützen:

- Gibt es einen Grund, der für das Festhalten an der alten Überzeugung spricht?
- Sind Sie eventuell nicht wirklich bereit, vom alten Konzept abzulassen?

Wenn Sie beide Fragen mit Ja beantwortet haben, sollten Sie eventuell noch einmal zu Schritt 1 gehen und die Übung erneut durchlaufen.

Stefanie spürte keinen Widerstand, sie wollte das neue Konzept, den neuen Glaubenssatz testen.

Schritt 8: **Test des neuen Konzepts in der Realität.** Sollte Ihre Antwort in beiden Fällen Nein gewesen sein, ist es Zeit für die Anwendung des neuen Glaubenssatzes. Denken Sie über dafür infrage kommende Situationen nach, wobei der Grad der Herausforderung nicht zu hoch sein sollte. Nehmen Sie sich fest vor, Ihren neuen Überzeugung entsprechend zu handeln. Im Anschluss daran notieren Sie bitte Ihre Erfahrungen und steigern Sie von Mal zu Mal die Anforderungen.

Stefanie nahm sich drei Situationen vor, in denen sie sich innerlich den Satz sagen wollte.

- Wenn sie das nächste Mal recherchierte – statt resigniert aufzugeben und zweifelnde Stimmen in sich zu nähren
- Wenn Sie das nächste Mal mit ihrer Mutter über eine mögliche berufliche Veränderung sprechen würde
- Und am schwierigsten: Wenn sie mit ihrem Vater darüber sprechen würde

Fazit: «Love it, leave it or change it«

Ein Teil Ihrer Mentoren, die hilfreichen Stimmen, konnten Sie bereits in der Übung »Das Innere Team zu meiner Zielvision« kennen lernen. Der Fokus im zweiten Teil dieses Kapitels lag dann auf den Saboteuren, die unser Verhalten indirekt beeinflussen und hemmen. Sie sind es, die uns daran hindern können, unser Ziel zu erreichen. Daher sollten Sie Ihre Saboteure, die negative Glaubenssätze vertreten, kennen und verändern. Oder Sie nehmen warnende Hinweise auf und schärfen daran Ihre Zielvision. Auch eigentlich positive, starke Glaubenssätze können ihren Zenit überschritten haben und müssen verändert werden. So war es bei Christina, die in sich die Überzeugung trug: »Du kannst alles schaffen, wenn du willst«, doch als ich fragte: »Weil ...?«, kam als Antwort nur: »Weil das bisher immer so war!« Die Sozialmanagerin erreichte mit Anfang vierzig ganz klassischerweise zum ersten Mal die Grenze des »Machbaren«. Das ist ein Lebensthema für Menschen ab vierzig. Die Allmachtsgedanken und Allmachtsfantasien weichen einer realistischeren Einschätzung. Ja, vieles können wir möglich machen, oft mehr, als wir glauben. Aber nein, wir können nicht andere Menschen kontrollieren oder das gesamte Umfeld, auch nicht unsere Gesundheit. Manche Entscheidungen sind und bleiben unfair, wie die von Christinas Geschäftsführung. »Love it, leave it or change it«, sagt man. Christina entschied sich für »leave it«.

Und wie entscheiden Sie? Welche Glaubenssätze können Sie verändern? Welche bleiben? Am Ende soll für Sie die Tätigkeit stehen, die *jetzt* die richtige für Sie ist und Ihnen in Ihrer aktuellen Situation am meisten entspricht.

Nicht immer ist die aktuelle Situation offensichtlich schlecht. Dennoch können Sie unzufrieden sein. So wie es bei Thomas der Fall war, der als erfolgreicher Fernsehschauspieler eigentlich einen Traumjob hatte. Oder es geht Ihnen wie Juliane, die als Lehrerin immer glücklich war, bis sie glaubte, dass Heilpraktikerin doch ihre »Berufung« sei. Diesen beiden Aspekten, der »Berufungsfalle« und der »Karrierefalle«, widmet sich das folgende Kapitel. Wenn Sie glauben, damit nichts zu tun zu haben, dann blättern Sie einfach weiter zu den konkreten nächsten Schritten im letzten Kapitel.

Die Berufungs- und die Karrierefalle

Es gibt zwei besonders listige Saboteure, die einen wirklich erfolgreichen beruflichen Wechsel verhindern. Wenn diese Einflüsterer Sie überzeugen, mit ihnen vom Weg abzubiegen, dann landen Sie in einer von zwei Fallen. Die eine nenne ich die »Berufungsfalle«, die andere die »Karrierefalle«. Ich möchte Sie dafür sensibilisieren, ob Sie mit Ihrem »Traum« vom beruflichen Wechsel Gefahr laufen, in der Berufungsfalle oder im goldenen Käfig der Karrierefalle zu landen. Und was Sie alternativ dazu tun können.

Es gibt berufliche »Visionen«, bei denen ich im Coaching oder im Privatleben schnell hellhörig werde. Da will eine Freundin »eine Strandbar auf Teneriffa eröffnen« – aber sie spricht weder gut Spanisch, noch kennt sie sich im Gastronomiegewerbe aus oder hat Kontakte dorthin. Kennen Sie nicht auch eine Bekannte mit Frust im Job, die davon träumt, »einen eigenen kleinen Laden aufzumachen«? Aber die Freundin weiß gar nicht, wie der Einzelhandel organisiert ist und steht nachgewiesenermaßen mit kaufmännischen Dingen auf Kriegsfuß. Oder sind Sie das selbst? Wenn »Visionen« keinen Boden in Ihren bisherigen Kompetenzen besitzen oder Sie keinen Geschäftspartner an der Seite haben, der über die fehlenden Kompetenzen verfügt, dann handelt es sich um Utopien, um Träumereien. Die darf man auch mal haben, aber dafür sollten Sie nicht gleich Ihren Job kündigen.

Im Kern ist die Berufungsfalle eine Vermischung von Lebensthemen aus einem der persönlichen Lebensstränge mit dem beruflichen Lebensstrang. Das war zum Beispiel der Fall bei Juliane, die mit Mitte vierzig ihren bisherigen Job als Lehrerin hinschmeißen wollte, um Heilpraktikerin zu werden. Auslöser war bei ihr eine eigene allergische Erkrankung, die sie mit der Hilfe einer Heilpraktikerin über längere Zeit langsam bewältigt hatte. In dieser Zeit hatte sie sich intensiv mit sich selbst auseinandergesetzt, dabei sowohl ihre Gesundheit als auch ihre Gefühle erforscht und parallel eine Psychotherapie absolviert. Juliane hatte im Lebensstrang persönliche Entwicklung die »Zeit der Empfindsamkeit – Erforschung der Innerlichkeit« durchlaufen. Und im Lebensstrang Gesundheit hatte sie das Lebensthema »Konfrontation mit lebensverändernder Krankheit« erfahren. Nun glaubte sie, diese Selbsterfahrung unbedingt zu ihrem Beruf machen zu müssen. »Das ist meine wahre Berufung«, sagte sie mit glänzenden Augen. Solche Pläne können gutgehen, müssen aber nicht. Und eher häufiger als selten mache ich die Erfahrung, dass es sich um eher gefährliche Pläne handelt.

Drei Voraussetzungen müssen vorhanden sein, damit die Gleichung »Ich habe es selbst erfahren und daher bin ich auch erfolgreich damit, es weiterzugeben« aufgeht. Die eine Voraussetzung ist Talent, die andere ist die Leidenschaft gepaart mit Ausdauer, das führt zu Kompetenz, und die dritte besteht darin, förderliche Umfeldbedingungen herzustellen, sei es eine Finanzierung oder die Absprachen in Ihrer Familie zur Kinderbetreuung. Nur wenn Sie in Ihrem Talent auch eine Meisterschaft entwickeln, werden Sie damit erfolgreich sein, vor allem in späteren Jahren Ihrer Berufslaufbahn. Lediglich »Betroffene« von einem Thema zu sein, reicht nicht für den Erfolg. Es braucht auch Einsatz, oft jahrelang, um aus dieser Authentizität einen Nutzen für andere zu stiften. Ein Beispiel dafür ist die Bewegungspädagogin Benita Cantieni, die mit Mitte zwanzig eine Patientin mit starker Rückratsverkrümmung war und eigentlich ein »hoffnungsloser Fall«. Über viele Jahre mit intensiver Forschung und eigenem Training verbesserte Benita Cantieni ihre eigene Gesundheit dauerhaft. Aus ihren Erkenntnissen entwickelte sie schließlich ihre eigene Methode, das »Cantienica-Training«, das Menschen mit diversen Haltungs- und Gelenkproblemen Hilfe zur Selbsthilfe gibt.

Möchten auch Sie, dass Menschen von Ihrer Lebenserfahrung profitieren? Das ist ein typisches Lebensthema der Lebensmitte und am besten mit »Mentorin/Mentor werden« beschrieben. Ein erfolgreicher Beruf wird aber nur daraus, wenn Sie sich zutrauen, auch wirklich sehr gut, meisterlich darin zu werden.

Sie sollten bereits zu Beginn einer neuen Tätigkeit das Gefühl haben, dass Sie darin Meisterschaft entwickeln können (niemand fängt als Meister/-in an). Oder Sie übernehmen eine etablierte Methode nach Art eines Franchise, das ist natürlich auch immer eine Alternative. Nur: Auch darin müssen Sie sehr gut sein! Wenn Sie jedoch bereits zu Beginn daran zweifeln, dann sollten Sie Ihren Plan nochmals überdenken. Ich meine hier nicht übliche Anfangszweifel, die jeder einmal hat und die ganz normal sind. Es geht um ein inneres Gespür von »Das ist es« und »Das will ich wirklich, niemand wird mich aufhalten«. Man kann in manchen Dingen ein Talent oder eine Faszination haben. Aber nicht jedes Talent führt trotz Training auch auf ein meisterliches Niveau, das ist der Unterschied. Und nicht jede Faszination muss zum Beruf werden. Bei manchen Talenten müsste es wohl eher heißen: Wunderbar, aber gönn es dir doch besser als Hobby! Folgend gebe ich Ihnen aus meiner eigenen Berufsbiografie ein Beispiel. Denn auch ich steckte einmal in der Berufungsfalle – und ein anderes Mal fand ich meine Berufung.

Berufung und Berufungsfalle: Meine eigene Geschichte

Ich habe an meiner Wiege zumindest drei Feen stehen gehabt (also ohne eigenes Verdienst, sondern durch die Gene meiner Eltern). Die eine Fee gab mir Bewegungstalent mit, die zweite Schreibtalent und die dritte das Talent, mit Menschen und deren Seele zu arbeiten. Die erste Fee führte mich in die Berufungsfalle. Die beiden anderen Talente wandelte ich erfolgreich in Kompetenzen um und lebe sie heute in meinem Beruf, den ich auch als Berufung bezeichnen kann.

Wie aber war es mit der Berufungsfalle? Zunächst lebte die Fee des Bewegungstalents als intensives Hobby in meinem Leben, erst in der Leichtathletik und später auch im Tanz. Dann brachte sie mich dazu, dass ich mit Anfang zwanzig mein damaliges erstes Studium der Geschichte und Journalistik abbrach, um eine Berufsausbildung als Tanzpädagogin zu absolvieren. Es war einfach zu verlockend. Ich war »eigentlich nur so« zur Aufnahmeprüfung gegangen.

Dann sagte die Lehrerin: »Du hast Talent! Wir würden dich nehmen«, und ich konnte nicht widerstehen. Meine Eltern zeigten sich verständnisvoll und dachten, wie vielleicht auch ich selbst, dass ich mein Studium ja auch danach fortsetzen könnte. Das aber sollte dann noch Jahre dauern, mein Weg verlief anders. Während der Tanzausbildung machte mich die gute Fee Bewegungstalent dann mit ihrer bösen Stiefschwester bekannt, mit Namen Schmerz: Gelenkschmerzen, Rückenschmerzen, Muskelschmerzen. Schmerz und Tanz sind ein Paar, das zusammengehört, das wissen alle Tänzer. Aber leidenschaftliche Tänzer machen sich nichts daraus. Sie gehen damit um, wie man mit schlechtem Wetter umgeht, man zieht sich halt entsprechend an.

Als bei mir aber der Tanz vom Hobby zum Beruf wurde, war es mit der Bewegungsfreude vorbei. Ich wurde unglücklich und noch dazu fühlte ich mich im Anschluss an die Ausbildung in dem Beruf der Tanzpädagogin unwohl und auch unfähig! Obwohl ich pädagogisches Talent hatte, das sahen auch meine Ausbilderinnen, war das Medium Tanz als pädagogisches Vehikel für mich wie ein Schuh, der nicht passte. Mein Hauptausdrucksmittel war immer der Intellekt mit Sprache und Schreiben gewesen, und als Tanzpädagogin war ich mit einem Mal so sehr auf die körperliche Ebene reduziert. Einmal hörte ich eine Kollegin von mir, die nur wenig mehr Berufserfahrung als ich hatte, über ihre Arbeit reden. Sie sprach so begeistert, selbstbewusst und leidenschaftlich darüber, als wenn sie Pina Bausch persönlich wäre. Da merkte ich: Das kannst du nie. Ich zweifelte einfach daran, dass ich in diesem Metier jemals gut, geschweige denn sehr gut oder meisterlich sein würde.

Nach einem quälenden ersten Berufsjahr als Tanzpädagogin fand ich schließlich den Ausweg. Ich ergatterte (übrigens per Initiativbewerbung) eine Stelle als Volontärin bei einer Tanz- und Theaterzeitschrift. Das war Kairos: das Richtige zum richtigen Zeitpunkt tun. Meiner Begeisterung für Tanz im Schreiben Ausdruck zu geben, in Interviews und Reportagen Menschen zu begegnen, war genau »mein Ding«. Natürlich war ich auch beim Schreiben nicht sofort eine Meisterin. Aber ich zweifelte nie ernsthaft daran, dass ich es einmal sein würde. Jetzt war ich wieder ganz in meinem Element.

Und es wurde noch besser, als ich später noch mein drittes Talent integrieren konnte, die Leidenschaft für die Seele des Menschen und für Berufswege. Nach meinem Psychologiestudium ging ich dann zunächst »in die Lehre« und arbeitete in einem Konzern als Personalentwicklerin. Im nächsten Syntheseschritt fand ich in der Rolle als Coach und als Autorin über psychologische Themen meine Erfüllung – Sie können es auch Berufung nennen. Es fühlt sich zwar ganz unspektakulär an, aber es ist eben das, was ich am besten kann, und das ist einfach ein gutes Gefühl.

Was war der zentrale Unterschied bei meinen drei Talenten, zwischen Berufung und Berufungsfalle? Sowohl beim Schreiben als auch beim Start meiner Coachingtätigkeit hatte ich von Anfang an das Gefühl: Das kann ich. Oder: Das werde ich können! Und ich war bereit, Opfer dafür zu bringen. Beim Schreiben kam hinzu, dass ich bereits seit meinem 16. Lebensjahr journalistisch bezahlt gearbeitet hatte. Das erste erfolgreiche Buchprojekt war ein weiterer wichtiger Meilenstein. Ohne Opfer ging es dennoch nicht: zeitweise Selbstzweifel, ständige Schulterverspannungen und dann eine böse Sehnenscheidenentzündung – doch was immer das Hindernis war, ich war darauf ausgerichtet, eine Lösung zu finden. Dauerhaft gezweifelt aber, ob ich Schreiben und Coachen will und kann, habe ich nie. Ganz anders, als es als Tanzpädagogin der Fall war.

Hätte ich mir die Berufungsfalle als Tanzpädagogin nicht sparen können? Wenn ich damals einen KAIROS-Karrierecoach an meiner Seite gehabt hätte, sicher. Dann hätte ich zwischen einem Talent und einer Kompetenz, zwischen einem Lebensthema (seinen Körper spüren und integrieren) und einem Berufswunsch unterscheiden können. Die Zeit meiner Tanzausbildung habe ich aber rückblickend nie bereut. Sie hat mein Körpergefühl entwickelt und damit meine damals sehr einseitig intellektuell ausgerichtete Persönlichkeit in Balance gebracht. Und es ist etwas eingetreten, dass unsere Ausbildungsleiterin damals vorhergesagt hatte: »Egal in welchem Beruf ihr später einmal arbeitet, man wird immer sehen, dass ihr auf dieser Schule wart!« Heute noch, wenn ich einfach durch einen Raum gehe oder einen Vortrag halte, werde ich manchmal angesprochen, »Sie bewegen sich wie eine Tänzerin.« Ich lächele dann nur ...

So verlief also meine eigene Geschichte mit der Berufung und der Berufungsfalle, die ich bis heute gern meinen Klienten als Anregung weitergebe. Wenn also auch Sie für so ein »Herzensthema« einen Berufswechsel erwägen, prüfen Sie Ihre Ernsthaftigkeit und die Aussichten auf Erfolg auf Herz und Nieren, bevor Sie Ihre alte Stelle aufgeben. Hier finden Sie einen Test mit Auswertung sowie folgend noch einigen Anregungen für nächste Schritte.

Test: Berufung oder Berufungsfalle?

1. Ist das Thema, das ich zum Beruf machen möchte, innerhalb der letzten ein, zwei Jahre aufgetaucht? – Ja/Nein

2. Beschäftigt mich das Thema eigentlich schon mein Leben lang? – Ja/Nein

3. Ich bewundere eine Lehrerin/einen Lehrer dieses Themas – so gut könnte ich nie werden! – Ja/Nein

4. Ich bin uneingeschränkt bereit, für dieses Lebensthema als Beruf auch Opfer zu bringen (Zeit für andere Aktivitäten einzuschränken, zeitweise weniger Geld zu verdienen, Schmerzen oder Mühen für dieses Thema in Kauf zu nehmen, Zeit zur Übung einzusetzen, mich fortzubilden etc.). – Ja/Nein

5. Die anvisierte Tätigkeit ist derzeit mein liebster Ausgleich zu meinem öden/stressigen Beruf. – Ja/Nein

6. Ich denke, dass ich in diesem Thema als Beruf in einigen Jahren richtig gut sein werde! – Ja/Nein

---

Vergeben Sie jetzt Punkte nach dem unten vorgegebenen Muster entweder für »Berufungsfalle« oder für »Berufung«. Addieren Sie die Punktwerte pro Bereich und lesen Sie die Auswertung.

- *Fragen 1, 3, 5:* für jedes Ja 2 Punkte für »Berufungsfalle«, für jedes Nein 1 Punkt für »Berufung«
- *Fragen 2, 4, 6:* für jedes Ja 2 Punkte für »Berufung«, für jedes Nein 1 Punkt für »Berufungsfalle«

Auswertung

6 bis 4 Punkte Berufungsfalle: Sie haben es schwarz auf weiß: Achtung Berufungsfalle! Die Wahrscheinlichkeit ist hoch, dass es sich bei Ihrer »Berufung« vor allem um ein Lebensthema Ihrer aktuellen Lebensphase handelt. Das ist vor allem wahrscheinlich, wenn Sie mit Ende dreißig bis Mitte vierzig Ihre Ambitionen entdecken, zu lehren, zu heilen oder Ihr Wissen als Mentor weiterzugeben. Besondere Vorsicht ist auch geboten, wenn Ihre angestrebte »Berufung« in Ihrem jetzigen Leben einen Ausgleich zu Ihrem Beruf darstellt. Wenn Sie das Thema in einen Beruf umwandeln, verliert es diese entlastende Funktion! Es ist eine Sache, abends im Yogakurs nach einem aufreibenden Bürotag Entspannung zu finden. Eine andere Sache jedoch, selbst jeden Abend anderen Menschen dieses Entspannungsgefühl zu vermitteln, ungeachtet dessen, dass man durch Akquisetätigkeit und Buchhaltung für sein Yogastudio gerade selbst verspannt und müde ist!

3 bis 1 Punkt Berufungsfalle: Es könnte sein, dass Sie gefährdet sind, in der Berufungsfalle zu landen, wenn Sie Ihr Hobby zum Beruf machen oder eine neu entdeckte Heilertätigkeit ausüben wollen. Sie sollten sich ernsthaft selbst überprüfen. Informieren Sie sich umfangreich durch Gespräche mit Personen, die in diesem Tätigkeitsfeld arbeiten, und fragen Sie dabei aktiv gerade nach den nicht so angenehmen Seiten dieses Berufsfeldes. Suchen Sie dazu neutrale Personen, nicht solche, die Ihnen etwas in diesem Tätigkeitsfeld verkaufen wollen.

Sorgen Sie vor allem dafür, dass Sie in Ihrem angestrebten Tätigkeitsfeld praktische Erfahrungen sammeln. Fangen Sie an, abends einen Yogakurs anzubieten, bevor Sie gleich ein Studio eröffnen. Wenn dies nebenberuflich nicht möglich ist, streben Sie an, Ihre volle Berufstätigkeit für eine Zeit zu reduzieren oder eine Auszeit zu organisieren. Das ist Ihnen zu aufwändig oder erscheint Ihnen nicht möglich? Wenn Sie schon diese erste Schwierigkeit nicht meistern können, ist Ihre Motivation, aus dem Hobby einen Beruf zu machen, vermutlich nicht hoch genug.

6 bis 4 Punkte Berufung: Zumindest auf dem Papier spricht vieles dafür, dass Sie für das neue Thema auch als neuen Beruf brennen. Jetzt gilt es, konkrete Erfahrungen zu sammeln. Wenn Sie ein Buch schreiben wollen, fangen Sie damit zunächst in Ihren Ferien und organisierten Auszeiten an, bevor Sie Ihre sichere Anstellung kündigen. Erfahren Sie, ob Sie ausreichend Ausdauer und Leidensfähigkeit für Ihre »Berufung« mitbringen. Außerdem sollten Sie das sichere Gespür in sich tragen, dass Sie richtig gut werden können, wenn Sie sich ins Zeug legen und üben. Wenn ja – legen Sie los und planen Sie konkrete Umsetzungsschritte!

3 bis 1 Punkt Berufung: Sie leben derzeit in einem Zwischenstadium. Es ist möglich, dass Sie einfach noch nicht den Mut gefunden haben, zu Ihrer neuen Berufung zu stehen – so wie Stefanie, die von der Buchhalterin zur Trainerin umsatteln will. Untersuchen Sie dann besonders Ihre hinderlichen Konzepte und verändern Sie diese mit den Übungen in diesem Buch. Möglich ist jedoch auch, dass Ihr Zögern ganz berechtigt ist. Denken Sie immer daran, dass Ihr altes Hobby seine ausgleichende Wirkung einbüßt, wenn Sie es zum Beruf machen. Ob Sie eine Berufung verspüren, die endlich darauf wartet, umgesetzt zu werden, oder einer Liebhaberei nachhängen, können Sie nicht im Kopf entscheiden, das müssen Sie erfahren. Um konkrete Erfahrungen im neuen Tätigkeitsfeld zu sammeln, gelten für Sie die gleichen Optionen wie in der Auswertung zu »6 bis 4 Punkte Berufungsfalle«.

Alternativen zur Berufungsfalle – wie man mit Herzensthemen auch umgehen kann

Und es gibt eine gute Alternative zur Berufungsfalle. Gönnen Sie sich doch einfach Ihren Herzenswunsch nach Vertiefung eines Lebensthemas, aber machen Sie diesen nicht gleich zum Beruf. Wenn Sie eine Ausbildung zur Yogalehrerin, zum Heilpraktiker oder zum Lebensberater machen, kann das für Sie enorm bereichernd sein. Da in unserer Biografie letztlich alle Lebensstränge miteinander verbunden sind, werden Ihre neuen Kenntnisse immer in irgendeiner Weise – meist indirekt – in Ihren jetzigen Beruf einfließen.

Doch manche neu erworbene Kompetenzen können sich auch ganz konkret im derzeitigen Berufsfeld niederschlagen. So nehmen immer wieder Führungskräfte oder Unternehmerinnen an unserer Coachausbildung teil, weil sie die dort erworbenen Kompetenzen vielfältig in ihre Leitungsfunktion integrieren können. Ganz zu schweigen von dem Gewinn an persönlicher Entwicklung, der Fähigkeit besser zuhören zu können und mehr Gelassenheit mit sich und anderen zu haben.

Eine weitere Alternative zum Vollberuf ist natürlich immer auch eine Tätigkeit im Nebenerwerb. In einem versicherungspflichtigen Arbeitsverhältnis dürfen Sie ein Gewerbe bis zu einer gewissen Obergrenze ausüben und Kosten steuerlich absetzen. Vorausgesetzt natürlich, Sie haben das mit Ihrem Arbeitgeber abgesprochen. Und das Finanzamt prüft nach spätestens drei Jahren, ob es sich bei dem ausgeübten Gewerbe nur um »Liebhaberei« handelt (das ist tatsächlich der Fachbegriff dafür) oder um eine auf Gewinn abzielende Tätigkeit. Ist dies nicht der Fall, können Sie Ihren Nebenjob zwar weiterhin ausüben, aber keine Kosten mehr absetzen.

Eine abschließende Empfehlung möchte ich Ihnen außerdem zu dem Lebensthema des Mentors/der Mentorin nicht vorenthalten. In den mittleren Lebensjahren taucht natürlicherweise das Bedürfnis auf, sein Wissen weiterzugeben. Dazu müssen Sie jedoch nicht beruflich umsatteln, sondern dies können Sie sehr gut auch innerhalb Ihres alten Berufsfeldes umsetzen. Gibt es dort Programme, in denen Sie lehrend oder als Mentor/-in arbeiten könnten? Oder Fortbildungsinstitute, in denen Sie als Dozent/-in eines Ihrer Herzensanliegen vermitteln können?

Alternativ können Sie Ihre Ambitionen zu lehren oder zu helfen auch sehr gut in einem Ehrenamt verwirklichen. Für die zeitliche Mehrbelastung werden Sie durch einen Energiezuwachs belohnt, der sich auch positiv in Ihrem alten Job bemerkbar machen wird. Sie sorgen so insgesamt für mehr Balance in Ihrem Leben, indem Ihre Werteerfüllung steigt. Der berufliche Lebensstrang mag da auf heilsame Weise an Bedeutung und auch Erwartungsdruck verlieren. Er ernährt

Sie aber weiter, während Sie Ihr Leidenschaftsthema in die Welt bringen können und so Ihre Zufriedenheit im gesamten Leben steigern.

Die Karrierefalle: Wie gelingt die Flucht aus dem goldenen Käfig?

Die zweite typische Schwierigkeit, die ich neben der Berufungsfalle in der Karriereorientierung häufig beobachte, ist die »Karrierefalle«. Kandidaten, die in ihr stecken, sind schnell beschrieben: »Mitte 30, erfolgreich und unglücklich«. Wahlweise ereignet sich das Szenario auch mit Mitte oder Ende vierzig. Die Zutaten sind oft die gleichen: erfolgreiche Karriere, oft als Überflieger, eine frühe herausragende Stellung im traditionsreichen Familienunternehmen oder im Konzern, überdurchschnittliches Einkommen gegenüber Gleichaltrigen, hohes Ansehen oder Berühmtheit. Aber: unglücklich. Menschen, die in der Karrierefalle stecken, nutzen im Coaching häufig das Wörtchen »eigentlich«: »Eigentlich weiß ich schon lange, dass ich das Familienunternehmen nicht führen möchte«, gibt der Geschäftsführer eines Traditionsunternehmens zu. »Der Preis ist zu hoch für meine Karriere«, resümiert eine sehr erfolgreiche Managerin, »aber ich bin die einzige Frau, die es in unserem Unternehmen an die Spitze geschafft hat, da werde ich doch nicht jetzt aufgeben.« Man hört das Dilemma. In der Karrierefalle gibt es immer ein »ja, aber«. Im Kern handelt es sich bei der Karrierefalle um einen Wertekonflikt.

In der Karrierefalle sind besonders jene unserer Klienten gefangen, die sehr erfolgreich sind, von denen andere neidisch sagen, »Du hast doch alles erreicht, wovon andere träumen.« Und genau das ist das Problem. Uns macht letztendlich nicht glücklich, wovon *andere* träumen. Uns macht nur zufrieden, wovon wir selbst träumen, was uns selbst wichtig ist. Und diese Prioritäten können sich über die Lebensspanne eben ändern. So wie es bei Thomas, dem Schauspieler, war, der seinen Beruf aus Leidenschaft ergriffen hatte, aber jetzt keinen Sinn mehr darin sah und außerdem mehr Zeit mit der Familie verbringen mochte.

Die Lösung für das Problem der Karrierefalle ist daher einfach, aber häufig nicht leicht. Denn sie lässt sich nur mit einer klaren Entscheidung für die jetzt wichtigen Werte herbeiführen. Und dabei gibt es im Allgemeinen einen Preis zu zahlen. Oft kommt es auch zu Konflikten mit dem Umfeld. Und auch die benötigen eine Wertepriorität.

Menschen in der Karrierefalle bewegen sich jedoch häufig hin und her, ohne zu einer Entscheidung zu gelangen. Sie besuchen ein Coaching, um den Absprung aus der renommierten Unternehmensberatung vorzubereiten. Aber zwei Jahre später sind sie immer noch dort und haben gerade den schönen Bonus für das letzte Projekt mitgenommen oder die Beförderung. »Jetzt aber«, sagen sie dann, »jetzt will ich wirklich raus.« Doch die berufliche Entscheidung wird immer wieder vertagt. Wer eigentlich ein nagendes Unbehagen spürt, ihm aber nicht nachgeht, riskiert allerdings nicht nur sein Lebensglück, sondern auch seine Selbstachtung.

Sich von Jobs zu verabschieden, um die man von anderen beneidet wird, ist, wie ich eingangs bereits sagte, besonders schwer. Manchmal ist aber genau das notwendig, damit man wieder zufrieden wird oder bleibt. Der Schauspieler Thomas, einer unserer Protagonisten, hat dies geschafft. Er war bereit, den Preis zu zahlen, den das Ende der Schauspielerei für ihn bedeutete. Und dafür zu gewinnen, was der neue Beruf ihm bringen würde. Natürlich spricht auch nichts dagegen, in einem erfolgreichen Job zu bleiben, wenn man bereit ist, den Preis dafür zu zahlen und auf andere Werte zu verzichten. Das muss letztlich jeder für sich selbst entscheiden. Den Absprung zu schaffen, hat viel mit Kairos zu tun, dem gnadenhaften, günstigen Augenblick. Irgendwann kann es nämlich tatsächlich »zu spät« sein. Dann sind die Weichen gestellt, die Hypothek lastet auf dem Haus, drei Kinder und eine anspruchsvolle Ehefrau wollen versorgt sein. Oder man ist selbst eine erfolgsverwöhnte Karrierefrau, die sich dann doch nicht vorstellen kann, mit »nur 60 000 im Jahr« auszukommen.

Manchmal ist es bei der Karrierefalle auch ähnlich wie in der Berufungsfalle so, dass sich ein Lebensthema mit dem beruflichen Lebensstrang vermischt. Nur werden bei der Karrierefalle eher Lebensthemen *nicht* losgelassen. »Sich durchbeißen«, »eine berufliche

Identität aufbauen«, »Anerkennung im Kollegenkreis finden« – all dies sind Themen, die Menschen in der ersten Phase eines beruflichen Weges altersbedingt antreiben können und die zum Lebensplan dazugehören. Bleiben solche Lebensthemen jedoch auch in späteren Lebensphasen beherrschend, dann spüren wir in der Gegenwart solcher Menschen häufig, wie eindimensional ein solches Leben ist.

In späteren Jahren schließlich, mit Mitte, Ende fünfzig werden gerade die männlichen Gefangenen der Karrierefalle eher zu bemitleidenswerten Figuren. Wie bei dem Geschäftsmann, der betont nebensächlich seine Rolex unter dem maßgeschneiderten Jackett hervorblitzen lässt, um damit seine wechselnden Gespielinnen zu beeindrucken, die seine Töchter sein könnten. Des Öfteren spielt allerdings auch das gesamte Familiensystem fleißig mit, um den Familienversorger – egal ob Mann oder Frau – schön in der Karrierefalle sitzen zu lassen. Er oder sie soll dann, bitte schön, den Beruf behalten, der die Dukaten abwirft, um den aufwändigen Lebensstil zu finanzieren.

Der Preis dafür, in der Karrierefalle gefangen zu bleiben, kann hoch sein. Viele Menschen bezahlen ihn mit ihrer Lebendigkeit, mit ihrer Selbstachtung oder mit Suchtproblemen. Häufig wird ab einem bestimmten Punkt konsequent vermieden, diesen Themen überhaupt noch ins Auge zu schauen. Mit einem Leben voller Lebenslügen wirken solche Menschen zutiefst unauthentisch, maskenhaft und trotz aller Machtdemonstration menschlich gesehen unsicher. Fast möchte man mit ihnen Mitleid haben. Nicht wenige mächtige Personen aus Wirtschaft, Politik und den Medien sind bei näherem Hinsehen häufig abschreckende Beispiele der Karrierefalle (aber natürlich nicht alle – ich kenne persönlich auch sehr bodenständige und interessante Persönlichkeiten in hohen Positionen).

Soweit das Schreckensszenario einer vollends ausgeprägten Karrierefalle. Wenn Sie glauben, dass Sie selbst gefährdet sind, in einer Karrierefalle hängen zu bleiben, haben Sie sich gewiss schon mehr als einmal gefragt: Was kann ich tun, um diesem Szenario zu entgehen?

Falls Sie in solch einer Situation sind, brauchen Sie zunächst ein Update Ihres Wertesystems und der aktuellen Lebensthemen, um sich diesen Wandel bewusst zu machen (machen Sie also, falls Sie es noch nicht getan haben, auf jeden Fall diese Übungen aus dem ersten Teil). Danach braucht es Mut, sich von den Privilegien, mit denen der goldene Käfig in der Regel ausgestattet ist, zu verabschieden. Das gelingt am besten, wenn Sie sich ganz klar auf das fokussieren, was Sie gewinnen werden, wenn Sie Ihr Leben verändern. Zwei Übungen sollen Sie dabei unterstützen.

Übung 29: Die Kontrastübung

Der größte Fehler, den Menschen in der Karrierefalle machen, ist der, die Vorteile des alten Jobs gegen die potenziellen Nachteile des neuen Jobs auszuspielen. So verliert der neue Job immer. Das ist fast so, als wenn Sie sich morgens ungekämmt und ungeschminkt mit einem Model aus einer Werbekampagne in einem Hochglanzmagazin vergleichen. Es ist nicht fair. Denken Sie daran, was das Topmodel Cindy Crawford einmal über sich selbst sagte: »Auch ich sehe früh morgens ungeschminkt nicht wie Cindy Crawford aus.«

Tatsächlich müssen Sie es genau umgekehrt machen, um sich Motivation für den Wechsel zu holen. Vergleichen Sie die Nachteile Ihres jetzigen Jobs immer mit den Vorteilen des neuen Lebens, das Sie führen wollen.

- Listen Sie schriftlich alle Kosten, alle Nachteile auf, die Ihr jetziger Job mit sich bringt.
- Notieren Sie dann alle Vorteile des neuen Jobs.
- Markieren Sie eine Gewichtung für besonders wichtige Faktoren. (Die Pro-Liste könnte kurz sein, sollte dann aber zwei richtige Schwergewichte enthalten.)
- Schauen Sie sich noch einmal Ihr Werterad an (oder machen Sie diese Übung jetzt): Welche Werte werden nach Ihrer Veränderung deutlich stärker erfüllt sein als vorher?

Natürlich hat jeder Beruf, jede Lebenssituation Nachteile. Wollen Sie sich jedoch für einen Wechsel motivieren, müssen Sie sich mit klarem Blick auf das konzentrieren, was Sie gewinnen werden. Unsere Evolution hat uns mit einem gewissen Verharrungsvermögen ausgestattet. Dies zu durchbrechen, braucht klare Vorteile. Thomas zum Beispiel konnte ganz klar spüren, dass Logopäde und Synchrontrainer zu sein seine Werte inzwischen mehr erfüllen würde als der Schauspielberuf. Dafür konnte er gut auf den Glamourfaktor verzichten.

Übung 30: Der Zukunftszoom

Aus der Verhaltensbiologie wissen wir, dass Organismen durch Rückmeldung lernen, das ist das sogenannte konditionierte Lernen. Als Kinder lernen wir schnell: Hand auf die heiße Herdplatte – aua! Also Hand wegnehmen und zukünftig nicht wieder auf heiße Platten legen. Leider sind die meisten Lebensprozesse eines Erwachsenen wesentlich komplexer. Und die Konsequenzen für unser Handeln – oder Nichthandeln – treten eben nicht direkt, sondern sehr zeitverzögert ein. Menschen führen Änderungen in ihrem Leben häufig auch deshalb nicht durch, weil sie die Konsequenzen lange Zeit ausblenden können. Die Verhaltenspsychologie hat inzwischen herausgefunden, dass es nicht reicht, sich ausschließlich eine positive Vision vor Augen zu rufen, um ein Ziel zu erreichen. Die Kombination von beidem – von einem Schreckensszenario, das wir vermeiden wollen, und dem Positiven, das wir anstreben – hat die größten Erfolgsaussichten für eine Verhaltensänderung.[33]

Mit dem mentalen Zukunftszoom holen Sie sich die Zukunft direkt in die Gegenwart – unser Geist kann das!

- Vergegenwärtigen Sie sich zunächst wieder die Nachteile Ihrer jetzigen Berufssituation.
- Projizieren Sie die Folgen dieser Nachteile jetzt 10 bis 20 Jahre in die Zukunft. Wie schlimm ist es dann? Verharren Sie eine Zeit in dieser – unangenehmen! – Vorstellung, bis sie sich fest in Ihrer Erinnerung eingebrannt hat.

- Bei der nächsten Gelegenheit, wenn Sie an Ihrer Entscheidung zweifeln, etwas ändern zu wollen, zoomen Sie sofort das negative Zukunftsszenario wieder ins Jetzt heran. Weichen Sie nicht aus, schauen Sie genau hin auf das, was Sie nicht wollen.
- Gehen Sie dann sofort zur positiven Vision über – so wie es sein wird, wenn Sie die Veränderung herbeiführen.
- Machen Sie dies regelmäßig, um Ihre Motivation zu stärken.

Nicht immer sind Karrierefallen dramatische Gefängnisse, in denen ihre Insassen zunehmend versteinern und veröden. In manchen Fällen aber merken die Bewohner eines komfortablen Karrierekäfigs, dass es doch ein besseres, ein interessanteres Leben jenseits des goldenen Gitters gibt. Zwei Beispiele aus der Vorstandsetage großer Unternehmen zeigen, dass es auch bei solchen Positionen, die mit einem hohen Erwartungsdruck verbunden sind, die Möglichkeit gibt, alternative Wege einzuschlagen. Und so den Job zu finden, der jetzt passt.

Vorwärts, es geht zurück: Prominente Beispiele für den Ausstieg aus der Karrierefalle

Christine Novakovic – von der Bankerin zur Kunsthändlerin und wieder zur Bankerin[34]

Unter dem Namen Christine Licci (heute Novakovic) legt die Tochter eines Südtiroler Hotelier-Ehepaares 15 Jahre lang eine der Topkarrieren weiblicher Führungskräfte im europäischen Bankgewerbe hin. 2005 macht sie damit Schluss. Der Gestaltungsspielraum in ihrem letzten Vorstandsposten bestand nur noch auf dem Papier, in Wahrheit regierte die Zentrale der Bank, die gerade die Geschäfte übernommen hatte. Bei so viel Einmischung und Machtgehabe hatte die genauso sozial kompetente wie toughe Bankerin immer weniger Spaß an der Arbeit. Und auch keine Lust mehr »17 Stunden am Tag zu arbeiten und das Handy immer auf Empfang zu haben, auch nachts«. Inzwischen war Christine Novakovic Anfang vierzig und geschieden. Welcher Mann macht so eine Karriere schon mit?

Sie spricht mit einem Headhunter, der mit ihr nicht ins Geschäft kommt, weil sie merkt, dass es Zeit für einen großen Wechsel ist. Vielleicht Zeit, das Kind zu bekommen, für das sie sich nie Zeit genommen hat während der Turbokarriere? Auf jeden Fall will sie mehr Zeit für die schönen Dinge des Lebens haben, mehr Zeit für Freunde, Familie, für sich selbst. Sie besinnt sich auf ihre Leidenschaft, die Kunst, und absolviert eine Lehrzeit bei einem renommierten Kunsthändler. Dort wird sie später Partnerin. Eine Firma mit einem halben Dutzend Mitarbeiter. So viel wie es früher vielleicht einmal Pförtner in ihren Bankhäusern gab. In einem Interview wird sie gefragt, wie sie das denn aushalte, mit einem Mal für so eine »kleine Bude« zu arbeiten und so wenig Macht zu haben. »Bestens«, schmunzelt die sichtlich zufriedene und entspannte Ex-Managerin, die mehrere Sprachen fließend spricht. Hilfreich für so einen entspannten Umgang mit Macht und Ansehen war mit Sicherheit die bodenständige Kindheit und Jugend im familiären Hotelbetrieb. Neben ihrem neuen Beruf dem Kunsthandel gönnt sich Christine Novakovic ein Aufsichtsratsmandat bei einer Bank, denn davon versteht sie schließlich etwas. Und das Headhunting war doch irgendwie auch erfolgreich. Stan Novakovic, der Headhunter, wurde ihr zweiter Ehemann, dessen Namen sie annahm. Und vermutlich ist der stolz auf seine entschlussfreudige Frau, die schließlich 2011 nach einigen Jahren im Kunstbusiness beschließt, nun sei es Zeit, wieder in das angeschlagene Bank-Business zurückzukehren. Auf eine Anfrage der lädierten Schweizer UBS Bank hat sie schließlich »Ja« gesagt. Und bleiben wird sie dort vermutlich genauso lange, wie es für sie richtig ist.

René Obermann, Deutsche Telekom – mit 50 freiwillig raus aus dem Vorstandssessel[35]

Was macht man mit dem Rest seines Lebens, wenn man mit 42 Jahren schon »ganz oben« angekommen ist? Zum Beispiel mit 50 wieder zu seinen Wurzeln zurückkehren und gleichzeitig etwas Neues machen. Ende 2012 kündigt René Obermann, der Vorstandsvorsitzende der Deutschen Telekom, für viele überraschend an, dass er nach einem weiteren Jahr vorzeitig seinen Vertrag als Vorstand auflösen werde. Weil er sich, wie er sagte, zukünftig wieder »direkter und näher um Produkte und Kunden kümmern möchte«. Außerhalb des Konzerns. Und, so ließ er durchblicken, vermutlich in einem wesentlich kleineren Unternehmen im europäischen Ausland. Davor war Obermann einer der Überflieger in seiner Branche, nicht bei allen ist er dafür beliebt, aber das gehört zum Job.

Der gebürtige Düsseldorfer ist einer der letzten, die es ohne Studienabschluss in die oberste Etage eines DAX-Konzerns schafften. Nach Bundeswehr und kaufmännischer Lehre gründete er an seinem Studienort Münster neben dem Studium der VWL ein Unternehmen für die aufkommenden Mobilfunkgeräte und Zubehör. Er räumt ein, dass die Motivation neben unternehmerischer Leidenschaft ganz klar gewesen sei, Geld zu verdienen. Er kommt »aus einfachen Verhältnissen«, wie es in seiner Biografie heißt. Mit dem Geldverdienen ist er so erfolgreich, dass er das Studium schon bald ohne Abschluss hinschmeißt und sein erfolgreiches Unternehmen nach einigen Jahren an einen Investor verkaufen kann. Auch der Studienabbruch schadet seiner Karriere nicht. Telekom-Manager Kai-Uwe Ricke holt den jungen Experten für das wachsende Handygeschäft in die Mobilfunksparte des Konzerns. Schon mit 40 ist Obermann im Gesamtvorstand des Konzerns angekommen, ab 42 ist er Vorstandsvorsitzender. Als wenn sich der Siebenjahresrhythmus in dieser Berufsbiografie bestätigen sollte, kündigt Obermann pünktlich mit 49 an, dass er ein Jahr später ausscheiden wird. Aussteigen wolle er nicht, dementiert der scheidende Topmanager aufkommende Gerüchte. Er sei »kein bisschen müde und sehr motiviert«. Nur eben für einen anderen Job.

KAIROS-Karriereplanung:
Meine nächsten Schritte

Der Dichter T. S. Eliot sagte einmal: »Am Ende der Reise werden wir den Ausgangspunkt zum ersten Mal erkennen.« Sie sind nun fast am Ende Ihrer KAIROS-Reise angekommen – einer Reise durch Ihre Biografie, bei der Sie in Kontakt gekommen sind mit Ihren Kompetenzen und Karriereankern, Ihren Lebensthemen, Ihren Werten sowie Charakterstärken, Ihren hinderlichen und förderlichen Überzeugungen und Ihrer ganz speziellen Lebensrhythmik, dem KAIROS-Rhythmus in Ihren Lebenszyklen.

Sie haben eine erste Zielvision entwickelt, wie Ihr berufliches und persönliches Leben in voller Blüte für Sie aussehen soll. Nun ist es für Sie an der Zeit, die nächsten Schritte zu unternehmen. Im Coaching mit meinen Klientinnen und Klienten vereinbare ich in jeder Sitzung, welche konkreten Schritte anstehen. Das kann auch einfach nur ein festes Datum sein, bis wann sich jemand mit einem bestimmten Thema aus dem Coaching beschäftigt haben wird. Dieser Termin ist damit klar gesetzt und wird nicht einfach so verschoben.

Sie selbst stehen nach der Anwendung der KAIROS-Methode vielleicht vor größeren Veränderungen und fragen sich nun, wo Sie anfangen sollen. Oder Sie haben den Eindruck gewonnen, dass vieles im Grunde so bleiben kann, wie es ist, und Sie nur an kleinen Schrauben drehen sollten. Beide Situationen erfordern jedoch konkrete nächste Schritte.

Zu Anfang eines Karrierecoachings wollen viele Klienten sehr schnell mit dem Handeln loslegen – sie verschießen, um das Bild aus der Einleitung noch einmal aufzunehmen, viele Pfeile, ohne ins Schwarze der Zielscheibe zu treffen. Ich selbst habe einmal in meinem Leben, nämlich gleich nach dem Abitur, einen ganzen Postsack voll Bewerbungen geschrieben, um an ein Volontariat bei einer Tageszeitung zu kommen. Seitdem nie wieder. Damals besaß ich schon etwas Praxiserfahrung bei der Lokalzeitung, hatte also eigentlich keine schlechten Voraussetzungen, sollte man meinen. Aber ich hatte keinen Erfolg, und heute weiß ich warum: Ich hätte ganz anders Kontakte knüpfen müssen, um Bewerbungen zu platzieren. Ich habe nicht für den Kairos gesorgt, also dafür, dass diese Bewerbungen zur rechten Zeit von der richtigen Person auch zur Kenntnis genommen wurden.

Außerdem: Kein Weg verläuft wie der andere. Zu einem erfolgreichen Jobwechsel kann auch innerhalb der KAIROS-Methode gehören, dass Sie einige Bewerbungen schreiben werden – jedoch werden Sie viel gezielter vorgehen können. Für alle nächsten Schritte sollen Sie natürlich auch immer Ihrer persönlichen Zielvision folgen sowie aus den Ressourcen schöpfen, die Sie in den vorigen Kapiteln für sich herausgefunden haben.

Typische Szenarien für Karrierewechsel

In meiner langjährigen Praxis als Coach konnte ich nach Anwendung des KAIROS-Ansatzes bei meinen Klienten verschiedene typische Szenarien erleben. So erfordert beispielsweise eine Wertedifferenz meist andere Schritte als ein Defizit in der Kompetenzerfüllung oder eine Gehaltslücke. Je nach Ergebnis der Analyse der einzelnen Aspekte eines Datencharts gibt es verschiedene Möglichkeiten weiterzugehen. Ich nenne diese Optionen »Pfade« innerhalb eines jeden Szenarios. Für jedes der vorgestellten Szenarien und jeden einzelnen Pfad können und sollen Sie sich die nächsten ein, zwei konkreten Schritte überlegen; dabei helfen Ihnen die Fragen, ebenso die Fallbeispiele und die Exkurse. Natürlich wählen Sie nur das oder die Szenarien aus, die in Ihrem Fall zutreffen. Ich nenne jeweils auch den Bezug zum ersten Teil der KAIROS-Analyse und welche Schritte jeweils besonders wichtig sind. In jedem Fall möchte ich Sie ermuntern, für Ihre nächsten Schritte auf weitere Wissensquellen zurückzugreifen, wie spezialisierte Ratgeber für Branchen oder eine angestrebte Selbstständigkeit. Ein einzelnes Buch kann unmöglich die Bandbreite aller Karrierewege abdecken, dazu benötigt man eng spezialisierte Fachratgeber. Im Anhang erhalten Sie erste Hinweise auf solche weiterführende Literatur.

Die Szenarien der KAIROS-Karriereplanung im Überblick:

1. Ich kann meine Kompetenzen im derzeitigen Job nicht (mehr) leben.
2. Ich kann meine Werte mit meinem Job nicht mehr vereinbaren.
3. Ich fühle mich überfordert in meinem derzeitigen Job.
4. Ich fühle mich unterfordert in meinem derzeitigen Job.
5. Ich will mehr Geld.
6. Ich will in meiner Laufbahn vorankommen und/oder meine Fachexpertise stärken.
7. Ich plane einen echten Jobwechsel, einen Quereinstieg oder will mich selbstständig machen.

Bevor Sie losgehen, hier noch wichtige Hinweise zur Formulierung von konkreten Zielen. Denn jetzt ist der Zeitpunkt gekommen – Kairos! –, an dem Sie abgeleitet von Ihrer Zielvision einzelne Verhaltensziele formulieren werden. Nach jedem Szenario der Karriereplanung sollten Sie Ihre nächsten Schritte notieren. An dieser Stelle soll Sie die Erinnerung an Zielformulierungen unterstützen.

Hier also noch einmal die Regeln zur Zielformulierung allgemein. Ziele sollen:

- frei von Verneinungen formuliert werden,
- realistisch und angemessen herausfordernd sein,
- eigenverantwortlich zu erreichen sein,
- respektvoll/achtsam gegenüber anderen und sich selbst sein,
- attraktiv/körperlich positiv verankert sein.

Also nicht: »Ich will nicht mehr so angespannt in Bewerbungsgespräche gehen.«

Sondern: »Ich konzentriere mich auf meinen Atem und vertiefe meine Gelassenheit mit jedem Atemzug.«

Darüber hinaus sollen Ihre nächsten Schritte als SMART-Verhaltensziele formuliert werden:

S – spezifisch
M – messbar
A – attraktiv
R – realistisch
T – terminiert

Also nicht: »Ich denke, ich sollte vielleicht mal Thomas wegen dieses Netzwerktreffens anrufen. Ja, das mache ich mal ...«

Sondern: »Am Montagmorgen schreibe ich eine E-Mail an Thomas zu diesem wichtigen Thema (realistisch, spezifisch, messbar, attraktiv, terminiert). Am Dienstag hake ich telefonisch nach (ebenso). Ich tue dies so lang, bis ich ihn zu dem Thema gesprochen habe (spezifisch, messbar, Erfolgskriterium der Zielerreichung). Damit ich das auch umsetze, bitte ich jetzt meine Freundin, dass sie mich am Mittwoch fragt, ob ich Thomas kontaktiert habe (messbar, attraktiv – ein wenig durch Druck!).«

Szenario 1: Ich kann meine Kompetenzen im derzeitigen Job nicht (mehr) leben

Pfade:

- Sich in der gleichen Firma in einer anderen Abteilung oder einem anderen Bereich *eine andere Stelle suchen*
- *Netzwerke aktivieren!*
- In einer anderen Firma nach einer *Stelle mit diesem Kompetenzprofil* suchen
- Einen klassischen *Quereinstieg in einen neuen Job* versuchen (siehe Szenario 7 zum Quereinstieg)
- Sich den Kompetenzen entsprechend *selbstständig machen*

Analyseschritte aus dem KAIROS-Datenchart, die besonders hilfreich sind:

- Kompetenzanalyse
- Lebensthemenanalyse
- Karriereanker

Notieren sie nun bitte Ihre nächsten Schritte.

Nutzen Sie auch Checklisten anderer Ratgeber, Internetseiten sowie persönliche Kontakte, um einen Überblick zu gewinnen, auch über neue Berufsfelder. Nun, da Sie Ihre Zielvision vor Augen haben, ist der richtige Zeitpunkt, um ins Detail zu gehen und je nach Ihrem spezifischen Fall auch Spezialliteratur und Datenbanken zu konsultieren.

Ein konkreter Schritt ist immer an eine klare Handlungsaufforderung gekoppelt. Die entsprechenden Aussagen enthalten ein Verb, Stichworte sind unzureichend, weil sie unkonkret sind und eventuell eine Blockade auslösen können. Beispielsweise ist das Wort »Bewerbung« zu allgemein, da daraus nicht Ihre konkreten nächsten Schritte hervorgehen. Heißt das, dass Sie als Nächstes Ihren Lebenslauf komplettieren müssen oder dringend Bewerbungsfotos von sich machen lassen sollten? Und ist dafür wiederum zunächst ein Friseurtermin erforderlich? Wenn dem so ist, lauten Ihre nächsten Schritte, die Sie auf Ihrer Liste festhalten: 1. Friseurtermin abmachen, 2. Heidi nach dem Fotografen ihrer Passbilder fragen, 3. mit diesem einen Termin vereinbaren. Werden Sie so konkret wie möglich, denn nur eine verbindliche Planung wird Sie in Aktion versetzen.

Szenario 2: Ich kann meine Werte mit meinem Job nicht mehr vereinbaren

Pfade:

- *Die Abteilung wechseln:* Wären die Bedingungen bereits mit einem neuen Vorgesetzten besser?
- *Den Bereich wechseln/Querumstieg:* Wäre es in einem anderen Bereich in der gleichen Firma besser?

- *Branchencheck/Firmencheck:* Wäre es in der gleichen Branche in einer anderen Firma anders?
- *Eine andere Branche wählen/Kompetenzcheck machen:* einen klassischen Quereinstieg in einen neuen Job versuchen (siehe Szenario 7 zum Quereinstieg)
- *Realitätscheck:* Was bin ich bereit aufzugeben, um meinen Werten treu zu bleiben?
- *Minimumcheck:* Welche Veränderungen (Einkommen, Ortswechsel, Arbeitsweg und -zeit usw.) wäre ich bereit in Kauf zu nehmen, damit meine Werte stärker erfüllt sind?

Analyseschritte aus dem KAIROS-Datenchart, die besonders hilfreich sind:

- Werteanalyse
- Kairos-Zyklusjahr – aktuelles
- Kompetenzanalyse/Charakterstärken
- Lebensthemenanalyse
- Karriereanker
- Leben in Überschriften – aktuelle Lebensphase

Checken Sie auch:

- Glaubenssätze (Saboteure und Mentoren)
- Berufungs- und Karrierefalle

Notieren Sie nun bitte Ihre nächsten Schritte. Überprüfen Sie bitte, ob Ihre Schritte jeweils konkret und mit einem »Verb«, einer Handlungsaufforderung sowie einem Zeitpunkt versehen sind.

Szenario 3: Ich fühle mich überfordert in meinem derzeitigen Job

Pfade:

- *Realitätscheck:* ist dies ein temporärer Zustand (paralleles Weiter-

Kleine Veränderung, große Wirkung – das Beispiel einer Psychotherapeutin

Ich kenne eine Psychotherapeutin, die vor einigen Jahren ein Stadium echter Erschöpfung erreicht hatte. Die täglichen Therapiesitzungen an fünf Tagen die Woche hatten sie so weit gebracht, dass sie die Aufgabe ihres Berufs in Erwägung zog – eine Aussicht, die sie in Panik versetzte. Um diesen Schritt vorerst zu vermeiden, setzte sie den Mittwoch als Ruhetag ihrer Praxis fest und gönnte sich an ihm schöne und regenerative Tätigkeiten. Außerdem halbierte sie so die lange Zeitstrecke von fünf Tagen in zwei mal zwei Tage. Schon nach wenigen Monaten hatte sie ihre Reserven regelrecht aufgetankt. Dann begann sie, den Mittwoch für Fortbildungen zu nutzen und für mehr aktive Anregung zu sorgen. Und schließlich nahm sie einen Lehrauftrag an, für den sie sehr gut auf ihrer Praxiserfahrung als Therapeutin aufbauen konnte. So griffen mit einem Mal die beiden Tätigkeitsfelder – therapeutische Arbeit mit Klienten und die Lehre – ideal ineinander. Die Dozentur nahm nicht den ganzen Mittwoch in Anspruch, sodass ihr inklusive Vorbereitung immer auch noch ein wenig Freizeit blieb.

Dieses Beispiel zeigt, dass manchmal kleine Veränderungen völlig ausreichend sind und große Wirkungen nach sich ziehen können. Nicht immer muss man gleich den ganzen Job wechseln.

---

bildungsstudium, temporäre Pflege von Angehörigen, schwierige Phase der Kinder)?

- *Haben sich meine Lebensumstände verändert* (Kinder, Arbeitsweg, Tätigkeit des Partners ...)? Wenn ja, was könnte ich konkret verändern und mit wem müsste ich darüber sprechen?

- *Sind es innere Antreiber, Konzepte und Glaubenssätze, die den Stress verursachen?* Könnte ich von externer Hilfe profitieren, etwa durch ein Coaching, der Teilnahme an einem Stress-Management-Kurs, einem Kurs im Fitness- oder Yogastudio?

- *Habe ich in meinem Leben schon einmal ähnliche Phasen gemeistert?* Welche Strategien habe ich dort angewendet?

- *Gibt es Vorbilder?* Personen, die in einer ähnlichen Lage etwas unternommen haben?

Analyseschritte aus dem KAIROS-Datenchart, die besonders hilfreich sind:

- Werteanalyse
- Leben in Überschriften – aktuelle Lebensphase
- Kairos-Zyklusjahr – aktuelles
- Kompetenzanalyse
- Lebensthemenanalyse

Checken Sie auch:

- Inneres Team – Stressantreiber (Saboteure und Mentoren)

Notieren sie nun bitte Ihre nächsten Schritte.

Szenario 4: **Ich fühle mich unterfordert in meinem Job**

Pfade:

- *Sonderprojekte* mit dem Chef/Vorgesetzten vereinbaren
- *Nutzen Sie dazu Ihre KAIROS-Ergebnisse* – besonders Ihre Kompetenzen
- Dem oder der Vorgesetzten *beim nächsten Mitarbeitergespräch* einen Kompetenzen- und Stärkenplan präsentieren und vielleicht schon ein konkretes Projekt vorschlagen
- *Neue Arbeitszeiten aushandeln*, zum Beispiel einen Tag weniger arbeiten und stattdessen etwas völlig anderes, Spannendes machen
- Ein dreimonatiges *Sabbatical* planen und in dieser Zeit etwas Anregendes unternehmen
- *Ehrenamtliches Engagement*
- *Netzwerke aktivieren*, um an neue Angebote zu kommen

Darüber hinaus kommen alle Pfade infrage, die beim ersten Szenario »Ich kann meine Kompetenzen im derzeitigen Job nicht (mehr) leben« greifen. Wer dauerhaft unterfordert ist, riskiert, krank zu werden. Es lohnt sich also eigentlich immer, noch einmal neu durchzustarten.

Analyseschritte aus dem KAIROS-Datenchart, die besonders hilfreich sind:

- Werteanalyse
- Karriereanker
- Kompetenzanalyse
- Leben in Überschriften – aktuelle Lebensphase
- Lebensthemenanalyse
- Kairos-Zyklusjahr – aktuelles

Checken Sie auch:

- Glaubenssätze (Saboteure und Mentoren) im Inneren Team

Notieren Sie nun bitte Ihre nächsten Schritte.

Szenario 5: Ich will mehr Geld

Pfade:

- *Einen Unternehmenswechsel in Betracht ziehen.* Werden die Mitarbeiter in anderen Firmen derselben Branche besser bezahlt?
- *Best practice:* Wie machen es andere in Ihrem Job, in Ihrer Branche? Mit wem könnten Sie sprechen?
- *Branchennetzwerke* kontaktieren
- *Als Frau:* Frauennetzwerke kontaktieren
- *Werte-Check:* was kostet mich das Mehr an Geld? Wie verändert sich die Balance in meinem Werterad? Oder, was aber nicht zwangsläufig eintritt: Was verliere ich, wenn ich mehr Geld bekomme?

Analyseschritte aus dem KAIROS-Datenchart, die besonders hilfreich sind:

- Werteanalyse
- Charakterstärken
- Kompetenzanalyse
- Leben in Überschriften – aktuelle Lebensphase
- Lebensthemenanalyse

Checken Sie auch:

- Glaubenssätze (Saboteure und Mentoren) im Inneren Team in Bezug auf Geld
- Berufungs- und Karrierefalle

Notieren Sie nun bitte Ihre nächsten Schritte.

Szenario 6: Ich will in meiner Laufbahn vorankommen und/oder meine Fachexpertise stärken

- *Ich will bezogen auf meine Laufbahn im Unternehmen sichtbarer werden und aufsteigen.*

oder

- *Ich will mich fachlich weiterqualifizieren, meinen Marktwert steigern.*

Beachten Sie hier bitte den Unterschied zwischen der von Ihnen eingeschlagenen Laufbahn und Ihrer fachlich-beruflichen Qualifikation.[36] Als Laufbahn bezeichnet man Ihren Weg innerhalb eines Unternehmens oder, auf verschiedene Unternehmen bezogen, den gesamten beruflichen Werdegang. Ein Aufstieg in der Laufbahn kann bedeuten, dass Sie sich über verschiedene Stationen hinweg sehr weit von Ihrer ursprünglichen fachlichen Qualifikation wegbewegt haben, etwa wenn Sie jetzt als Führungskraft tätig sind und kaum noch Fachaufgaben übernehmen, sondern vielmehr Personalverantwortung haben und in Strategieprozesse eingebunden sind. Einzelne Stationen innerhalb Ihrer Laufbahn definieren hingegen ihren Status innerhalb einer Organisation und auch auf gesellschaftlicher Ebene. Ein hoher Status, wie der Titel eines Geschäftsführers, Vorstands oder Werksleiters (oder Leiterin), ist für manche Menschen Voraussetzung für ein gutes Selbstwertgefühl. Solche Menschen ziehen aus dem äußeren Status sehr viel Anerkennung, was sich auch in ihrem Wertesystem ausdrückt. Der Aspekt Laufbahn ist also nicht zu vernachlässigen, wenn Sie in dieser Hinsicht unzufrieden sind. Stehen Sie dazu, wenn Sie ein Mensch sind, dem Status wichtig ist. Sich von anderen zu unterscheiden, also einen Status zu besitzen, ist einer der Hauptmotivatoren der menschlichen Psyche – nichts Verwerfliches. Wenn sich Ihr Status in Ihrer Laufbahn ändern soll, erfordert das jedoch in der Regel andere, meist strategische Schritte als etwa die fachliche Qualifizierung.

Unter dem fachlich-beruflichen Aspekt verstehen wir im engeren Sinne das, was in einem definierten Berufsfeld als »Lehrling«, »Geselle« oder »Meister« bezeichnet wird. Dazu gehören sämtliche Nachweise, die Ihr Weiterkommen, das Erreichen der nächsten Expertenebene innerhalb eines Berufsfelds dokumentieren. Etwa ein IHK-Zertifikat, der Fachwirt-Brief, der Meistertitel mit der Befähigung, Lehrlinge auszubilden, ein Master- oder MBA-Abschluss oder der Doktorgrad. Als fachliche Auszeichnung zählt auch das Engagement oder Amt in einem Berufsfachverband, vor allem wenn dieser auf der Wahl durch andere Mitglieder und somit deren fachlicher Anerkennung beruht. Immer ist dies Ihren Netzwerken dienlich, meist auch Ihrer Laufbahn, allerdings eher indirekt.

Ob ein zusätzlicher akademischer Abschluss in Ihrer jetzigen beruflichen Situation sinnvoll ist, hängt davon ab, ob sich in Ihrem Umfeld diese Leistung auch wirklich positiv auf Ihre Laufbahn auswirkt. Nicht vergessen sollten Sie bei solchen Überlegungen die direkten und indirekten Kosten (Studiengebühren) und den zeitlichen Aufwand (Urlaubszeiten, Auszeiten), die damit einhergehen. Dabei müssen dann auch das Umfeld und die Familie mitspielen.

Laufbahn: Ich will in der Hierarchie sichtbarer werden

Pfade:

- *Best practice:* Wie machen es andere in meinem Unternehmen? (Laufbahnen sind sehr unternehmensspezifisch zu betrachten)
- *Welche offiziellen Abschlüsse* benötige ich für eine Laufbahnverbesserung? (Hier ist Deutschland – leider – immer noch wenig durchlässig)
- *Welche Projekte und ihre Betreuung* sind in unserem Unternehmen besonders angesehen und machen mich sichtbar?
- *Welchen Mentor* könnte ich aktivieren, um Informationen zu erhalten und Unterstützung?
- *In welchen Netzwerken, Verbänden oder Gremien* sollte ich mich engagieren, um sichtbarer zu werden?

Analyseschritte aus dem KAIROS-Datenchart, die besonders hilfreich sind:

- Werteanalyse
- Karriereanker
- Lebensthemenanalyse
- Kompetenzanalyse
- Charakterstärken
- Leben in Überschriften – aktuelle Lebensphase

Nur keine Angst vor aktivem Netzwerken. Solange Sie dabei andere unterstützen und sich nicht allein in den Vordergrund stellen, gilt dort: Eine Hand wäscht die andere.

Netzwerke bestehen im Wortsinn und dem Bild nach aus verknüpften Fäden oder Seilen. Sie tragen allein durch die Knotenpunkte – diese entsprechen der aktiven Kommunikation zwischen den Teilnehmern. Und in Netzwerken gilt das Prinzip des Gebens und Nehmens, das heißt, man muss zunächst in ein Netzwerk investieren, um etwas zurückzubekommen. Meiner Erfahrung nach sollte man dazu ein bis zwei Jahre Aufbauarbeit veranschlagen. Zunächst muss man aktiv in Kommunikation treten und außerdem anderen etwas Nützliches und Wertvolles bieten. Das kann eine Information, ein Kontakt, ein Hinweis, ein Artikel oder einfach ein aufmunterndes Wort oder konstruktives Feedback zur rechten Zeit sein.

Am besten kommen Sie in Netzwerken zur Geltung, wenn Sie authentisch und aus Ihren Stärken heraus agieren. Von Netzwerkpartnern darf und soll man profitieren. Aber wenig attraktiv ist es, wenn man bedürftig, gierig oder einzig auf seinen Vorteil bedacht wirkt. Kurz gesagt: Wer Interesse zeigt, wirkt interessant.[37] Überhaupt haben Charisma und soziale Intelligenz viel miteinander zu tun. Wenn Sie Anregungen zu Ihren Stärken suchen, gehen Sie gern noch einmal in Teil eins zum Kapitel »Charakterstärken« zurück.

Notieren Sie nun bitte Ihre nächsten Schritte.

Denken Sie immer daran: Formulieren Sie konkret, mit einem »Verb« im Satz und einer Zeitangabe, was Sie bis wann getan haben werden – und wen Sie informieren, damit er oder sie zurückfragen kann, ob Sie es auch umgesetzt haben.

Fachlich-berufliche Profilierung: Ich will inhaltlich noch etwas erreichen

Hier geht es darum, »Meisterstatus« zu erlangen und innerhalb einer Fachcommunity anerkannt zu sein.

Pfade:

- *Abschlüsse anstreben:* IHK-Abschluss, Fachwirt, Master, Meisterprüfung, Promotion usw.
- *Mentor/Mentorin werden* und sein Fachwissen an die nächste Generation weitergeben: Welche Mentoringprogramme kenne ich, wie wird man dort aufgenommen?
- *Kann ich informell mehr in eine Mentorenrolle schlüpfen als seniorige Führungskraft?* Welche Zusatzqualifikation benötige ich dazu (Coachingausbildung, Mediation etc.)

In Mentoringprogrammen lernen Mentor und Mentee erwiesenermaßen gleich viel. Denn der Mentor muss sich wieder darüber klar werden, was er oder sie im Berufsleben alles bereits gelernt hat und heute weitgehend bewusst und automatisch anwendet. Durch die Fragen des Mentees wird dieses Expertenwissen zugänglich gemacht. Der Wissensschatz steht also nicht nur dem Mentee, sondern auch dem Mentor selbst (wieder) bewusst zur Verfügung. Das kann ein sehr lohnender und erfüllender Prozess sein.

Etliche Absolventen unserer Coachausbildung, die Managementpositionen bekleiden, nutzen ihre erworbene Coachingkompetenz dazu, als Mentoren zu wirken, und erleben dieses Engagement als äußerst erfüllend.

Analyseschritte aus dem KAIROS-Datenchart, die besonders hilfreich sind:

- Werteanalyse
- Karriereanker
- Lebensthemenanalyse
- Kompetenzanalyse
- Charakterstärken
- KAIROS-Zyklusjahranalyse, falls Sie einen Wechsel/ (Neu-)Start planen

Notieren Sie nun bitte Ihre nächsten Schritte.

Szenario 7: Ich plane einen echten Jobwechsel, einen Quereinstieg oder will mich selbstständig machen

Ich selbst bin das beste Beispiel dafür, dass Quereinstiege gelingen können und dass auch eine Selbstständigkeit in verschiedenen Phasen der Berufsbiografie genau das Richtige sein kann. Aber ganz ehrlich: Leicht gemacht wird einem in Deutschland der Quereinstieg nicht gerade. Im angloamerikanischen Raum, besonders in den USA, ist es schon immer völlig normal gewesen, mehr als einen Beruf zu lernen und vor allem auszuüben oder nach einer Zeit der Berufstätigkeit noch einmal zu studieren, um dann in einem anderen Feld zu arbeiten. Was man bisher geleistet hat, zählt dort oft mehr als nur offizielle Abschlüsse. Lernfähigkeit wird vorausgesetzt und Enthusiasmus für eine Sache kann im Bewerbungsgespräch manchen Punkt bringen. Der Rest ist Fleiß, Schnelligkeit und Geschick, sich in neuen Bereichen dann auch wirklich zu bewähren.

Inzwischen werden glücklicherweise auch im deutschsprachigen Raum für Quereinsteiger die Bedingungen immer besser. Der Arbeitsmarkt entwickelt sich langsam weg von eingleisigen Berufslaufbahnen. Der Begriff »Meisterschaft in Serie« bringt diesen Trend auf den Punkt. Heute geht es um Verbindung von Qualifikationen, um im Wandel mit dabei zu sein. Der Fachkräftemangel aufgrund des demografischen Wandels lässt auch so manchen Personaler umdenken. Und selbst in einem so »greisenhaften« Alter wie 49+ darf man sich heute wieder neue Hoffnungen machen. Bis zur Rente mit 67 Jahren sind es schließlich noch 18 volle Jahre Berufstätigkeit!

Für Quereinstiege ebenso wie für den Wechsel in die Selbstständigkeit gilt, dass die Bedingungen branchenspezifisch sehr unterschiedlich sind. Im Kultur- und Mediensektor sind Quereinstiege sowieso eher die Regel, in anderen Branchen bedingt durch feste fachliche Vorbedingungen (Ärzte, Juristen) eher die Ausnahme.

In jedem Fall gilt für Quereinstiege und auch für das Thema Selbstständigkeit, dass Sie sich in branchenspezifischen Netzwerken, Portalen und Messen tummeln müssen. Ein Patentrezept dafür gibt es aber leider nicht. Nutzen Sie für Ihren besonderen Fall auch spezielle Beurfsratgeber, zum Beispiel für Selbstständige, neue Jobmöglichkeiten in Internetmedien und Ähnliches. Im Anhang »Literatur und weiterführende Adressen« finden Sie erste Anregungen.

Am wichtigsten für den erfolgreichen Quereinstieg und auch für die Selbstständigkeit ist jedoch, dass *Sie* davon überzeugt sind, dass das, was Sie vorhaben, genau der richtige Job zum richtigen Zeitpunkt für Sie ist. Und genau das strahlen Sie auch aus, wenn Sie von Ihrer Berufsbiografie durchdrungen sind und keine »Entschuldigung für meinen Zick-Zack-Karriereweg«-Haltung transportieren. Trotzdem sollten Sie natürlich auch ein gewisses Maß an Erfahrungen mitbringen, auch wenn diese vielleicht »nur« in Praktika oder nebenberuflicher Tätigkeit erworben wurden.

Pfade für Quereinstieg und Selbstständigkeit:

- *Kompetenzenportfolio zusammenstellen* – unbedingt mit der KAIROS-Kompetenzanalyse arbeiten! (Für Arbeitgeber oder Geldgeber im Fall der Selbstständigkeit)
- *Den roten Faden der eigenen Berufsbiografie darstellen können* – warum ist es logisch und eigentlich unvermeidlich, dass Sie als Nächstes genau in diesem Berufsfeld diesen Job machen wollen?
- *Vorteile herausarbeiten*, die gerade Ihre Schnittmenge und Kombination von Kompetenzen darstellen
- *Auf sich aufmerksam machen* durch fachliche Beiträge, Artikel, Blogs, Vorträge etc.
- *Netzwerken, netzwerken, netzwerken.* Sie benötigen häufig eine Empfehlung, um ein Vorstellungsgespräch zu erhalten und dort einen ersten – positiven – Eindruck hinterlassen zu können (lesen Sie dazu die Ausführungen in Szenario 6).
- *Kairos-Gefühl kultivieren.* Hören Sie auf Ihre Intuition, wenn Sie meinen, dass Sie Klaus oder Nadja vielleicht doch einmal anrufen sollten wegen dieser Stelle neulich ... Lesen Sie das (kurze) Kapitel *Trainieren Sie Ihr Kairos-Gefühl!*.
- *Selbstständigkeit:* Werfen Sie einen Blick auf die Literatur- und Linklisten im Anhang. Dort finden Sie auch Hinweise auf die interessante Option einer Unternehmensübernahme, denn demografisch bedingt suchen viele Unternehmen neue Inhaber/-innen.

Analyseschritte aus dem KAIROS-Datenchart, die besonders hilfreich sind:

- Werteanalyse
- Karriereanker
- Kompetenzanalyse

- Charakterstärken
- Lebensthemenanalyse
- KAIROS-Zyklusjahranalyse, falls Sie einen Wechsel/ (Neu-)Start planen
- Leben in Überschriften – aktuelle Lebensphase

Notieren Sie nun bitte Ihre nächsten Schritte.

Initiativbewerbung für den Quereinstieg – stellen Sie Ihre Vorteile heraus!

Das gilt besonders, wenn Sie in kein Raster passen: Stellen Sie sich als Problemlöser für Ihren Wunscharbeitgeber dar. Was können Sie, was andere, einseitig ausgebildete Personen nicht können, wissen, haben? Was ist das Besondere an der Verbindung, die genau Sie mitbringen? Bauen Sie Spannung auf, indem Sie die Gegensätze Ihrer Berufsbiografie oder Ihrer privaten Leidenschaften wie Feuer und Eis aufeinandertreffen lassen. Lauwarm haut niemanden vom Hocker! Stefanies Initiativbewerbung könnte beispielsweise so aussehen, wie in »Stefanies Beispiel« geschildert (siehe auch folgender Kasten).

Wenn Sie nicht »in die Gänge kommen«: Umgang mit heimlichen Widerständen gegen Ihr Ziel

Wie geht es Ihnen mit den konkreten Schritten und Zielen, die Sie bislang formuliert haben? Sind Sie motiviert, haben Sie Lust auf Neues und können Sie kaum erwarten, das Ende der Ausführungen zu erreichen und endlich loszulaufen? Oder verspüren Sie immer noch ein Zögern, merken Sie, dass Sie geplante Schritte nicht umsetzen? Es kann natürlich sein, dass es nicht Ihr bestes »Kairos-Jahr« für eine Veränderung ist. Dann können Sie mit mehr Gelassenheit auf Ihre abwartende Haltung schauen und das tun, was *jetzt* zu tun ist.

Aber es kann auch sein, dass ein innerer Konflikt besteht, hervor-

Stefanies Beispiel – Finanzerin mit Kommunikationstalent und Trainerqualifikation

»Zahlenmenschen und Kommunikation – zwei Welten begegnen sich«. Haben Sie das als verantwortlicher Personaler nicht auch schon manchmal gedacht, wenn Sie Ihre hochqualifizierten Finanzmanager und High Potentials im Finance-Bereich für eine nächste Stelle auswählen? Ich kenne beide Welten und kann sie verbinden. Daher stelle mich heute bei Ihnen als Trainerin für Kommunikation für den Bereich Finance vor.

Mit meinem langjährigen Hintergrund im Finance-Management, zuletzt als leitende Bilanzbuchhalterin mit Teamverantwortung in einem Touristikkonzern, macht mir kein Finanzer ein X für ein U vor. Mein Talent für Kommunikation ließ mich zum »Geheimtipp« für unsere Führungskräfte werden, wenn ein Ansprechpartner für knifflige Fragen von Team, Mitarbeiterführung und Kommunikation benötigt wurde. Im letzten Jahr war ich dann sehr erfolgreich als interne Trainerin in einem globalen Kommunikationsprogramm eines externen Anbieters tätig. Die Referenzen liegen bei. Zur Bestätigung meiner Trainerkompetenz habe ich inzwischen außerdem den IHK-anerkannten Abschluss absolviert.

Basis meiner Arbeit ist jedoch vor allem die langjährige Erfahrung im Finance-Bereich. Ich weiß, wie aus Finanzern richtig gute Kommunikatoren werden!

Gern stelle ich mich bei Ihnen in einem persönlichen Gespräch vor oder gebe eine Arbeitsprobe.

gerufen durch widersprüchliche Ziele oder einen Wertekonflikt. Widerstrebende Ziele oder Werte sind oft auf die unterschiedlichen Rollen zurückzuführen, die wir alle ausfüllen. Im Coaching mit Klienten, die sich in einer ähnlichen Lebensphase wie Sie befinden, werden immer komplexe Fragen zur weiteren Lebensplanung aufgeworfen (Familie ja oder nein? Sollte ich meine Karriere hintanstellen, um mehr Zeit mit meinen Kindern zu verbringen?). Das sind keine leichten Entscheidungen und es gibt keine Patentrezepte. Zögern und Ängste sind hier völlig normal. Jedoch verfügen wir häufig in unserer Biografie über Ressourcen, um solche Zweifel auch zu überwinden. Durch die Methoden im ersten Teil der KAIROS-Methode haben Sie bereits viele solcher Stärken herausgearbeitet. Um in einer bestimmten Situation Mut zu finden, kann es sich lohnen, nochmals einen Blick auf ähnliche Situationen in der Biografie zu werfen.

Hier empfehle ich Ihnen, zunächst Ihr Datenchart zur Hand zu nehmen und zu schauen, ob Sie sich schon einmal so gefühlt haben. Wie sind Sie damals mit der Situation umgegangen? Gibt es eine Strategie, die auch jetzt hilfreich sein könnte? Was wollen Sie diesmal anders machen? Fragen Sie sich anschließend nach den Gründen für die Zielkonflikte – damals und heute. Sehr hilfreich ist hier das Vier-Quadranten-Modell aus der Wertearbeit, mit den innerlichen und äußerlichen Dimensionen des Lebens im individuellen und kollektiven Bereich (schauen Sie im dortigen Kapitel nach Beispielen). Mit Blick auf die Zielerreichung gehen Sie jeden einzelnen Bereich der Reihe nach durch und fragen sich, welche Konsequenzen die Zielerreichung dort jeweils hat. Wenn ein Ziel zu Konflikten mit dem Umfeld führt, müssen Lösungen gesucht werden: Besteht die Möglichkeit, dass ein Kollege die Betreuung des Kunden übernimmt, mit dem es zuletzt zu unschönen Reibungsverlusten kam? Kann ich mir vorstellen, am Wochenende aufs Training zu verzichten, damit mein Partner etwas für sich unternehmen kann, sodass es okay ist, wenn ich unter der Woche in Spitzenzeiten noch mehr Überstunden mache?

Stehen solche Lösungen nicht zur Verfügung, bleibt Ihnen immer die Option, eine andere Haltung einzunehmen und so mit dem Problem umzugehen. So verzichtete zum Beispiel Thomas, der Schauspieler, der Logopäde wurde, in seiner intensiven Ausbildungszeit und Arbeit als Synchronsprecher auf manche Aktivität mit seinen Freunden, damit er noch Zeit für die Familie hatte. Unter der Woche federte seine Frau die zusätzliche Belastung durch die Ausbildung ab. Für mehr Auszeiten vom Familienleben aber hätte sie deutlich kein Verständnis gehabt. Am Freitagabend ging Thomas' Frau regelmäßig mit ihren Freundinnen aus, während er die Vaterzeit mit seinen Kindern genoss. Am Wochenende gehörte die Zeit gemeinsam der Familie und seiner Frau. Werteerfüllung hat mit Balance zu tun. Es ist hingegen weder notwendig noch möglich, dass gleichzeitig immer alle Werte hundertprozentig erfüllt sind.

Wenn Sie trotz motivierender Zielvision und klaren nächsten Schritten immer noch Blockaden verspüren, dann könnte es sein, dass Sie nochmals mit Ihren Glaubenssätzen arbeiten müssen. Dazu zählen auch Überzeugungen, die mit der »Berufungsfalle« und der »Karrierefalle« zusammenhängen. Es gibt immer eine ganze Anzahl innerer Überzeugungen, die Sie an der Zielerreichung hindern könnten. Diese zeigen sich häufig erst nach und nach während des Prozesses. Bei meinen Klienten ist dies nicht selten der Fall und macht oft erst die eigentliche Arbeit im Coaching aus. Scheuen Sie sich also nicht, sich noch einmal mit Ihren Saboteuren auseinanderzusetzen.

Resümee: Ihr Commitment für die nächsten Schritte der KAIROS-Karriereplanung

Am Ende dieses Kapitels zu den Szenarien und den Karrierepfaden mit Optionen sollten Sie noch einmal schriftlich fixieren, was Sie sich konkret vornehmen. Und seien Sie konkret: Wann genau und wie genau werden Sie dies umsetzen? Was ist dazu der nächste Schritt?

Sie kennen vielleicht die Aussage, dass jede Weltreise mit einem ersten Schritt beginnt. Das trifft gerade auch für die vielleicht große Veränderung in Ihrem Berufsleben zu. Schreiben Sie daher verbindlich für sich auf, hier oder in Ihrem Arbeitsbuch, was Sie in den nächsten zwei Tagen und den nächsten zwei Wochen tun und umsetzen wollen, damit Sie den Beruf, den Job, die Position erreichen, der oder die Sie ganz befriedigt. Ich rate Ihnen, nur wenige Punkte zu notieren, diese dann aber verbindlich umzusetzen. Danach können Sie weitere Schritte formulieren und umsetzen, und so fort. Hilfreich ist auch immer, sich Unterstützung von außen zu holen, um eine Kontrolle über die Umsetzung sicherzustellen. Wenn Sie wissen, dass eine Freundin, ein Freund Sie dabei unterstützen kann, dann vereinbaren Sie einen konkreten Zeitpunkt, an dem Sie über Ihre Umsetzung berichten werden. Notieren Sie nun bitte Ihre konkreten Schritte in den nächsten 48 Stunden. Anschließend notieren Sie Ihre konkreten Schritte in den nächsten zwei Wochen. Schließlich notieren Sie Ihre Planung für die nächsten zwei Monate.

Trainieren Sie Ihr Kairos-Gefühl!
Das Kurztrainingsprogramm

In der Einleitung hatte ich das Kairos-Prinzip vor allem dargestellt als die Wahrnehmung eines günstigen Moments, einer Gelegenheit, die es gilt, »beim Schopfe zu packen« – wie es das Bild des Gottes Kairos mit der gewaltigen Stirnlocke und dem geschorenen Hinterkopf zeigt. Hätte ich selbst damals vor 25 Jahren vielleicht zwei Wochen später bei der Tanzzeitschrift in Berlin angerufen, wäre die Stelle schon vergeben gewesen, wer weiß? So ist es wirklich notwendig, dass man beizeiten zupackt, dass man Dinge umsetzt.

Es gibt jedoch eine paradox anmutende zweite Fähigkeit, über die wir verfügen müssen, wenn wir Kairos nutzen wollen. Und das ist die Präsenz in der Gegenwart. Es ist das selbstvergessene, absichtslose Tun in jedem Augenblick. Ohne etwas zu wollen, ohne etwas hinterherzuhetzen. Glauben Sie mir, Gott Kairos ist immer schneller als wir, wenn wir versuchen, ihn zu erhaschen.

Die Sicht, dass Präsenz im gegenwärtigen Moment entscheidend ist, stammt aus den Weisheitstraditionen.[38] Besonders die fernöstlichen Traditionen, wie Zen oder andere buddhistische Meditationsformen, betonen diese Gegenwärtigkeit. Aber auch die christliche Tradition kennt das Paradox von Einsatz versus Anstrengungslosigkeit und Gegenwärtigkeit. So schreibt Ignatius von Loyola, der Begründer des Jesuitenordens: »Setz dich ein, als wenn alles nur von dir abhängt, wissend, dass alles allein von Gott abhängt.« Wenn Sie selbst keinen spirituellen Bezugspunkt haben, ersetzen Sie einfach das Wort Gott durch andere Worte, die für Sie Sinn machen, wie Evolution, Schicksal, Zufall oder Fügung.

Die Aussage bleibt die Gleiche: Tun, was getan werden kann, und lassen, was nicht getan werden kann. Ganz gegenwärtig sein und nicht an die Zukunft denken, um der Zukunft Raum zu geben. Die

Zukunft einladen, damit Sie jetzt in der Gegenwart die Tür dorthin erkennen. Das ist das Wesen des Kairos-Prinzips. Es ist ein wenig auch Gnade, dies erfahren zu können. Aber auch trainierbar.

Zum Abschluss des Buchs möchte ich Ihnen ein paar ganz einfach umzusetzende Übungen mitgeben, die Ihnen helfen können, diese Art von Präsenz oder Intuition oder einfach Kairos-Gespür zu entwickeln.

Und so trainieren Sie Ihre Intuition, Ihr Kairos-Gespür im Alltag:

1. Führen Sie Routinen ein, in denen Ihre Hände beschäftigt und Ihr Geist ruhig sein kann. Dazu zählen alle Haus- und Gartenarbeiten. Führen Sie diese aufmerksam und mit der nötigen Energie durch. Die Hände arbeiten, der Geist ruht auf den Tätigkeiten und wandert gleichzeitig in einer anderen Sphäre auf der Suche nach Kairos-Optionen.

Notieren Sie nachher alles, was Ihnen in solchen Momenten durch den Kopf gegangen ist, und setzen Sie es in passenden Momenten um.

2. Nehmen Sie eine Praxis auf, die meditative Elemente und Körperübungen umfasst. Es ist weit bekannt, dass Meditation und Körperübungen sowohl den Körper unterstützen als auch den Geist klären. Die ruhige Haus- und Gartenarbeit ist so eine Art Meditation des Alltags. Was zu Ihnen passt, kann niemand raten. Sie können einige Dinge ausprobieren. Im Anhang finden Sie Internetadressen, um ein seriöses Angebot in Ihrer Nähe zu finden.

3. Nehmen Sie an einem Anti-Stress- und Achtsamkeitstraining nach der MBSR-Methode teil. Eine alltagsnahe Methode, die aus Meditationstechniken schöpft, ist die sogenannte MBSR-Methode (Mindfulness-Based Stress Reduction – Achtsamkeitsbasiertes Stressreduktionstraining). Es handelt sich um eine Methode, die Stressreduktion über die Entwicklung von Achtsamkeit herstellt. Und Stress ist der ärgste Feind des Kairos-Gespürs!

4. Probieren Sie einmal eine Auszeit im Kloster. Völlig unabhängig davon, ob Sie sich selbst als gläubig, zweifelnd, agnostisch oder atheistisch bezeichnen, kann ein Aufenthalt in einem Kloster wesentlich Ihr Kairos-Gespür unterstützen. Ein bis drei Tage als Start reichen völlig. Der dortige klare Rhythmus unterstützt das Vertrauen, in den Kreislauf der Zeit eingebunden zu sein. Und damit Ihr eigenes Rhythmusgefühl. Einziger Ausschlussgrund für diese Option wäre, wenn Klöster bei Ihnen regelrechten Widerstand auslösen.

Im Anhang finden Sie Adressen von Klöstern und einem überkonfessionellen Meditationszentrum.

5. Brechen Sie einen Tage lang mit Routinen! Legen Sie einen »Revolutionstag« ein. Dieser Tipp scheint völlig im Widerspruch zu den ersten drei zu stehen, in denen ich Ihnen rate, Routinen zu entwickeln.

Es ist wiederum ein Paradox, was hier eine Rolle spielt. Und der Unterschied zwischen achtsamer Routine und eingefahrenem Trott. Häufig befinden wir uns nämlich in Letzterem. In diesem Autopilotenmodus würden wir den Gott Kairos sogar übersehen, wenn er neben uns auf dem Bürgersteig auftaucht.

Außergewöhnliche Tage, in denen wir aus unserem gewohnten »Trott« ausbrechen, machen uns hingegen wach, lernbereiter und – glücklicher! Das weiß man inzwischen aus der Motivations- und Verhaltensforschung. Neue Gehirnareale werden stimuliert und unser Belohnungszentrum aktiviert, wenn wir auch einmal neue Wege gehen. Der Neurologe Dr. Volker Busch schlägt vor, immer mal wieder einen »Revolutionstag« einzuführen und einen Tag lang vieles einfach einmal anders zu machen als gewohnt.[39] Und diese neuen Erfahrungen zunächst einfach wertungsfrei zu erleben und zu sehen, was eventuell mehr Spaß als der Trott! Alle anderen Gewohnheiten können Sie nach dem Revolutionstag ja wieder aufnehmen.

Revolutionstag heißt:

- Statt morgens wie immer Kaffee, einmal Tee trinken.
- Statt morgens muffelig zu sein – »Hallo meine Liebste/ mein Liebster« sagen.
- Statt Auto die öffentlichen Verkehrsmittel nutzen – oder umgekehrt.

- Woanders Mittag essen als sonst oder stattdessen einmal einen Spaziergang machen.
- Statt mit Ärger, diesmal nachsichtig auf den Kollegen reagieren und fragen: »Hast wohl ganz schön Stress, was?«
- ...

Sie werden sehr viel Neues erleben an solch einem Revolutionstag, und Ihre Liebsten und Freunde mit Ihnen. Vielleicht erhaschen Sie auch ganz unverhofft so manchen Kairos!

Ich wünsche Ihnen viel Erfolg beim Finden des richtigen Jobs zum richtigen Zeitpunkt mit dem KAIROS-Prinzip!

Teil 3
Anhang

Die KAIROS-Datenchart-Vorlagen

Liste der Lebensthemen
Übungsverzeichnis
Dank
Literatur und weiterführende Adressen
Anmerkungen

KAIROS-Biografie-Coaching – KBC-Methode DATENBLATT – Neun Lebenszyklen (©Ursula M. Wagner, Coaching Center Berlin)   Blatt 1 und 2

Lebensphase	**Lebensphase I** 1. bis 7. Lebensjahr	Name:					
Alter / Jahr Geburtsjahr							
Zyklusjahr Zyklusname	❶	❷	❸	❹	❺	❻	❼
Biografischer Strang: *Familie / Freunde*							
Biografischer Strang: *Anderes*							
Biografischer Strang: *Anderes*							

© Ursula M. Wagner

Lebensphase	**Lebensphase II** 8. bis 14. Lebensjahr	Name:					
Alter / Jahr Geburtsjahr							
Zyklusjahr Zyklusname	❶	❷	❸	❹	❺	❻	❼
Biografischer Strang: *Familie / Freunde*							
Biografischer Strang: *Schule /Anderes*							
Biografischer Strang: *Anderes*							

© Ursula M. Wagner

Lebensphase	Lebensphase III	15. bis 21. Lebensjahr			Name:	
Alter / Jahr Geburtsjahr						
Zyklusjahr Zyklusname	❶	❷	❸	❹	❺	❻	❼
Biografischer Strang: *Herkunftsfamilie / Eigene Familie*						
Biografischer Strang: *Partnerschaft*						
Biografischer Strang: *Freunde / Freizeit*						
Biografischer Strang: *Beruf / Bildung*						
Biografischer Strang:						
Biografischer Strang: *Gesundheit / Körper*						
Biografischer Strang: *Sinn / Werte / Spiritualität / persönliche Entwicklung*						
Biografischer Strang: *Historische Ereignisse*						

KAIROS-Biografie-Coaching – KBC-Methode DATENBLATT – Neun Lebenszyklen

Name: ....

Lebensphase	**Lebensphase IV** 22. bis 28. Lebensjahr						
Alter / Jahr Geburtsjahr							
Zyklusjahr Zyklusname	❶	❷	❸	❹	❺	❻	❼
Biografischer Strang: *Herkunftsfamilie / Eigene Familie*							
Biografischer Strang: *Partnerschaft*							
Biografischer Strang: *Freunde / Freizeit*							
Biografischer Strang: *Beruf / Bildung*							
Biografischer Strang:							
Biografischer Strang: *Gesundheit / Körper*							
Biografischer Strang: *Sinn / Werte / Spiritualität / persönliche Entwicklung*							
Biografischer Strang: *Historische Ereignisse*							

KAIROS-Biografie-Coaching – KBC-Methode DATENBLATT – Neun Lebenszyklen   Blatt 5

Lebensphase	Lebensphase V 29. bis 35. Lebensjahr						Name: ....
Alter / Jahr Geburtsjahr							
Zyklusjahr Zyklusname	❶	❷	❸	❹	❺	❻	❼
Biografischer Strang: *Herkunftsfamilie / Eigene Familie*							
Biografischer Strang: *Partnerschaft*							
Biografischer Strang: *Freunde / Freizeit*							
Biografischer Strang: *Beruf / Bildung*							
Biografischer Strang:							
Biografischer Strang: *Gesundheit / Körper*							
Biografischer Strang: *Sinn / Werte / Spiritualität / persönliche Entwicklung*							
Biografischer Strang: *Historische Ereignisse*							

Name: ....

Lebensphase	Lebensphase VI 36. bis 42. Lebensjahr						
Alter / Jahr Geburtsjahr							
Zyklusjahr Zyklusname	❶	❷	❸	❹	❺	❻	❼
Biografischer Strang: *Herkunftsfamilie / Eigene Familie*							
Biografischer Strang: *Partnerschaft*							
Biografischer Strang: *Freunde / Freizeit*							
Biografischer Strang: *Beruf / Bildung*							
Biografischer Strang:							
Biografischer Strang: *Gesundheit / Körper*							
Biografischer Strang: *Sinn / Werte / Spiritualität / persönliche Entwicklung*							
Biografischer Strang: *Historische Ereignisse*							

© Ursula M. Wagner

KAIROS-Biografie-Coaching – KBC-Methode DATENBLATT – Neun Lebenszyklen

Blatt 7

Name: ....

Lebensphase	Lebensphase VII 43. bis 49. Lebensjahr						
Alter / Jahr Geburtsjahr							
Zyklusjahr Zyklusname	❶	❷	❸	❹	❺	❻	❼
Biografischer Strang: *Herkunftsfamilie / Eigene Familie*							
Biografischer Strang: *Partnerschaft*							
Biografischer Strang: *Freunde / Freizeit*							
Biografischer Strang: *Beruf / Bildung*							
Biografischer Strang:							
Biografischer Strang: *Gesundheit / Körper*							
Biografischer Strang: *Sinn / Werte / Spiritualität / persönliche Entwicklung*							
Biografischer Strang: *Historische Ereignisse*							

Lebensphase	Lebensphase VIII 50. bis 56. Lebensjahr					Name:	
Alter / Jahr Geburtsjahr							
Zyklusjahr Zyklusname	❶	❷	❸	❹	❺	❻	❼
Biografischer Strang: *Herkunftsfamilie / Eigene Familie*							
Biografischer Strang: *Partnerschaft*							
Biografischer Strang: *Freunde / Freizeit*							
Biografischer Strang: *Beruf / Bildung*							
Biografischer Strang:							
Biografischer Strang: *Gesundheit / Körper*							
Biografischer Strang: *Sinn / Werte / Spiritualität / persönliche Entwicklung*							
Biografischer Strang: *Historische Ereignisse*							

KAIROS-Biografie-Coaching – KBC-Methode DATENBLATT – Neun Lebenszyklen

Name: ....

Lebensphase	Lebensphase IX 57. bis 63. Lebensjahr	❶	❷	❸	❹	❺	❻	❼
Alter / Jahr Geburtsjahr								
Zyklusjahr Zyklusname								
Biografischer Strang: *Herkunftsfamilie / Eigene Familie*								
Biografischer Strang: *Partnerschaft*								
Biografischer Strang: *Freunde / Freizeit*								
Biografischer Strang: *Beruf / Bildung*								
Biografischer Strang:								
Biografischer Strang: *Gesundheit / Körper*								
Biografischer Strang: *Sinn / Werte / Spiritualität / persönliche Entwicklung*								
Biografischer Strang: *Historische Ereignisse*								

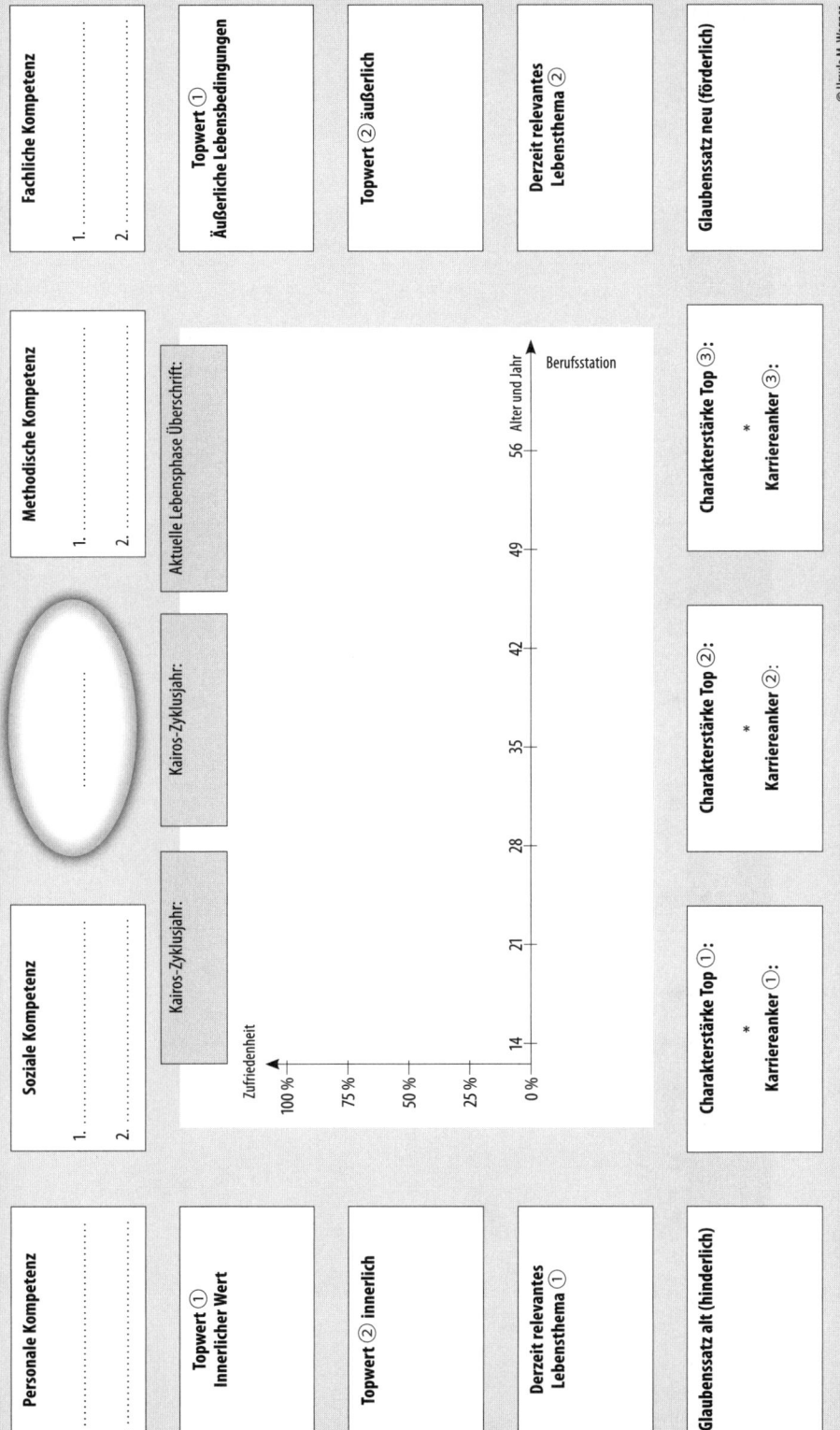

Fachliche Kompetenz
1. ....
2. ....

Topwert ①
Äußerliche Lebensbedingungen

Topwert ② äußerlich

Derzeit relevantes Lebensthema ②

Glaubenssatz neu (förderlich)

Methodische Kompetenz
1. ....
2. ....

Aktuelle Lebensphase Überschrift:

Kairos-Zyklusjahr:

Kairos-Zyklusjahr:

Soziale Kompetenz
1. ....
2. ....

Zufriedenheit
100 %
75 %
50 %
25 %
0 %
14 21 28 35 42 49 56 Alter und Jahr
Berufsstation

Charakterstärke Top ③:
*
Karriereanker ③:

Charakterstärke Top ②:
*
Karriereanker ②:

Charakterstärke Top ①:
*
Karriereanker ①:

Personale Kompetenz
1. ....
2. ....

Topwert ①
Innerlicher Wert

Topwert ② innerlich

Derzeit relevantes Lebensthema ①

Glaubenssatz alt (hinderlich)

© Ursula M. Wagner

Arbeitsblatt Karriereanker

Karriereanker	1. Berufs-einstieg	Wechsel	Wechsel	Wechsel	Wechsel	Wechsel	Wechsel	Endsumme
Technisch/fachliche und funktionale Kompetenz								
General Manager								
Selbstständigkeit / Unabhängigkeit								
Sicherheit / Beständigkeit								
Unternehmerische Kreativität								
Dienst oder Hingabe für eine Idee oder Sache								
Totale Herausforderung								
Lebensstilintegration								

© Ursula M. Wagner, basierend auf E. Schein (1998)

Kompetenzliste

Personale Kompetenzen

- Abstraktionsvermögen
- Anpassungsbereitschaft
- Ausdauer und Belastbarkeit
- Begeisterungsfähigkeit
- Eigenverantwortliches Handeln
- Bereitschaft zur Selbstentwicklung
- Räumliche Flexibilität
- Eigene Entscheidungen treffen
- ....

Fachliche Kompetenzen

- Ausbildung und Abschlüsse
- Computerkenntnisse
- Handwerke
- Markt-Know-how
- Betriebswirtschaftliche Kenntnisse
- Präsentationen erstellen
- Zeichnen
- Texte verfassen
- Sprachkenntnisse
- ....

Soziale Kompetenzen

- Andere in einer Gruppe integrieren
- In der Gruppe Verantwortung übernehmen
- Kooperationsfähigkeit
- Beziehungen aufbauen
- Durchsetzungsvermögen
- Einfühlungsvermögen
- Gemeinsam eine Aufgabe lösen
- ....

Methodische Kompetenzen

- Aufgaben und Arbeiten planen
- Ausgeprägtes Problemlöseverhalten
- Methoden zum Wissenserwerb beherrschen
- Freies Sprechen vor Gruppen
- Sitzungen nachvollziehbar protokollieren
- Prozesse organisieren
- Planen
- Systematische Zeiteinteilung
- Transparentes Arbeiten
- ....

Basierend auf Kompetenzbilanz © Zukunftszentrum Tirol / Lang-von Wins / Triebel
© Ursula M. Wagner

Eigene Fertigkeiten analysieren

Projekte und Projektteilschritte	Was ich genau getan habe	Komptenzbereich (P, S, F, M)
:............................	:............................	:............................
:............................	:............................	:............................
:............................	:............................	:............................
:............................	:............................	:............................
:............................	:............................	:............................
:............................	:............................	:............................

Personale Komptenz: wie ich mit mir selbst umgehe
Fachliche Komptenzen: meine fachlich gelernten Voraussetzungen
Methodische Komptenz: wie ich an die Dinge / Aufgaben / Probleme herangehe
Soziale Komptenz: wie ich mit anderen umgehe

Meine Kompetenzen

Personal – wie ich mit mir selbst umgehe, was mich ausmacht

Fachlich – meine fachlich gelernten Voraussetzungen

Sozial – wie ich mit anderen umgehe

Methodisch – wie ich an die Dinge / Aufgaben / Probleme herangehe

Arbeitsblatt »Werterad«

Name: ....

Datum: ....

Wertehierarchie: ....

KAIROS-Biografie-Coaching – KBC-Methode DATENBLATT – Neun Lebenszyklen. Beispiel Christina

Lebensphase I 1. bis 7. Lebensjahr »Voll was los« Name: **Christina**

Alter / Jahr Geburtsjahr: 1968	1969 / 1 Jahr	1970 / 2 Jahre	1971 / 3 Jahre	1972 / 4 Jahre	1973 / 5 Jahre	1974 / 6 Jahre	1975 / 7 Jahre
Zyklusjahr Zyklusname	❶ *Jumpstart*	❷ *Orientierung*	❸ *Festigung*	❹ *Unruhe*	❺ *Sich durchbeißen*	❻ *Vorläufiges*	❼ *Sprungbrett*
Biografischer Strang: **Familie / Freunde**	»Der Sonnenschein des Vaters«		Geburt des Bruders	Geburt der Schwester		Fehlgeburt Mutter	Vater für 3 Monate in Chile; Affäre Mutter
Biografischer Strang: **Anderes / Schule, KiTa**	Krabbelgruppe zu Hause durch Mutter →		»Die Große sein in der Krabbelgruppe«	Kindergarten im anderen Ort	Sich zurechtfinden müssen		Einschulung

Lebensphase II 8. bis 14. Lebensjahr *Abschied von der Kindheit* Name: **Christina**

Alter / Jahr Geburtsjahr: 1968	1976 / 8 Jahre	1977 / 9 Jahre	1978 / 10 Jahre	1979 / 11 Jahre	1980 / 12 Jahre	1981 / 13 Jahre	1982 / 14 Jahre
Zyklusjahr Zyklusname	❶ *Jumpstart*	❷ *Orientierung*	❸ *Festigung*	❹ *Unruhe*	❺ *Sich durchbeißen*	❻ *Vorläufiges*	❼ *Sprungbrett*
Biografischer Strang: **Familie / Freunde**	Streit der Eltern			Erste Trennung der Eltern	Versöhnung der Eltern Mitwirkung	Vater darf nichts von Freund und Schule wissen	Endgültige Trennung der Eltern
Biografischer Strang: **Schule /Ausbildung / Anderes**	Klassenstar »Die Frechste«	Leistungen nicht so toll		Schulschwierigkeiten, Gymnasiumsstart	Mit viel Fleiß bessere Noten	Wieder Abfall der Noten	Entscheidung zum Umstieg auf Realschule
Biografischer Strang: **Freunde / Sport**				Start Eishockeyspielen	Eishockeymannschaft: Aufstieg	Erster Freund	Erstes Mal verliebt in Frau
Biografischer Strang: **Persönlihce Entwicklung**	Wildfang »Wie ein Junge«				»Nur das Team gewinnt«		Abrüstungsdemos in Bonn, Vater lässt mich nicht hin

KAIROS-Biografie-Coaching – KBC-Methode DATENBLATT – Neun Lebenszyklen

Name: **Christina**

Lebensphase	Lebensphase III 15. bis 21. Lebensjahr Coming Out – Ichwerdung						
Alter / Jahr Geburtsjahr: 1968	1983 / 15 Jahre	1983 / 16 Jahre	1983 / 17 Jahre	1983 / 18 Jahre	1983 / 19 Jahre	1983 / 20 Jahre	1983 / 21 Jahre
Zyklusjahr Zyklusname	❶ Jumpstart	❷ Orientierung	❸ Festigung	❹ Unruhe	❺ Sich durchbeißen	❻ Vorläufiges	❼ Sprungbrett
Biografischer Strang: **Herkunftsfamilie / Eigene Familie**	Auszug Vater	Mutter lernt neuen Mann kennen		Problem des Bruders	Vater zieht weg aus der Stadt		Mutter heiratet erneut
Biografischer Strang: **Partnerschaft**	Erste Freundin (heimlich)			Coming-out		Trennung	Frau aus Berlin kennengelernt
Biografischer Strang: **Freunde / Freizeit**							
Biografischer Strang: **Beruf / Bildung**	Umstieg auf Realschule	Abschluss Realschule	Zurück zum Gymnasium	Bessere Noten – Wahlfächer	Abitur	Wegzug, Start Studium Soziologie in München	Krise Studium
Biografischer Strang: **Gesundheit / Körper**	Nasenbeinbruch beim Hockey		Aufstieg mit der Hockeymannschaft	Beginn Neurodermitis	Erfolglose Arztbehandlung	→	Erfolglose Arztbehandlung
Biografischer Strang: **Sinn / Werte / Spiritualität / persönliche Entwicklung**	Ablehnung von Kirche	»Du schaffst das!«		»Das bin ich«-Gefühl	Austritt aus der Kirche		
Biografischer Strang: **Historische Ereignisse**							Mauerfall

KAIROS-Biografie-Coaching – KBC-Methode DATENBLATT – Neun Lebenszyklen

Name: *Christina*

Lebensphase	Lebensphase IV 22. bis 28. Lebensjahr *Zeit der Experimente*						
Alter / Jahr Geburtsjahr: ±1968	*1990 / 22 Jahre*	*1991 / 23 Jahre*	*1992 / 24 Jahre*	*1994 / 25 Jahre*	*1994 / 26 Jahre*	*1995 / 27 Jahre*	*1986 / 26 Jahre*
Zyklusjahr Zyklusname	❶ *Jumpstart*	❷ *Orientierung*	❸ *Festigung*	❹ *Unruhe*	❺ *Sich durchbeißen*	❻ *Vorläufiges*	❼ *Sprungbrett*
Biografischer Strang: **Herkunftsfamilie / Eigene Familie**	*Distanzierung der Mutter*						*Endgültige Trennung*
Biografischer Strang: **Partnerschaft**	*»Amour fou« mit Freundin*	*Auf und Ab, Freundin dreht Frauenfilme* ↑		*Trennung und Wiederanfang*	*Auf und Ab* →		
Biografischer Strang: **Freunde / Freizeit**	*Lesben-WG in Berlin*			*Mit Freundin zusammenziehen*			
Biografischer Strang: **Beruf / Bildung**	*Taxischein machen, Start Studium Sozialarbeit*	*Studium Sozialarbeit*			*Abschluss Studium Sozialarbeit*	*Anerkennungsjahr*	*Senatsverwaltung Ein-Jahres-Stelle EU-Projekt*
Biografischer Strang: **Gesundheit / Körper**	*Cortisonbehandlung Sport schwierig*	*Heilpraktikerin: Besserung der Haut*	*Besserung der Haut*	*Neue Krise Haut; Frage, ob mit Hockey aufhören*	*Besserung der Haut*	*Abschluss der Behandlung*	*»Das letzte Spiel« Abschied vom Hockey*
Biografischer Strang: **Sinn / Werte / Spiritualität / persönliche Entwicklung**					*Selbstvertrauen: »Ich bin schnell und gut«*		
Biografischer Strang: **Historische Ereignisse**							

KAIROS-Biografie-Coaching – KBC-Methode DATENBLATT – Neun Lebenszyklen

Lebensphase V 29. bis 35. Lebensjahr — *Erfolgreiche Sozial-Kammerfrau, aber…* — Name: *Christina*

Lebensphase	1997 / 29 Jahre ❶ Jumpstart	1998 / 30 Jahre ❷ Orientierung	1999 / 31 Jahre ❸ Festigung	2000 / 32 Jahre ❹ Unruhe	2001 / 33 Jahre ❺ Sich durchbeißen	2002 / 34 Jahre ❻ Vorläufiges	2003 / 35 Jahre ❼ Sprungbrett
Biografischer Strang: Herkunftsfamilie / Eigene Familie	Wenig Kontakt	Schwester helfen bei der ersten Geburt		Begegnung mit Vater als Alkoholiker	Tod des Vaters		
Biografischer Strang: Partnerschaft	Nicht im Vordergrund			Liebelei	Festere Beziehung	Trennung	Heutige Frau L. kennengelernt
Biografischer Strang: Freunde / Freizeit	Internationaler Freundeskreis in Brüssel, Paris, NY						Fernbeziehung Brüssel – Berlin
Biografischer Strang: Beruf / Bildung	Praktikum in Brüssel, Sozial. Sponsering Firma	1. Jahr Festanstellung Sprachunterricht	Projektleitung	Gedanken an Rückkehr nach Berlin	Großer Umsatzerfolg; Projektmanagement Zertifizierung	Stellvertretende Geschäftsführung übernommen	Hinweis vom Mgt.: »Dir fehlt ein Titel wie Master oder PhD zur Geschäftsführerin«
Biografischer Strang: Gesundheit / Körper					Chronische Sinusitis	Kollaps am Flughafen	
Biografischer Strang: Sinn / Werte / Spiritualität / persönliche Entwicklung	Weniger Definition über »Lebensein«			Schock: »Mein Vater säuft«	Sinnkrise, Trauer um den Vater	Sinnkrise	»Es muss sich etwas ändern«
Biografischer Strang: Historische Ereignisse				Milleniumwechsel	am 11. September in New York		

KAIROS-Biografie-Coaching – KBC-Methode DATENBLATT – Neun Lebenszyklen

Lebensphase	Lebensphase VI 36. bis 42. Lebensjahr Familie ändert (fast) alles						Name: Christina
Alter / Jahr Geburtsjahr: 1968	2004 / 36 Jahre	2005 / 37 Jahre	2006 / 38 Jahre	2007 / 39 Jahre	2008 / 40 Jahre	2009 / 41 Jahre	2010 / 42 Jahre
Zyklusjahr Zyklusname	❶ Jumpstart	❷ Orientierung	❸ Festigung	❹ Unruhe	❺ Sich durchbeißen	❻ Vorläufiges	❼ Sprungbrett
Biografischer Strang: Herkunftsfamilie / Eigene Familie	Geburt der zweiten Nichte	Pflegekinder suchen: »Sie müssen verpartnert sein«	1. Krisenpflege, Pflegekind	Pflegekind wieder weg	Festes Pflegekind Nr. 1 kommt zu uns		
Biografischer Strang: Partnerschaft	»Totally in love«	Pflegekinder suchen	Verpartnerung »schönes Fest«	Krise wegen Job und Kindern		»Alles wird gut«-Gefühl	
Biografischer Strang: Freunde / Freizeit	Zurück im Berliner Freundeskreis	Neue Freunde außerhalb der »Szene«			Rauschendes Fest zum 40. Geburtstag		
Biografischer Strang: Beruf / Bildung	Start in Berlin bei Sponsoring Stiftung als Projektleitung	Bewährungsproben im neuen Job	Projekt	Wieder Hinweis: »Titel fehlt« Start Fernstudium			Abschluss Master of Arts Sozialmanagement Bewerbung GF
Biografischer Strang: Gesundheit / Körper	Die alten Bekannten: Sinusitis …		Ende der Gesundheitsprobleme				
Biografischer Strang: Sinn / Werte / Spiritualität / persönliche Entwicklung	Völlig hingerissen von Baby-Nichte		Zum ersten Mal völlig gebunden	Riesige Trauer um das Kind!	Erwartungsvoll		»Auf der Höhe meines Lebens«
Biografischer Strang: Historische Ereignisse							

© Ursula M. Wagner

KAIROS-Biografie-Coaching – KBC-Methode DATENBLATT – Neun Lebenszyklen

Blatt 7

Lebensphase	Lebensphase VII 43. bis 49. Lebensjahr	Aufbruch zu neuen Ufern				Name: Christina	
Alter / Jahr Geburtsjahr: 1968	2011 / 43 Jahre	2012 / 44 Jahre	2013 / 45 Jahre	2014 / 46 Jahre	2015 / 47 Jahre	2016 / 48 Jahre	2017 / 49 Jahre
Zyklusjahr Zyklusname	❶ Jumpstart	❷ Orientierung	❸ Festigung	❹ Unruhe	❺ Sich durchbeißen	❻ Vorläufiges	❼ Sprungbrett
Biografischer Strang: Herkunftsfamilie / Eigene Familie	Schwester unterstützt		2. Pflegekind				
Biografischer Strang: Partnerschaft	Meine Frau steht mir bei						
Biografischer Strang: Freunde / Freizeit	Freunde stehen bei						
Biografischer Strang: Beruf / Bildung ← Rhythmusbruch	Abgelehnte Bewerbung, Bewerberin mit Harvard MPA* wird vorgezogen. Start Coaching	Gründungswettbewerb, Start-up Social Business	Gutes 1. Geschäftsjahr, Expansion				
Biografischer Strang: Gesundheit / Körper	Rückfall Neurodermitis		Besserung Neurodermitis				
Biografischer Strang: Sinn / Werte / Spiritualität / persönliche Entwicklung	Schock! »Das ist nicht fair«, »Talent ist nicht mehr«						
Biografischer Strang: Historische Ereignisse							

*Master of Public Administration – Studiengang an der Harvard University

© Ursula M. Wagner

Christina

Fachliche Kompetenz
1. Sozialmangement
2. Europäisches Vergaberecht, Sozialfonds

Methodische Kompetenz
1. Projektmanagement
2. Analysefähigkeit

Soziale Kompetenz
1. Offenheit für Andersartigkeit
2. Perspektivübernahme

Personale Kompetenz
1. Duchhaltevermögen
2. Lernhaltung

Topwert ① Äußerliche Lebensbedingungen
Unabhängigkeit in Projektgestaltung

Topwert ② äußerlich
Familie ernähren können

Derzeit relevantes Lebensthema ②
Macht / Einfluss gewinnen wollen

Glaubenssatz neu (förderlich)
»Go with the flow«
Ich gestalte mein Leben, indem ich mit dem Fluss gehe

Topwert ① Innerlicher Wert
Anerkennung für Leistung

Topwert ② innerlich
Fairness (Diversity anerkennen)

Derzeit relevantes Lebensthema ①
Laufbahn Plateau

Glaubenssatz alt (hinderlich)
»Man schafft es überall, wenn man will«

Aktuelle Lebensphase Überschrift:
Aufbruch zu neuen Ufern

Kairos-Zyklusjahr: *Orientierung*

Kairos-Zyklusjahr: *Jumpstart*

Karriereanker
Werte innerlich

Zufriedenheit

100 %
75 %
50 %
25 %
0 %

14   21   28   35   42   49   56   Alter und Jahr

Berufsstation

Soz.studium
Fachhochschule
Anerkennungsjahr
Verwaltung
Praktikum Brüssel
Stellvertr. GF.
Berlin
GF Ablehnung

Charakterstärke Top ③: *Soziale Intelligenz*
Karriereanker ③: *Unternehmerische Kreativität*

Charakterstärke Top ②: *Authentizität*
Karriereanker ②: *General Management*

Charakterstärke Top ①: *Mut*
Karriereanker ①: *Selbstständig / Unabhängig*

© Ursula M. Wagner

KAIROS-Gesamtauswertung: Beispiel Stefanie

Personale Kompetenz

1. Lernwille
2. Intuition

Soziale Kompetenz

1. Menschenkenntnis
2. Offenheit für Kulturen

Fachliche Kompetenz

1. Finanzbuchhaltung
2. Touristikbranche
3. Trainingsgestaltung

Methodische Kompetenz

1. Intuitives Organisationsvermögen
2. Fremdsprachenkompetenz

Stefanie

Kairos-Zyklusjahr:
Orientierung

Kairos-Zyklusjahr:
Großreinemachen

Aktuelle Lebensphase Titel:
Integration

Topwert ① Innerlicher Wert
Anerkennung

Topwert ① Äußerliche Lebensbedingungen
Projekte mit Inhalt Kommunikation

Topwert ② innerlich
Kommunikation in Gruppen verbessern helfen

Topwert ② äußerlich
Materielle Sicherheit Lebensbedingungen (Festanstellung)

Derzeit relevantes Lebensthema ①
Berufung leben

Derzeit relevantes Lebensthema ②
Partnerschaft / Singleleben beenden

Glaubenssatz alt (hinderlich)
»Du hast nicht nicht einmal Abitur«
(Vater)

Glaubenssatz neu (förderlich)
»Aus mir wird, was werden soll!«

Charakterstärke Top ①:
Enthusiasmus

Karriereanker ①:
Sicherheit

Charakterstärke Top ②:
Neugier

Karriereanker ②:
Lebensstilintegration

Charakterstärke Top ③:
Soziale Intelligenz

Karriereanker ③:
Fachlich

Zufriedenheit

100 %
75 %
50 %
25 %
0 %

14 · 21 · 28 · 35 · 42 · 49 · 56 · Alter und Jahr

Berufsstation

Personale Kompetenz

1. Bereitschaft zur persönlichen Entwicklung
2. Entspanntheit

Soziale Kompetenz

1. Empathie
2. Integrationsvermögen

Methodische Kompetenz

1. Zeitmanagement
2. Textaneignung

Fachliche Kompetenz

1. Charaktere darstellen
2. Sprechen und Sprache

Thomas

Topwert ①
Innerlicher Wert

Wahrhaftigkeit

Topwert ② innerlich

Familienleben

Derzeit relevantes Lebensthema ①

Integration der Lebensstränge Familie und Beruf

Glaubenssatz alt (hinderlich)

»Was man anfängt, zieht man durch«

Kairos-Zyklusjahr:
Suchbewegung

Kairos-Zyklusjahr:
Anfänge

Aktuelle Lebensphase Titel:
Family-Man und Berufswechsler

Topwert ①
Äußerliche Lebensbedingungen haben

Sein Auskommen haben

Topwert ② äußerlich

Nachhaltig leben

Derzeit relevantes Lebensthema ②

Meisterschaft in Serie erwerben und roten Faden finden

Glaubenssatz neu (förderlich)

»Ich folge dem Fluss des Lebens!«

Zufriedenheit

100 %

75 %

50 %

25 %

0 %

14   21   28   35   42   49   56   Alter und Jahr

Berufsstation

Charakterstärke Top ①:
Authentizität
Karriereanker ①:
Fachlich

Charakterstärke Top ②:
Soziale Intelligenz
Karriereanker ②:
Lebensintegration

Charakterstärke Top ③:
Dankbarkeit
Karriereanker ③:
Dienst und Hingabe

© Ursula M. Wagner

Liste der Lebensthemen

Allgemeine Lebensthemen der »Rush-Hour des Lebens« (28–35, 35–42)

- Partnerschaft eingehen (Bindung und Intimität)
- Single-Leben genießen
- ungewolltes Singleleben (beenden wollen)
- für Kinder sorgen
- Kinderwunsch begraben
- Kinder durch Adoption
- für andere Menschen sorgen (nah/fern)
- Lebensbalance verlieren
- Lebensbalance suchen
- Integration der Lebensstränge Familie und Beruf
- Zerrissenheit zwischen beruflichen und privaten Lebensthemen
- erstes Zeitalter der Empfindsamkeit (eigene Innerlichkeit erkunden)

Berufliche Lebensthemen – erste Karrierephasen

- berufliche Identität finden
- sich durchbeißen, einen Abschluss machen
- Talente begraben (Hobbys von Beruf trennen)
- Neuaufbau, Arbeitslosigkeit, zweiten Beruf ergreifen
- ein Zuhause schaffen
- Berufung klopft an
- Berufung nicht umsetzen
- Berufung finden und leben
- Berufungsfalle
- Ausbrennen im Beruf
- Karrierefalle

- Relativierung beruflicher Ziele
- Aufbruch zu neuen beruflichen Zielen
- einen roten Faden finden in der Berufsbiografie
- von Kollegen fachlich anerkannt sein
- Laufbahn: Aufstieg

Berufliche Lebensthemen ab 35+

- berufliche Erfahrungen – Ernte
- Fachexpertise, Meisterschaft erlangen
- von Kollegen fachlich anerkannt sein
- Laufbahn: Plateau
- Laufbahn: Stagnation – Ende
- Relativierung beruflicher Ziele
- berufliche Kompetenzen verbinden
- Meisterschaft in Serie erwerben (weitere Qualifikation meisterlich dazulernen)
- sein volles Potenzial entfalten
- Macht/Einfluss gewinnen (wollen)
- Grenzen des eigenen Einflusses erkennen
- Generativität, etwas hinterlassen wollen
- Mentor/Mentorin sein
- kein Mentor, kein Vorbild sein (können)
- Aufbruch zu neuen beruflichen Zielen
- Menschen und Lauf des Berufslebens illusionsfrei betrachten
- mit Menschen/dem Leben hadern
- erste Enttäuschungen
- erste Enttäuschungen akzeptieren
- seinen Pflichten treu bleiben

Allgemeine Lebensthemen der Lebensmitte (42–49, 49–56)

- Zeitalter der Empfindsamkeit (eigene Innerlichkeit erkunden)
- Eltern versorgen – Entscheidungen treffen
- nicht erfüllte Wünsche
- Versöhnung mit nicht erfüllten Wünschen
- Scheitern eigenes Lebensziel

- Versöhnung mit eigenem Scheitern
- Widerstandskraft entwickeln
- Lernen aus Scheitern
- Macht/Einfluss gewinnen (wollen)
- Grenzen des eigenen Einflusses erkennen
- eigene gesundheitliche Einschränkung
- Hormonwechsel kündigt sich an
- Illusion der Unverletzlichkeit verlieren
- eigene gesundheitliche Einschränkung (nicht) akzeptieren
- Partnerschaft neu definieren, »dranbleiben«
- Alleinsein (neu) leben
- neue Partnerschaft
- Krankheit/Einschränkung geliebter Menschen
- Krankheit/Einschränkung geliebter Menschen akzeptieren/daran wachsen
- Krankheit/Einschränkung geliebter Menschen (damit hadern)
- Tod geliebter Menschen (nicht) verwinden

Übungsverzeichnis

Dank

Ein Buch zu schreiben, bedeutet vor allem, viele Stunden allein am Schreibtisch zu verbringen. Dennoch sind es immer viele Menschen, die in der einen oder anderen Weise zur Fertigstellung eines Buches beitragen. Bei ihnen möchte ich mich bedanken.

Meine Literaturagentin Swantje Steinbrink hatte das Kairos-Gefühl für den richtigen Verlag zum richtigen Zeitpunkt. Friederike Mannsperger vom Campus Verlag übernahm das Projekt in einer späteren Phase und war jederzeit eine zugewandte Ansprechpartnerin.

Um das umfangreiche Material zu strukturieren und in eine erste Form zu bringen, war bei diesem Buchprojekt erstmals Marion Appelt als Redakteurin involviert. Die Zusammenarbeit mit ihr war inhaltlich und menschlich eine Freude.

Fleißige Helfer hatte ich auch bei der Recherche und der Umsetzung der Datencharts. Sandra Seefeld, Assistentin im Coaching Center Berlin, war dabei federführend und hielt mir daneben terminlich den Rücken frei. Jonas Hartung kümmerte sich um Wortmarkenrechte und andere Details.

Die erste Idee, mit dem Zeitaspekt in Biografien zu arbeiten, bekam ich vor vielen Jahren durch die Lektüre des inzwischen vergriffenen Buchs *Alle 7 Jahre* von Sabine Friedrich. Im Arbeitsprozess zum »KAIROS-Prinzip« bin ich mit Sabine Friedrich ins Gespräch gekommen und wir waren erfreut, dass wir einige Kairos-Momente und Ideen teilen.

Schließlich könnte ich Bücher nicht ohne meine praktische Arbeit als Coach schreiben. Daher danke ich allen Klientinnen und Klienten sowie den Teilnehmenden unserer Coachausbildung, deren Erfahrungen direkt oder indirekt in dieses Buch eingeflossen sind.

Und ich danke meinem Partner vom Coaching Center Berlin, Guido Fiolka, der den Integralen Coaching Prozess konzipiert hat, der in die KAIROS-Methode mit eingeflossen ist. Eine große Unterstützung war außerdem, dass er das Coaching Center Berlin gemanagt hat, während ich in der Endphase des Buchprojekts steckte.

Literatur
und weiterführende Adressen

Allgemeine Literatur

Gadamer, Hans-Georg. Kairos. Ein Diskurs über die Gunst des Augenblicks und das weise Maß. In: *Von der Lust am Dialog*. Hörfunksendung des SWR, 1989. Müllheim/Baden: Auditorium Netzwerk

Erikson, E.H. (1995): *Identität und Lebenszyklus*, 15. Aufl., Frankfurt am Main: Suhrkamp

Fiolka, Guido / Wagner, Ursula (2014 in Vorb.). *Integrales Coaching*. Berlin/Heidelberg: Springer Verlag

Friedrich, Sabine (1997): *Alle 7 Jahre. Rhythmische Entwicklungszyklen im Leben der Frau*. Hamburg: Kabel (nur noch antiquarisch erhältlich).

Gratton, Lynda (2011): *Job Future – Future Jobs*. München: Hanser

Hossiep, Rüdiger/Paschen, Michael (2003, unter Mitarbeit von Oliver Mühlhaus): *Bochumer Inventar zur berufsbezogenen Persönlichkeitsbeschreibung (BIP)*, 2. Aufl. Göttingen: Hogrefe

Klingenberger, Hubert (2003): *Lebensmutig*. München: Don Bosco

Lang-von Wins, Thomas/Triebel, Claas (2012): *Karriereberatung*, 2. Aufl. Berlin/Heidelberg: Springer Verlag

Niemiec, Ryan M./Wedding, Danny (2008): *Positive Psychology at the Movies*. Göttingen: Hogrefe

Peterson, C. / Seligman, M. (2004): *Character Strengths and Virtues: A Handbook and Classification*. New York: Oxford University Press.

Ruch, W. (2006) *VIA-IS. Manual*. Zürich: Universität Zürich.

Rappe-Giesecke, Kornelia (2008): *Triadische Karriereberatung*. Bergisch Gladbach: Edition Humanistische Psychologie

Schein, Edgar (1998): *Karriereanker. Die verborgenen Muster in Ihrer beruflichen Entwicklung*. Darmstadt: Beratungssozietät Lanzenberger Looss Stadelmann

Storch, Maja (2009): »Motto-Ziele, S.M.A.R.T.-Ziele und Motivation«. In: Birgmeier, Bernd (Hrsg.): *Coachingwissen. Denn sie wissen nicht was sie tun?* Wiesbaden: VS Verlag für Sozialwissenschaften. S. 185–205

Storch, Maja/Krause, Frank (2007): *Selbstmanagement – ressourcenorientiert. Grundlagen und Trainingsmanual für die Arbeit mit dem Zürcher Ressourcen Modell (ZRM)*, 4., völlig überarbeitete Aufl. Bern: Huber

Whitmore, John (2009): *Coaching for Performance*. Nicholas Brealey Publishing

Wiseman, Richard (2012): *Wie Sie in 60 Sekunden Ihr Leben verändern*. Frankfurt: Fischer

Literatur zu speziellen Themen

Stellensuche

Birkner, Monika (2006): *Kurswechsel im Beruf*, 2. Aufl. Regensburg/Berlin: Walhalla Fachverlag. Mit vielen Checklisten für Unternehmensbranchen und Arten der neuen Tätigkeit. Zielgruppe sind Frauen und Männer ab 50.

Bolles, Richard Nelson (2012): *Durchstarten zum Traumjob*, Neue Aufl. Dt. Fassung von Madeleine Leitner. Frankfurt: Campus Verlag

Im umfangreichen Anhang dieses Klassikers der Karriereberatung können Sie einige nützliche Adressen für den Quereinstieg in unterschiedliche Branchen finden, auch für Praktika. Gesammelt für die DACH-Länder (Deutschland, Österreich, Schweiz).

Solche Daten ändern sich natürlicherweise häufig. Sie müssen daher immer schauen, ob die Angaben noch aktuell sind.

Gehaltsverhandlung

Asgodom, Sabine (2008): *Die Frau, die ihr Gehalt mal eben verdoppelt hat ...* München: Kösel. Für Frauen, die mehr Selbstbewusstsein und Geschick in Gehaltsverhandlungen und anderen beruflichen Situationen haben möchten.

Selbstständigkeit – Ratgeber für Gründer/-innen

Bannenberg, Thomas (2005): *Leitfaden für freie Beratende, Lehrende und therapeutische Berufe in Deutschland*, 2., aktualisierte Aufl. Hamburg: a & o medianetwork

Englert, Sylvia (2005): *Welche Selbstständigkeit passt zu mir?* München/Wien: Hanser

Sichtermann, Barbara/Siegel, Brigitte/Sichermann, Marie (2005): *Den Laden schmeißen*, vollständig überarbeitete Neuauflage. München: Verlag Frauenoffensive

Voll-Kirsch, Ursula (2001): *Unternehmen: Unternehmer/-in. Der zielorientierte Weg in die Selbstständigkeit für Psychologinnen und Psychologen*. Bonn: Deutscher Psychologen Verlag

Arbeiten als Selbstständige

Rubin, Harriet (2003): *Soloing. Die Macht des Glaubens an sich selbst*. Frankfurt: Fischer Taschenbuch Verlag

Sonnenberg, Gudrun (2005): *Kollege Ich. Die Kunst allein zu arbeiten*. München/Zürich: Pendo Verlag

Wagner, Ursula (2013): *Die Kunst des Alleinseins*, 4. Aufl. Bielefeld: Theseus. Ein allgemeines Buch zum Thema Alleinsein als Kraftquelle, nicht nur auf Arbeit bezogen.

Lebensthemen

Burkhard, Gudrun (2004): *Schlüsselfragen zur Biografie. Ein Arbeitsbuch*, 4. Aufl. Stuttgart: Verlag freies Geistesleben & Urachhaus
Erikson, E.H. (1995): *Identität und Lebenszyklus*, 15. Aufl., Frankfurt am Main: Suhrkamp

Intergenerationen-Lebensthemen und Nachkriegsgenerationen

Alberti, Bettina (2010). *Seelische Trümmer: Geboren in den 50er- und 60er-Jahren: Die Nachkriegsgeneration im Schatten des Kriegtraumas.* München: Kösel
Baer, Udo / Frick-Baer, Gabriele (2012). *Wie Traumata in die nächste Generation wirken: Untersuchungen, Erfahrungen, therapeutische Hilfen: Untersuchungen, Erfahrungen, therapeutische Hilfen*, 2. Auflage. Verlag Affenkönig
Ustorf, Anne-Ev (2010): *Wir Kinder der Kriegskinder: Die Generation im Schatten des Zweiten Weltkriegs.* Freiburg i.Br.: Herder

Geschichten von Unternehmerinnnen

Becker, Silke (2008): *Die unternehmen was!* Offenbach: Gabal Verlag
Köster, Magdalena (2005): *Brillante Bilanzen. Fünf Unternehmerinnen und ihre Lebensgeschichte.* Weinheim: Beltz & Gelberg
Strehle, Gabriele (2004): *Ob ich das schaffe. Der andere Weg zum Erfolg.* München: Heyne Verlag

Weiterführende Adressen und Internetlinks

KAIROS-Biografie-Coaching – die KBC-Methode

Coaching Center Berlin:
www.coachingcenterberlin.de
E-Mail: kontakt@coachingcenterberlin.de
Telefon: 030/434 00 294

Beim Coaching Center Berlin erhalten Sie Informationen über Coachs, die nach der KBC-Methode beraten, sowie zur Weiterbildung zum KAIROS-Karrierecoach. Hier können Sie auch die Materialbox »Lebensthemen« bestellen.

Stellenbörsen

http://jobboerse.arbeitsagentur.de
http://www.indeed.de; trägt die Stellenangebote verschiedener Portale zusammen
http://www.stepstone.de
http://www.monster.de
http://www.stellenanzeigen.de
http://de.gigajob.com
http://jobs.meinestadt.de
http://www.jobscout24.de

Stellenbörsen, bei denen man gefunden wird

https://www.placement24.com
https://www.poachee.com

Unternehmensnachfolge/Firmenübernahme

http://www.nexxt.org
http://www.unternehmensboerse-abos.de

Personalvermittlung »Neue Medien«, Online und Internetbusiness

http://www.i-potentials.de
http://business-gruppe.com

Soziale Netzwerke

XING, www.xing.com: beruflich orientiertes Netzwerk für den deutschsprachigen Raum; je nach Business und Zielgruppe meistens wichtiger für berufliche Kontakte als Facebook oder andere soziale Netzwerke.

LinkedIn, www.linkedin.com: beruflich orientiertes Netzwerk für den internationalen Raum.

Adressen für die Entwicklung eines Kairos-Gefühls

Kloster auf Zeit

Internetpräsenz der Orden in Deutschland:
www.orden.de.

Eine Auswahl an Klöstern in Deutschland, die Gäste aufnehmen, finden Sie auf der Internetseite der Orden. Obwohl die Klöster der Orden natürlich in christlicher Tradition stehen und überwiegend katholischer Konfession sind, können auch Gäste ohne religiöse Anbindung dort Tage verbringen, um einfach aufzutanken.

Meditative und interreligiöse Angebote

Der Benediktushof (Nähe Würzburg).
www.west-oestliche-weisheit.de/benediktushof.html

Eine religiöse Einstellung ist nicht Voraussetzung, alle Menschen sind willkommen. Meditationskurse können nach Vorerfahrung oder für Einsteiger besucht werden. Zahlreiche andere Angebote aus dem Spektrum achtsamer Lebenspraxis sowie Selbstreflexion und Coaching werden angeboten.

Stressbewältigung

MBSR-MBCT Verband:
www.mbsr-verband.org

Mindfulness-Based Stress Reduction (MBSR) ist eine Methode zur Stressbewältigung durch Achtsamkeit. Auf der Internetseite des Verbands finden Sie unter anderem eine Übersicht der Lehrer/-innen. Dort finden Sie auch Informationen zur Mindfulness-Based Cognitive Therapy (MBCT), eine ebenfalls achtsamkeitsbasierte Therapieform bei Depressionen.

Körperbewusstseinsarbeit/Yoga

FVD Feldenkrais-Verband Deutschland e.V.:
www.feldenkrais.de

Die Feldenkraismethode ist eine auf Bewusstheit abzielende, sehr sanfte Körperarbeit, die sowohl körperliche Symptome lindern als auch zu mehr Gelassenheit und Kreativität beitragen kann.

BDY-Berufsverband der Yogalehrenden in Deutschland e. V.:
www.yoga.de

Hier finden Sie Informationen rund um Yoga-Angebote und -Ausbildungen, die auf regulierten Qualifikationen beruhen.

Anmerkungen

1 Gratton (2011): *Job Future – Future Jobs.*
2 Gadamer (1989): *Kairos. Ein Diskurs über die Gunst des Augenblicks und das weise Maß.*
3 Klingenberger (2003): *Lebensmutig.*
4 Diese Methode basiert auf einer Weiterentwicklung des biografischen Daten-charts von Sabine Friedrich (1997) und dem biografischen Lebensprofil aus der Kompetenzenbilanz (Lang-von Wins/Triebel, 2012). Die Auswertungsmethoden basieren auf dem ICP des Integralen Coaching (Fiolka/Wagner, 2014) sowie An-sätzen der Entwicklungspsychologie und Philosophie.
5 Peterson, C. / Seligman, M.: (2004). *Character Strengths and Virtues: A Handbook and Classification.*
6 Dieses spezifische Element des KAIROS-Biografie-Coachings verdanke ich Sabine Friedrichs Buch *Alle 7 Jahre* (1997).
7 Quelle: Schein (1998): *Karriereanker.*
8 Gratton (2011): *Job Future – Future Jobs.*
9 Beim Thema der biografischen Kompetenzauswertung stütze ich mich haupt-sächlich auf die Kompetenzenbilanz. Dieses Verfahren wurde von den Psycholo-gen Prof. Thomas Lang-von Wins und Dr. Claas Triebel entwickelt. Ich bin in die-ser Methode ebenfalls ausgebildet. Weitere Hinweise siehe Literaturliste.
10 Die Ausführungen zu Kompetenzen und Kompetenzanalyse basieren, wenn nicht anders angegeben, auf dem Buch *Karriereberatung* von Thomas Lang-von Wins und Claas Triebel (2012).
11 In der Kompetenzenbilanz wird dieser Schritt »Kompetenzen belegen« genannt.
12 Gallup-Studien zu Motivationsfaktoren im beruflichen Umfeld.
13 Die angloamerikanische Literatur definiert als Generation X die Geburtsjahr-gänge 1965 bis 1979, als Generation Y die Jahrgänge 1980 bis 1995; vgl. Gratton (2011): *Job Future – Future Jobs.* In Deutschland zählen bis 1965 Geborene noch zu den geburtenstärksten Jahrgängen, den deutschen Babyboomern. Die Gene-ration X würde man dann eher ab 1970 beginnen lassen.
14 Das Werteinterview gehört zum Integralen Coachingprozess (ICP™), das wir im Coaching Center Berlin entwickelt haben.
15 Das Vier-Quadranten-Modell basiert auf Ken Wilber (2001). Es gibt auch andere Integrale Modelle der Lebenswirklichkeit, zum Beispiel das Domänenmodell, das wir im Coaching Center Berlin entwickelt haben.
16 Diese Methode haben wir im Coaching Center Berlin entwickelt. Es steht auch in elektronischer Form zur Verfügung; in dem Fall erzeugt eine Datei aus den ein-gegebenen Daten eine grafische Umsetzung. (Das Werterad ist auf Anfrage beim

Coaching Center Berlin erhältlich, siehe Anhang »Literatur und weiterführende Adressen«.)

17 Eine Version des Datencharts zum Download finden Sie auch auf www.integra-lescoaching.com oder fordern es an im Coaching Center Berlin: kontakt@coachingcenterberlin.de.

18 Peterson, C. / Seligman, M. (2004): *Character Strengths and Virtues: A Handbook and Classification.*

19 Die Beschreibungen sind dem kostenfrei zugänglichen Manual der Universität Zürich entnommen. Online-Ressource: 4-Q-Werterad Papierversion zum Download auf www.coachingcenterberlin.de.

20 Gemeint ist neben der Wahrnehmung von visueller Schönheit auch die Wertschätzung von gutem, ethischem Verhalten und exzellenten Leistungen im Bereich des menschlichen Zusammenlebens.

21 Die Originaldefinition ist abstrakter formuliert als »kohärente Überzeugungen«.

22 Bei Drucklegung dieses Buchs stand der Termin noch nicht fest.

23 Gern empfehle ich auch das etwas ausführlichere Manual der Universität Zürich mit einer Beschreibung aller 24 Charakterstärken. http://charakterstaerken.org

24 Niemiec/Wedding (2008): *Positive Psychology at the Movies.*

25 Friedrich (1997): *Alle 7 Jahre. Rhythmische Entwicklungszyklen im Leben der Frau.*

26 Wikipedia, Artikel »Rhythmus (Musik)«, http://de.wikipedia.org/wiki/Rhythmus_(Musik)#Definition, Zugriff am 05.04.2013.

27 Diesen besonderen Aspekt des KBC-Coachings verdanke ich dem bereits erwähnten Buch *Alle 7 Jahre* von Sabine Friedrich, mit deren Einverständnis ich diese Methode in meine Arbeit integriert habe.

28 Diese Übung gibt es in unterschiedlichen Varianten. Ich selbst habe sie erstmals vor langer Zeit in einem Berufsorientierungskurs der Journalistinnen Irene Dänzer-Vanotti und Marie Lampert an der Evangelischen Medienakademie kennen gelernt.

29 Storch/Krause (2007): *Selbstmanagement.*

30 Storch /Krause (2007): *Selbstmanagement.*

31 Storch (2009): »Motto-Ziele, S.M.A.R.T.-Ziele und Motivation«.

32 Storch (2009): »Motto-Ziele, S.M.A.R.T.-Ziele und Motivation«.

33 Wiseman (2012): *Wie Sie in 60 Sekunden Ihr Leben verändern.*

34 »Divendämmerung« in *Brand Eins* 3/2007 sowie diverse Internetquellen.

35 Pressemitteilung 2012 zur Rücktrittsankündigung von René Obermann; http://www.faz.net/aktuell/wirtschaft/unternehmen/ruecktritt-telekom-vorstands-chef-rene-obermann-geht-ende-2013-12000378.html.

36 Diese Unterscheidung trifft die Karriereberaterin Kornelia Rappe-Giesecke in ihrem Buch *Triadische Karriereberatung.*

37 Zum Thema Charisma siehe den Artikel »Mein starkes Ich« in: *Brigitte*, Nr. 7 vom 13.3.2013.

38 Siehe zum Beispiel die Interviews in dem Dossier »Jetzt oder nie« über das Kairos-Prinzip in *Die Zeit* vom 27.12.2012.

39 www.drvolkerbusch.de.